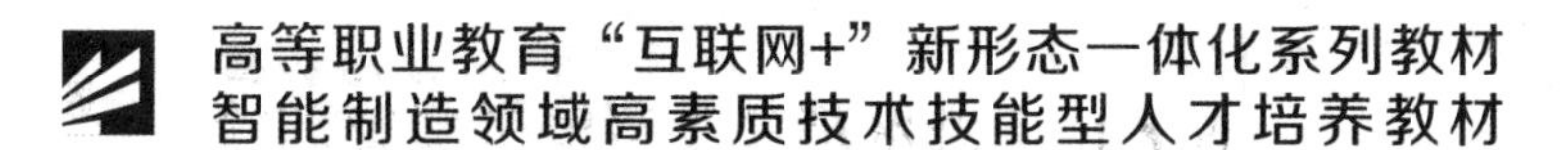

DIANJI YU DIANQI KONGZHI JISHU

电机与电气控制技术（第2版）

主　编◎邹建华　周　帆　谷玉玲
副主编◎李大明　马卫民　周　勇

华中科技大学出版社
http://press.hust.edu.cn
中国·武汉

内容简介

本书的主要内容包括学习本课程的预备知识、变压器、直流电动机、交流异步电动机、三相异步电动机的控制、其他电动机、常用生产机械的电气控制和安全用电及电气控制系统的保养与检修。

本书适合作为高职高专机电气自动化技术、机电一体化技术、工业机器人技术等专业相关课程的教材，也可供自学考试和电气技术人员参考。

图书在版编目(CIP)数据

电机与电气控制技术/邹建华，周帆，谷玉玲主编. — 2版. —武汉：华中科技大学出版社，2023.10
ISBN 978-7-5680-9869-4

Ⅰ.①电… Ⅱ.①邹… ②周… ③谷… Ⅲ.①电机学 ②电气控制 Ⅳ.①TM3 ②TM921.5

中国国家版本馆CIP数据核字(2023)第140963号

电机与电气控制技术(第2版)
Dianji yu Dianqi Kongzhi Jishu (Di-er Ban)　　邹建华　周　帆　谷玉玲　主编

策划编辑：张　毅
责任编辑：张　毅
封面设计：孢　子
责任监印：朱　玢
出版发行：华中科技大学出版社(中国·武汉)　　电话：(027)81321913
　　　　　武汉市东湖新技术开发区华工科技园　　邮编：430223
录　　排：武汉创易图文工作室
印　　刷：武汉市洪林印务有限公司
开　　本：787mm×1092mm　1/16
印　　张：15.25
字　　数：397千字
版　　次：2023年10月第2版第1次印刷
定　　价：49.80元

前言 QIANYAN

“电机与电气控制技术”是一门覆盖装备制造大类各专业重要的专业课程和必修课程。通过这门课程的学习，学生应该理解变压器、交流电动机、直流电动机的结构和工作原理；掌握常用低压电器的结构和工作原理、国标符号、国家标准及应用，能够识别电器铭牌以及掌握常用低压电器的使用方法，能够进行电气控制基本电路的原理分析、典型机床电气控制电路原理分析，初步了解电气控制设计基础。

本书是在第 1 版的基础上，针对 2019 年教育部发布的装备制造大类中的自动化类和机械设计制造类各专业教学标准中的课程设置，围绕职业标准和岗位要求，紧扣各专业“电机与电气控制技术”课程标准和教学要求，对原教材做了全面的改版：增加了“思政 e 站”，融入课程思政，引导学生树立正确的人生观、世界观和价值观；前 5 章课后练习部分配有即测即评试题，学生只需扫描二维码即可做题，提交后便可得知分数；主要低压电器和主要控制电路相关内容配有动画，学生只需扫描二维码就能观看，方便学生学习和巩固所学知识。

本书具有以下特点：

(1)根据学生将来所从事的岗位要求，精简了理论内容，强调基本理论的实际应用。打破了此类教材的传统模式，将常用低压电器移至第 4 章，对交流异步电动机的启动、制动、调速及控制电路进行连贯介绍，使知识结构更加紧凑。

(2)根据高职高专教育的教学特点，将实验、实训内容融入教学过程，学生通过实验、实训可以将理论知识和实验、实训内容相结合，从而加深对理论知识的理解，有助于学生在较短的时间内掌握这些知识。

(3)从学生将来所从事的岗位要求和教学实际来选择和安排教学内容，尽量做到内容精练、实用和准确，使教材不仅在学校有用，而且将来在岗位上也有用。

本书以“必需，够用”为度，注重基础，删繁就简，一学就懂。部分章编有本章小结和课后练习，有助于学生加强对所学知识的理解和掌握，加强学生的动手能力，提高学习的效果。

本书的建议学时为 64 学时，各学校根据实训条件可适当增减。建议安排如下：

章号	章　　名	学　时　数		
		讲授	实验实训	合计
0	学习本课程的预备知识	2	0	2
1	变压器	4	0	4
2	直流电动机	4	0	4
3	交流异步电动机	12	0	12

续表

章号	章　　名	学 时 数		
		讲授	实验实训	合计
4	三相异步电动机的控制	10	8	18
5	其他电动机	6	0	6
6	常用生产机械的电气控制	10	0	10
7	安全用电及电气控制系统的保养与检修	4	4	8

本书由武汉职业技术学院邹建华、周帆和武汉软件工程职业学院谷玉玲担任主编，武汉软件工程职业学院李大明和安徽职业技术学院马卫民、周勇担任副主编。其中，李大明编写第0章、第1章，周帆编写第2章至第5章，谷玉玲编写第6章，马卫民、周勇编写第7章及附录，周帆、谷玉玲、周勇、余晓雨参与了即测即评试题和动画的制作。全书由邹建华和周帆统稿和定稿。在教材的编写过程中，武汉软件工程职业学院的盖超会副教授提出了许多宝贵的意见，在此表示衷心感谢。

由于编者水平有限，书中难免存在不足之处，敬请读者批评指正。

每一章课后练习计算题的部分参考答案请扫描下方二维码查看：

编　者

目录 MULU

第0章 学习本课程的预备知识

本章介绍学习本课程的预备知识，主要包括电机与电力拖动系统的概念、发展历程，电机与电气控制常用的定律、定则等。

0.1 电机与电力拖动系统概述

0.1.1 电机概述

1. 电机的概念

电机是以电磁感应和电磁力定律为基本工作原理进行电能的传递或机电能量转换的机械。

电机在国民经济中的作用主要表现为:①电能的生产、传输和分配中的主要设备,如发电机;②各种生产机械和装备的动力设备,如电动机;③自动控制系统中的重要元件,如各种控制电机。

2. 电机的发展历程

始于19世纪60—70年代的第二次工业技术革命,是以电力的广泛应用为显著特点的,从此人类社会由蒸汽机时代步入了电气化时代。在法拉第电磁感应定律的基础上,一系列电气发明相继出现:1866年,德国工程师西门子制造出发电机;1870年,比利时人格拉姆发明了电动机,电动机开始成为取代蒸汽机来拖动机器的新动力。随后,各种用电设备相继出现。1882年,法国学者德普勒发明了远距离送电的方法;同年,美国发明家爱迪生创建了美国第一个火力发电站,把输电线结成网络,从此电力作为一种新能源而广泛应用。那时,电机刚刚在工业上初步应用,各种电机初步定型,电机设计理论和电机设计计算初步建立。

随着社会生产的发展和科技的进步,对电机也提出了更高的要求,例如,性能良好、运行可靠、单位容量的重量轻、体积小等。随着自动控制系统的发展要求,在旋转电机的理论基础上,又派生出多种精度高、响应快的控制电机,成为电机学的一个独立分支。如今,古老的电机学已经和电力电子学、计算机、控制论结合起来,发展成了一门新的学科。

3. 电机的分类

电机的分类方法有很多,常用的分类方法有:按功能用途分,可分为发电机、电动机和控制电机三大类;按电机的结构、转速和运动方式分,可分为变压器、旋转电机和直线电机等。变压器是一种静止电机。旋转电机根据电源电流种类的不同,又可分为直流电机和交流电机两大类。交流电机还可分为同步电机和异步电机两类。综合以上两种分类方法可归纳如下,如图0.1所示。

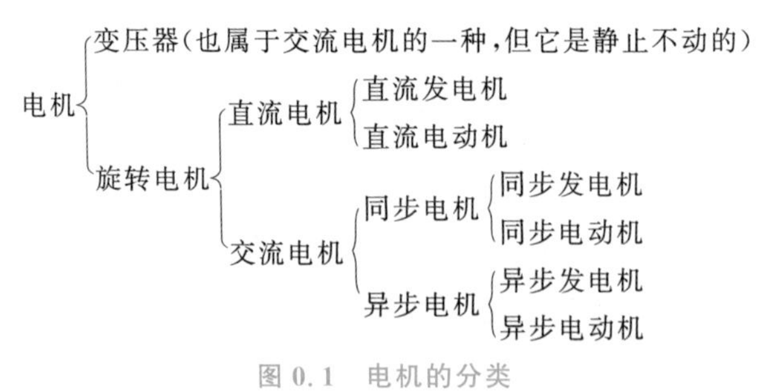

图0.1 电机的分类

0.1.2 电力拖动系统概述

1. 电力拖动系统的组成

电动机拖动生产机械的运转称为电力拖动(或称为电气传动)。电力拖动系统一般由控制设备、电动机、传动机构、生产机械和电源五个部分组成,如图0.2所示。

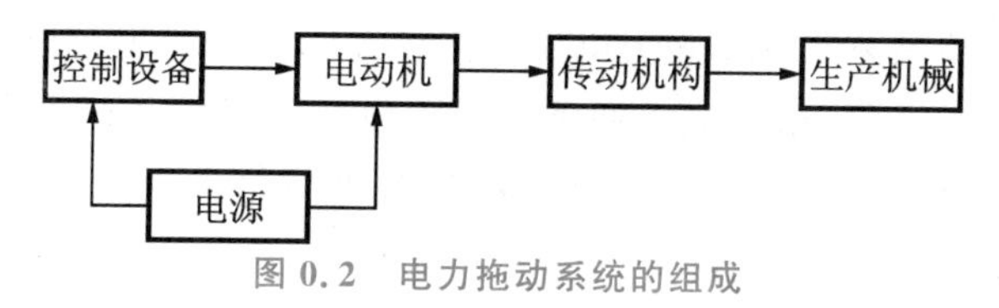

图0.2 电力拖动系统的组成

2. 电力拖动系统的发展历程

电力拖动代替蒸汽拖动或水力拖动之初,电力拖动的方式是成组拖动,就是由一台电动机拖动一组生产机械,从电动机到各个生产机械的能量传递以及各个生产机械之间的能量分配完全用机械的方法,靠“天轴”以及机械传动系统来实现,车间里有大量的“天轴”、长皮带和皮带轮等。这种传动方式效率低下,生产率低下,灰尘大,劳动条件和卫生条件差,而且容易出事故。另外,若电动机发生故障,则成组拖动的所有生产机械都将停车,生产将可能停滞。显然,这是一种落后的电力拖动方式。

电力拖动发展的第二阶段是单电动机拖动,就是由一台电动机拖动一台生产机械,从而可简化中间传动机构,提高效率,同时可充分利用电动机的调速性能,易于实现自动控制。

电力拖动发展的第三阶段是多电动机拖动。随着工业技术的进步,生产机械越来越复杂,一台生产机械上往往有许多运动部件,如果仍用一台电动机拖动,传动机构将十分复杂,因此出现了一台生产机械由多台电动机分别拖动的多电动机拖动方式。这种电力拖动方式简化了生产机械的传动机构,提高了传动效率,而且容易实现自动控制,从而提高了生产率。目前常用的生产机械大多数采用这种拖动方式。

0.2 电机与电气控制常用基本定律和定则

0.2.1 电路定律

1. 基尔霍夫第一定律

基尔霍夫第一定律又称为基尔霍夫电流定律(KCL)。它指出:对于电路中的任一节点,任一瞬时流入(或流出)该节点电流的代数和为零。我们可以选择电流流入时为正,流出时为负;或流出时为正,流入时为负。电流的这一性质也称为电流连续性原理,是电荷守恒的体现。

KCL用公式表示为

$$\sum i = 0 \tag{0.1}$$

式(0.1)称为节点的电流方程。由此也可将KCL理解为流入某节点的电流之和等于流出该节点的电流之和。

基尔霍夫电流定律的相量形式：对于电路中的任一节点，在任一时刻有

$$\sum \dot{I}=0 \tag{0.2}$$

2. 基尔霍夫第二定律

基尔霍夫第二定律又称为基尔霍夫电压定律(KVL)。它指出：对于电路中的任一回路，任一瞬时沿该回路绕行一周，则组成该回路元件上电压的代数和恒等于零。可任意选择顺时针或逆时针的回路绕行方向，各段电压的正、负与绕行方向有关。一般规定，当元件电压的方向与所选的回路绕行方向一致时为正，反之为负。

KVL用公式表示为

$$\sum u=0 \tag{0.3}$$

基尔霍夫电压定律的相量形式：在电路中，任一时刻沿任一闭合回路有

$$\sum \dot{U}=0 \tag{0.4}$$

0.2.2 电磁感应定律和定则

变化的磁场会产生电场，使导体中产生感应电动势，这就是电磁感应现象。在电机中，电磁感应现象主要表现为切割电动势和变压器电动势两种形式。

1. 切割电动势和右手定则

导体或线圈切割磁感线而感应的电动势，称为切割电动势。当B、l、v三量互相垂直，其表达式为

$$e=Blv \tag{0.5}$$

式中：B为磁感应强度；l为导体有效长度；v为导体相对于磁场运动的线速度。

切割电动势的方向可由右手定则确定：如图0.3所示，把右手手掌伸开，大拇指与其他四指呈90°，如果让磁感线指向手心，大拇指指向运动方向，则其他四指的指向就是导体感应电动势的方向。

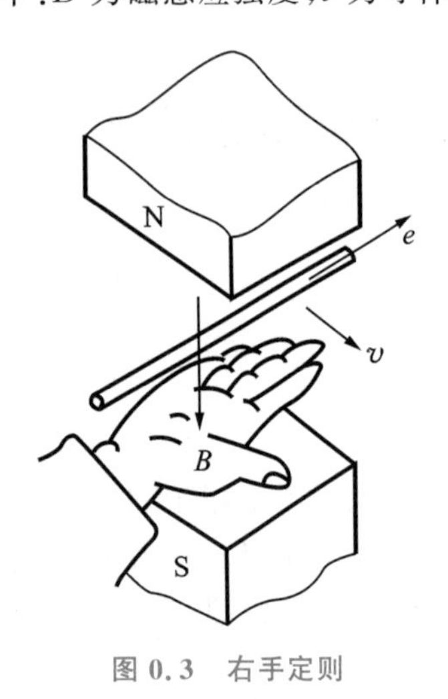

图0.3　右手定则

2. 变压器电动势

与线圈交链的磁通发生变化时，线圈将感应出电动势，其方向由楞次定律判定。若感应电动势的正方向与磁通的正方向符合右手螺旋定则时，则感应电动势的表达式为

$$e=\frac{\mathrm{d}\Psi}{\mathrm{d}t}=-N\frac{\mathrm{d}\Phi}{\mathrm{d}t} \tag{0.6}$$

式中：Ψ为磁链；Φ为磁通；N为线圈匝数。这一公式也称为法拉第电磁感应定律。

3. 楞次定律

当通达线圈中的磁通发生变化时，在线圈内部产生感应电动势 e，而感应电动势 e 的方向总是企图使它所形成的感应电流所产生的磁通阻止原磁通的变化。图 0.4(a)、(b)分别表示当线圈中磁通增加时及减少时，在线圈内产生的感应电动势 e 的方向。

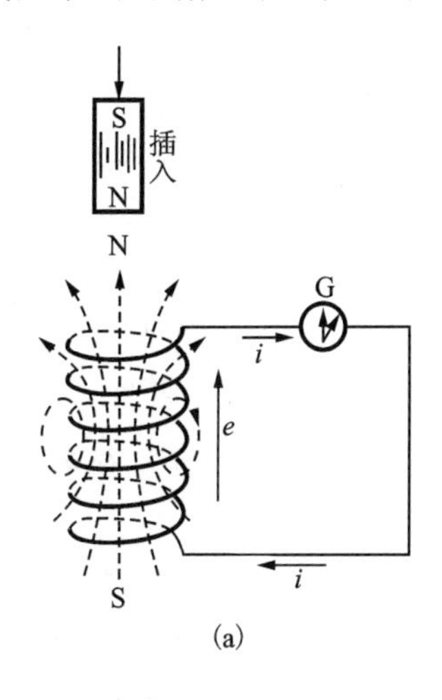

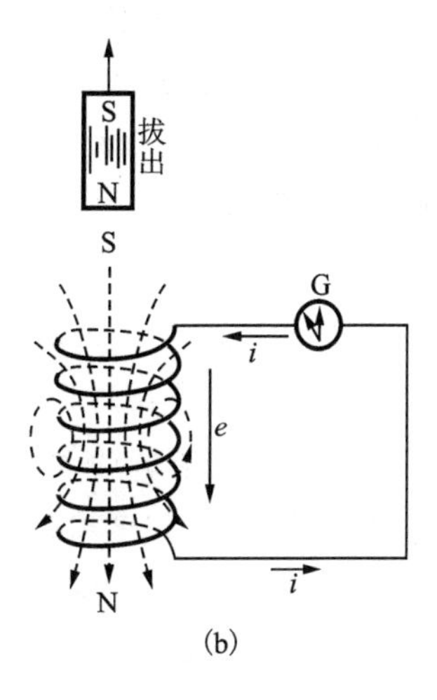

图 0.4 楞次定律

0.2.3 电磁力定律和定则

载流导体在磁场中会受到电磁力的作用，当磁感线和导体方向互相垂直时，载流导体所受电磁力的公式为

$$F = BlI \tag{0.7}$$

式中：F 为载流导体所受的电磁力；B 为磁感应强度；l 为载流导体处在磁场中的有效长度；I 为载流导体中流过的电流。

载流导体所受的电磁力的方向由左手定则确定：如图 0.5 所示，把左手手掌伸开，大拇指与其他四指呈 90°，如果磁感线指向手心，其他四指指向导体中电流的方向，则大拇指的指向就是导体受力的方向。

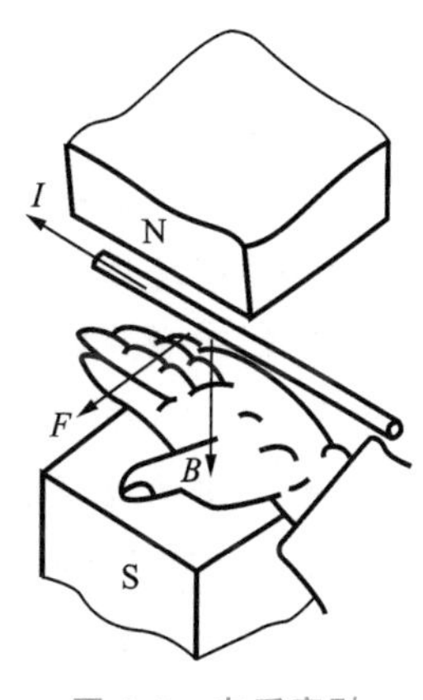

图 0.5 左手定则

思政 e 站

中国电机工业发展史——百年回顾

1821 年 9 月法拉第发现通电的导线能绕永久磁铁旋转以及磁体绕载流导体的运动，第一次实现了电磁运动向机械运动的转换，从而建立了电动机的实验室模型，被认为是世界上第一台电机。蒸汽机启动了 18 世纪第一次产业革命以后，19 世纪末到 20 世纪上半叶电机又引发了第二次产业革命，使人类进入了电气化时代。从此以后，世界电机工业发展进入快速发展阶段。

根据《中国电机工业发展史—百年回顾与展望》一书中记录，中国的电机工业萌芽比西方晚七八十年。1879 年，上海一个外商搞了一台发电机，据说在上海外滩只亮了两个晚上。1882

年,英国几个商人花五万两白银在上海装建了一台发电机,把外滩照亮了起来。中国人自己发电,开始于慈禧太后在中南海装了一台20马力的发电机,而这台发电机是从外国买来的。直到1905年开始有自己制造的首台试验电机,我国电机工业才开始起步。辛亥革命后,军阀连年混战,经济发展举步维艰。尽管如此,当时还是兴起了一些民族工业,从电机工业来说,上海有钱镛记、华生、化成等电器工厂。当时生产的电机,最大功率只有200～300 kW。1946年至1947年,国民党政府派96名技术人员去美国西屋公司实习,实习完后回到国内却没有用武之地。新中国成立以后,这些人成了全国电机工业战线的技术骨干,其中大多数当了技术领导或总工程师,如恽震、褚应璜、丁舜年、孟庆元、张大奇、姚诵尧、沈从龙、孙瑞珩、蓝毓钟、冯勤为、汤明奇、刘隆士等。

新中国成立之初,在医治战争创伤、国民经济初步得到恢复以后,毛泽东同志和党中央就适时地提出了过渡时期的总路线,一边进行社会主义改造,一边开始大规模工业建设,而且实行了优先发展重工业的方针。第一个五年计划期间搞的“156项工程”,都是为实现国家工业化奠定基础的,其中就有一批电机工业项目。

1956年,新中国制造的第一台汽轮发电机投入运行,虽然只有6000千瓦,但相比过去已是庞然大物。后来在苏联专家帮助下,我们先后搞出了2.5万千瓦到10万千瓦的汽轮发电机组,功率不断提高。此后,由于受到了“大跃进”影响,我国电机工业在艰难中发展。20世纪80年代,我们引进西屋公司技术,生产出了30万千瓦和60万千瓦的汽轮发电机组。到21世纪初,我国三大动力企业已经能够生产百万千瓦级超超临界汽轮发电机组。中小型电动机是为各种机械设备提供动力的重要装备,应用量大面广。新中国成立初期,我国中小型电动机产品主要是仿制国外的。记得当时仿制电动机的厂家很多,品种杂乱,规格很不统一。“大跃进”时期曾经搞过统一设计,但由于缺乏科学严谨的态度,性能指标达不到要求。从1962年到1965年,我国科研人员用了3年时间组织攻关,顺利完成了J2、JO2系列电动机的统一设计并通过国家鉴定。这是我国首个自行设计研制的电动机系列,相比当初仿制国外的产品,各项性能指标都有了很大提高,对促进电机工业发展起到了重要作用。此后,我国电机工业开始进入了快速发展阶段。

新中国成立60多年来,我国电机工业从小到大、从弱变强、从落后走向先进,不少产品进入到“百万量级”,这是一个巨大的进步。在相当一段时期内,百万千瓦级超超临界火电机组、百万千瓦级水轮发电机组、百万伏电压等级特高压输变电设备、百万千瓦级核电设备,就是世界先进水平了。可以说,新中国成立以来,我国电机工业取得的成绩举世瞩目,已进入世界先进行列,发展速度在世界电机工业发展史上也是最快的。当年许多去西屋公司实习的人都未曾想到,中国电机工业能够达到今天这样的水平,西方发达国家一些电机工业巨头对我们也是刮目相看了。实践充分证明,我们要发展和拥有电机工业及其他各种工业的新技术新设备,赶超国际先进水平,必须坚定不移扩大对外开放,尽可能争取一切可以争取的国际技术合作,引进、消化、吸收国外先进技术和有益管理经验,不断增强我们的自主创新能力。

技术要进步、产业要发展,关键在人才。我们不会忘记那些为我国电机工业发展奋斗了一生、作出了各种贡献的人。他们中有技术专家、工人,还有领导干部,无论是知名的还是不知名的，他们在国家建设史上留下了艰苦创业、无私奉献的感人事迹。我们要永远记住他们的功劳，学习他们的开拓精神、奉献精神。我国电机工业乃至其他产业要保持良好发展势头，争创世界一流水平，在激烈的国际竞争中掌握主动，就必须继续尊重知识、尊重人才，不断激发人民群众的首创精神，不断激发各条战线上广大工人、技术专家、领导干部的紧迫感、责任感和献身祖国建设事业的使命感。（引自《中国传动网》）

思政元素：培养学生科学精神、科技报国的家国情怀，激发学生学习兴趣。

第1章

变压器

变压器是利用电磁感应原理将某一电压的交流电变换成频率相同的另一电压的交流电的静止电机。本章先介绍磁路的基本概念,在此基础上重点讨论单相变压器的结构、工作原理及其使用,对三相变压器亦作简单的介绍。

1.1 磁路的基本概念

变压器、电动机以及继电器、接触器等控制电器的内部结构都有铁芯和线圈，作用是当通以较小电流时，能在铁芯内部产生较强的磁场，使线圈上感应出电动势或对线圈产生电磁力。线圈通电属于电路问题，而产生的磁场大部分局限于铁芯内部，这种人为地使磁通集中通过的路径称为磁路。因此铁芯线圈的磁场就属于磁路问题。

1.1.1 磁路的基本物理量

1. 磁通 Φ

磁通 Φ 表示垂直穿过某一截面积 S 的磁力线总数，单位为 Wb(韦伯)。

2. 磁感应强度 $\boldsymbol{B}$

磁感应强度(也称磁通密度)$\boldsymbol{B}$ 是一个用来表示磁场内某点的磁场强弱和方向的物理量。磁感应强度是矢量，其值等于垂直于矢量 $\boldsymbol{B}$ 的单位面积的磁力线数，即

$$\boldsymbol{B}=\frac{\Phi}{S} \tag{1.1}$$

对于电流产生的磁场，磁感应强度的方向和电流方向满足右手螺旋定则。在国际单位制中，磁感应强度的单位是 T(特斯拉)，即 $\mathrm{Wb/m^2}$，$1\ \mathrm{T}=1\ \mathrm{Wb/m^2}$。

3. 磁导率 μ

磁导率 μ 是一个用来表示磁场中介质导磁能力的物理量，单位为 H/m(亨利/米)。

真空中的磁导率为常数，通常采用 μ_0 表示，其数值为 $\mu_0=4\pi\times10^{-7}$ H/m。一般材料的磁导率 μ 和真空磁导率 μ_0 的比值，称为该材料的相对磁导率 μ_r，即

$$\mu_r=\frac{\mu}{\mu_0} \tag{1.2}$$

相对磁导率 μ_r 越大，介质的导磁性能就越好。表 1.1 所示为常用磁性材料的相对磁导率。

表 1.1 常用磁性材料的相对磁导率

材料名称	铸铁	硅钢片	镍锌铁氧体	锰锌铁氧体	坡莫合金
相对磁导率 μ_r	200～100	7 000～10 000	10～1 000	300～5 000	$2\times10\sim2\times10^5$

4. 磁场强度 $\boldsymbol{H}$

磁场强度是一个用来计算磁场的物理量，反映的是电流的磁场，其强弱和方向均取决于电流，与介质无关。磁场强度的大小为磁感应强度与磁导率之比，即

$$\boldsymbol{H}=\frac{\boldsymbol{B}}{\mu} \tag{1.3}$$

在国际单位制中，磁场强度的单位为 A/m(安/米)。

1.1.2 铁磁材料的磁性能

1. 高导磁性和磁化性

高导磁性是指铁磁材料的磁导率很高($\mu_r \gg 1$),具有被强烈磁化的特性。铁磁材料之所以具有良好的导磁性能,是因为材料内部具有磁畴结构。铁磁材料内部存在许多体积很小的磁性区域,这些天然的小磁性区域称为磁畴。每个磁畴在无外磁场作用时,排列杂乱无章,极性任意取向,磁性相互抵消,对外不呈磁性。当受到外磁场的作用时,排列无序的磁畴将顺着外磁场的方向转向,形成一个与外磁场方向一致的附加磁场,使铁磁物质内部的磁感应强度大大增加,这种原来没有磁性,在外磁场的作用下产生磁性的性质称为磁化性。非磁性材料内部由于没有磁畴结构,所以不能被磁化。

2. 磁饱和性

当外磁场(或励磁电流)增大到一定值时,磁性材料的全部磁畴的磁场方向都转向与磁场的方向一致,磁化磁场的磁感应强度达到饱和值,这一特性称为磁饱和性。磁饱和性也可从铁磁材料的磁化曲线上看出,如图1.1所示。当外磁场逐渐增大时,铁磁材料中的磁畴将随之逐渐转向,首先随外磁场的增加,磁感应强度 $\boldsymbol{B}$ 随之成正比增大(Oa 段);其次磁感应强度 $\boldsymbol{B}$ 几乎呈直线上升(ab 段);最后,由于铁磁材料内部的磁畴几乎全部转向完毕,所以再增加外磁场,磁感应强度 $\boldsymbol{B}$ 几乎不能再增加,此时称为磁饱和(cs 段)。

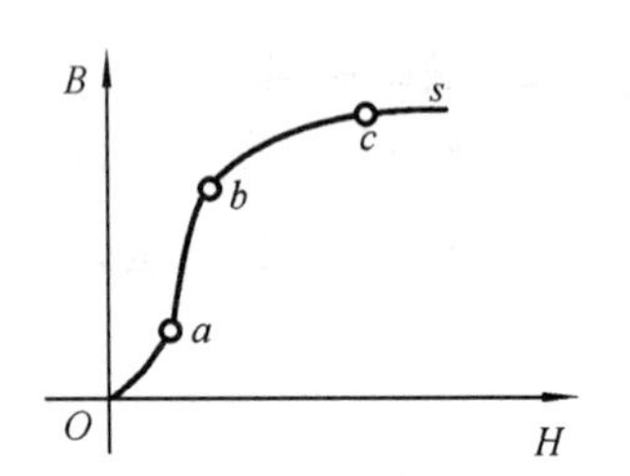

图1.1 铁磁材料的磁化曲线

3. 磁滞性和剩磁性

当铁芯线圈中通有交变电流(大小和方向都变化)时,铁芯就会受到交变磁化。电流变化时,磁感应强度 $\boldsymbol{B}$ 随磁场强度 $\boldsymbol{H}$ 的变化而变化,当 $\boldsymbol{H}$ 已减到零时,但 $\boldsymbol{B}$ 未回到零,这种磁感应强度滞后于磁场强度变化的性质称为磁性物质的磁滞性。当线圈中电流减到零($\boldsymbol{H}=0$)时,铁芯因磁化所获得的磁性还未完全消失,这时铁芯中所保留的磁感应强度称为剩磁感应强度 $\boldsymbol{B}_r$。

1.1.3 磁路的欧姆定律

如图1.2所示,设磁路由单一的铁磁材料构成,其横截面面积为 S,磁路的平均长度为 l。将磁路与电路相比较可以知道,磁路中的磁通 Φ 相当于电路中的电流 I,电路中激发电流的因素是电压源电动势 U_S。那么磁路中激发磁通的因素是什么呢?通过实验发现,励磁电流 I 越大,产生的磁通就越多;线圈的匝数越多,产生的磁通也越多,把励磁电流 I 和线圈匝数 N 的乘积 NI 看作是磁路中产生磁通的源泉,称为磁动势 F。因此,磁路的欧姆定律可表述为

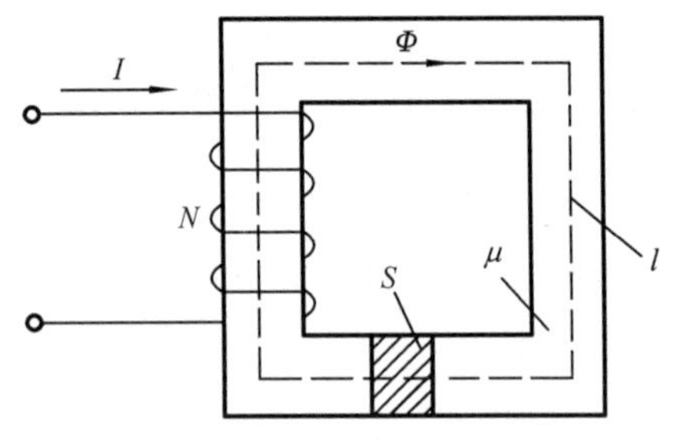

图1.2 磁路中的各参数

$$\Phi = \frac{F}{R_m} = \frac{IN}{R_m} \tag{1.4}$$

式中：R_m 为磁阻，反映了磁路中阻碍磁通的作用。

磁阻的计算公式为

$$R_m = \frac{l}{\mu S} \tag{1.5}$$

式中：l 为磁路的平均长度，单位为 m；S 为磁路的横截面积，单位为 m^2；μ 为铁芯材料的磁导率，单位为 H/m；磁阻的单位是 H^{-1}。式(1.5)显然与电路的电阻 $R=\rho l/S$ 形式相同。

空气(非磁性物质)磁导率为常量，故其磁阻为常量；而磁性物质的磁导率不为常量，μ 随磁路的饱和而减小，故其磁阻随磁路的饱和而增大。因此，在非线性磁路中，一般不能用磁路的欧姆定律进行定量计算。

1.1.4 交流铁芯线圈电路

图 1.3 所示为交流铁芯线圈示意图。电源和绕组构成铁芯线圈的电路部分，铁芯构成铁芯线圈的磁路部分。当铁芯线圈通以正弦电流 i 时，电流 i 通过 N 匝线圈形成磁动势 $F=iN$，从而产生磁通。磁通的绝大部分通过铁芯而闭合，这部分磁通称为主磁通或工作磁通 Φ。此外，还有很少的一部分磁通主要经过空气或其他非磁性物质而闭合，这部分磁通称为漏磁通 Φ_σ。这两个磁通在线圈中分别产生主磁电动势 e 和漏磁电动势 e_σ。它们的电磁关系为

$$u \rightarrow i(Ni) \rightarrow \Phi \rightarrow e$$
$$\quad\ \ \hookrightarrow \Phi_\sigma \rightarrow e_\sigma$$

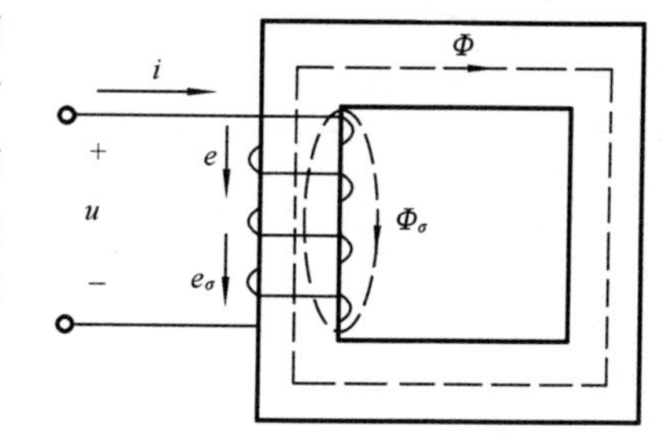

图 1.3 交流铁芯线圈示意图

主磁电动势由主磁通产生，设主磁通为

$$\Phi = \Phi_m \sin\omega t$$

根据法拉第电磁感应定律，有

$$e = -N\frac{d\Phi}{dt} = -N\frac{d(\Phi_m \sin\omega t)}{dt} = -N\omega\Phi_m \cos\omega t$$
$$= 2\pi f N\Phi_m \sin(\omega t - 90°) = E_m \sin(\omega t - 90°)$$

式中：$E_m = 2\pi f N\Phi_m$ 为主磁电动势 e 的幅值。

e 的有效值为

$$E = \frac{E_m}{\sqrt{2}} = \frac{2\pi f N\Phi_m}{\sqrt{2}} = 4.44 f N\Phi_m \tag{1.6}$$

它在时间相位上滞后主磁通 90°，写成向量形式为

$$\boldsymbol{E} = -\mathrm{j}4.44 f N\Phi_m \tag{1.7}$$

漏磁电动势是由漏磁通感应产生的，由于漏磁通主要经非磁性物质构成回路，磁路不饱和，Φ_σ 与电流呈线性关系，其漏感系数 L_σ 为常数，所以有

$$\boldsymbol{E}_\sigma = -\mathrm{j}\omega L_\sigma \boldsymbol{I} = -\mathrm{j}X_\sigma \boldsymbol{I} \tag{1.8}$$

式中：$X_\sigma = \omega L_\sigma$ 称为漏磁感抗，它是由漏磁通引起的。

如图 1.3 所示线圈，根据基尔霍夫电压定律可得出

$$u + e + e_\sigma = iR$$

由式(1.7)和式(1.8)可知,上式的向量形式为

$$\boldsymbol{U} = -\boldsymbol{E} + R\boldsymbol{I} + \mathrm{j}X_\sigma \boldsymbol{I} = -\boldsymbol{E} + \boldsymbol{I}Z_\sigma \tag{1.9}$$

式中:$Z_\sigma = R + \mathrm{j}X_\sigma$ 为线圈漏阻抗;R 为线圈电阻。

因线圈漏阻抗压降很小,可忽略不计,于是有

$$\boldsymbol{U} = -\boldsymbol{E} \tag{1.10}$$

或者

$$U \approx E = 4.44 fN\Phi_\mathrm{m} = 4.44 fNB_\mathrm{m}S \tag{1.11}$$

式中:B_m 为铁芯磁感应强度最大值;S 为铁芯截面积。

式(1.11)表明,当线圈匝数 N 及电源频率 f 一定时,铁芯中工作磁通幅值的大小取决于励磁线圈外加电压的有效值,而与铁芯材料的尺寸无关。

交流铁芯线圈的功率损耗有两个方面:一方面是线圈电阻上的功率损耗 I^2R,又称为铜损 ΔP_Cu;另一方面是处于交变磁化下的铁芯中的功率损耗,又称为铁损 ΔP_Fe,铁损是由磁滞和涡流产生的。

铁芯在反复交变的磁化过程中,内部磁畴的极性取向随着外磁场的交变而翻转,在翻转过程中,磁畴间相互摩擦而引起的能量损耗称为磁滞损耗。

铁芯材料不仅是导磁材料,也是导电材料,当穿过铁芯中的磁通发生变化时,在铁芯中将产生感应电流。这种感应电流在垂直于磁力线的平面内呈旋涡状,故称为涡流。涡流在铁芯电阻上引起的功率损耗称为涡流损耗。

为了提高磁路的导磁性能和减少铁芯的损耗,铁芯通常用厚度为 0.35 mm 或 0.5 mm,且表面涂有绝缘漆的硅钢片叠制而成。采用这样的办法可将涡流限制在较小的截面内流通,加上硅钢的电阻率较大,可大大减小涡流及涡流损耗。

1.2 变 压 器

1.2.1 变压器的用途与结构

1. 变压器的用途

在输电方面,变压器用来升压,这样可以减小输电线的横截面积,减小线路上的电压降以及线路上的功率损耗。在用电方面,变压器用来降压,以保证用电安全和满足用电设备的电压要求。在电子线路上,除电源变压器外,变压器还用来耦合电路、传递信号,并实现阻抗匹配。此外,变压器还有许多特殊的用途。

2. 变压器的基本结构

变压器虽然种类很多,有电力变压器、控制变压器、电源变压器、焊接变压器、自耦变压器等,但其基本结构是相同的,都是由铁磁材料构成铁芯和绕在铁芯上的线圈(也称绕组)两部分组成的。变压器常见的结构形式有心式变压器和壳式变压器两类。心式变压器如图 1.4(a)所示,它的特点是用绕组包围铁芯,用铁量少,构造简单,绕组的安装和绝缘处理比较容易,因此多用于容量较大的变压器。壳式变压器如图 1.4(b)所示,它的特点是用铁芯包围绕组,用铜量较少,多用于小容量的变压器。

铁芯是变压器的磁路部分,并作为变压器的机械骨架。铁芯由铁芯柱和铁轭两部分组

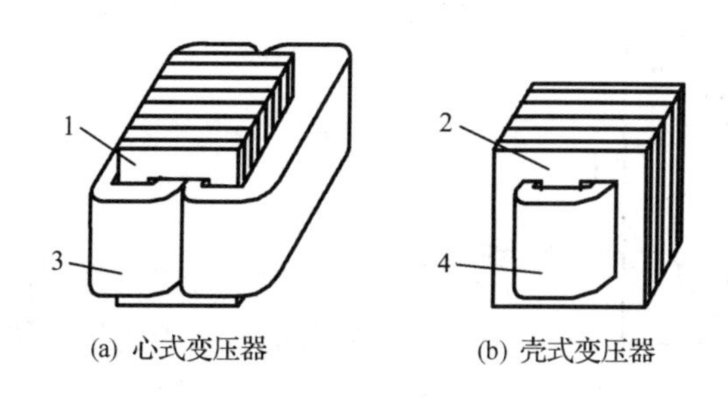

(a) 心式变压器　　(b) 壳式变压器

图 1.4　变压器的结构

1、2—铁芯；3、4—绕组

成。单相变压器的铁芯可分为叠片式和卷制式两种，如图 1.5(a)、(b)所示。铁芯柱上套装变压器绕组，铁轭起到连接铁芯柱使磁路闭合的作用。对铁芯的要求是导磁性能要好，磁滞损耗及涡流损耗要尽量小，因此均采用 0.3～0.35 mm 规格的硅钢片制作。

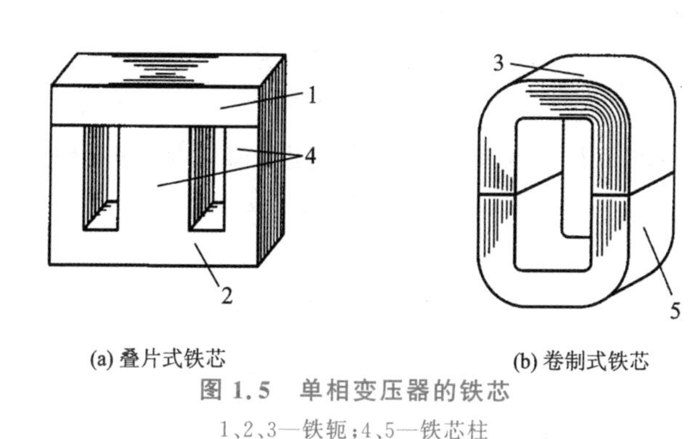

(a) 叠片式铁芯　　(b) 卷制式铁芯

图 1.5　单相变压器的铁芯

1、2、3—铁轭；4、5—铁芯柱

绕组是变压器的电路部分，小型变压器一般用具有绝缘的漆包圆铜线绕制而成。对容量稍大的变压器则用扁铜线或扁铝线绕制。电压高的绕组称为高压绕组，电压低的绕组称为低压绕组，低压绕组一般靠近铁芯放置，而高压绕组则置于外层。

为了便于分析，把与电源连接的一侧称为原绕组(或称初级绕组、一次绕组、原边)，原绕组各量均用下脚标“1”表示，如 N_1、u_1、i_1 等；与负载连接的一侧称为副绕组(或称次级绕组、二次绕组、副边)，副绕组各量均用下脚标“2”表示，如 N_2、u_2、i_2 等。

1.2.2　变压器的工作原理

1. 变压器的空载运行与变换电压

如图 1.6 所示，变压器原绕组接交流电源，副绕组不接负载，这种情况称为变压器空载运行。

在外加正弦交流电压 u_1 作用下，原绕组内便有交变电流 i_0 通过，由于副绕组开路，副绕组内没有电流通过，此时原绕组内的电流 i_0 称为空载电流。i_0 通过原绕组产生磁动势 i_0N_1，该磁动势产生的磁通绝大部分经过铁芯而闭合，并与原、副绕组交链，这部分磁通称为主磁通，用 Φ 表示。主磁通 Φ 穿过原绕组和副绕组，而在其中产生感应电动势 e_1 和 e_2，另有一小部分漏磁通 $\Phi_{\sigma1}$ 不经过铁芯仅与原绕组本身交链而闭合，漏磁通 $\Phi_{\sigma1}$ 在变压器中产生的感应电动势仅起电压降的作用，而且作用较小，故一般略去漏磁通 $\Phi_{\sigma1}$ 及其产生的电压

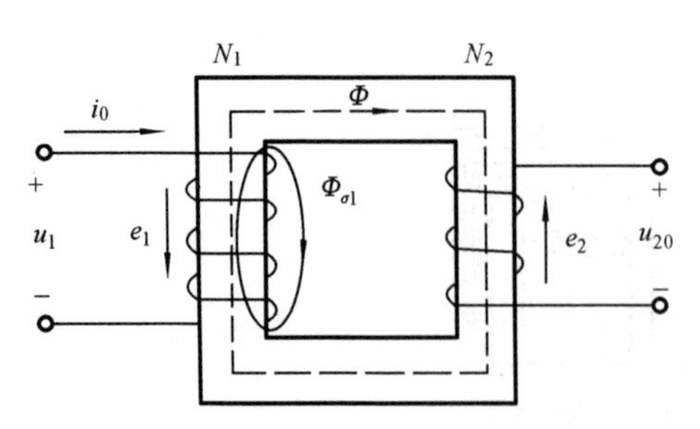

图 1.6　变压器空载运行工作原理图

降的作用。上述的电磁关系可表示为

$$u_1 \to i_0 \to i_0 N_1 \to \Phi \begin{cases} \nearrow e_1 = -N_1 \dfrac{d\Phi}{dt} \\ \searrow e_2 = -N_2 \dfrac{d\Phi}{dt} \to u_{20} \end{cases}$$

式中：u_{20} 为副绕组的空载端电压。

根据基尔霍夫电压定律，按图 1.6 所规定的电压、电流和电动势的参考方向，可得

$$u_1 = i_0 R_1 - e_1 = i_0 R_1 + N_1 \frac{d\Phi}{dt}$$

$$u_{20} = e_2 = -N_2 \frac{d\Phi}{dt}$$

式中：R_1 为原绕组的电阻。

用向量形式可写成

$$\boldsymbol{U}_1 = \boldsymbol{I}_0 R_1 + (-\boldsymbol{E}_1)$$
$$\boldsymbol{U}_{20} = \boldsymbol{E}_2$$

在一般的变压器中，i_0 很小，因而原绕组的电阻压降 $i_0 R_1$ 很小，故可近似认为

$$u_1 \approx -e_1 \quad 或 \quad \boldsymbol{U}_1 \approx -\boldsymbol{E}_1$$

因此有

$$\frac{\boldsymbol{U}_1}{\boldsymbol{U}_{20}} \approx -\frac{\boldsymbol{E}_1}{\boldsymbol{E}_2}$$

其有效值之比为

$$\frac{U_1}{U_{20}} \approx \frac{E_1}{E_2} = \frac{N_1}{N_2} = K \tag{1.12}$$

式中：K 为变压器的变比。当 $K>1$ 时为降压变压器；当 $K<1$ 时为升压变压器。

【例 1.1】　一台 $S_N = 600\ \text{kV}\cdot\text{A}$ 的单相变压器，接在 $U_1 = 10\ \text{kV}$ 的交流电源上，空载运行时，它的副绕组电压 $U_{20} = 100\ \text{V}$，试求变比 K；若已知 $N_2 = 32$ 匝，试求 N_1。

解　由式(1.12)可得

$$K \approx \frac{U_1}{U_2} = \frac{10\ 000}{400} = 25$$

$$N_1 = KN_2 = 25 \times 32\ 匝 = 800\ 匝$$

2. 变压器的负载运行与变换电流

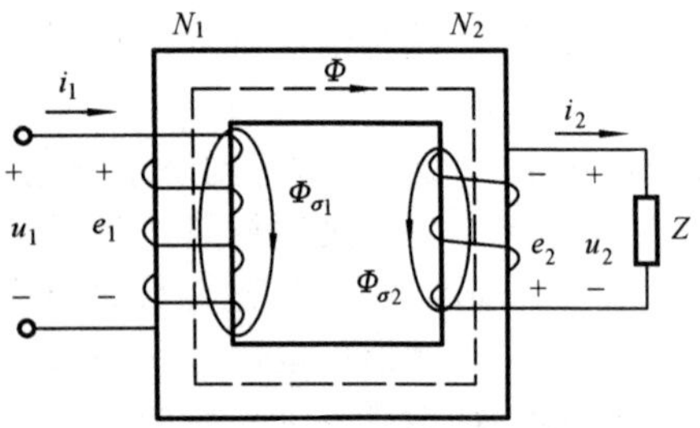

变压器的原绕组接上电源，副绕组接有负载，这种情况称为变压器的负载运行。变压器负载运行的工作原理如图 1.7 所示。

图 1.7　变压器负载运行的工作原理

变压器未接负载前，其原绕组电流为 i_0，它在原绕组产生磁动势 $i_0 N_1$，在铁芯中产生磁通 Φ。变压器接上负载后，副绕组电流 i_2 产生磁动势 $i_2 N_2$，它将阻碍主磁通 Φ 的变化，企图改变主磁

通的最大值 Φ_m。但是，当电源 U_1 和 f 一定时，由式(1.11)可知，E_1 和 Φ_m 近似恒定。或者说，阻止负载电流 i_2 的出现，通过原绕组电流 i_0 及其产生的磁动势，i_0N_1 必然随之增至 i_1N_1，以维持主磁通的最大值 Φ_m 基本不变，即与空载时的 Φ_m 大小几乎一样。因此，有负载时产生主磁通的原、副绕组的合成磁动势 $i_1N_1+i_2N_2$ 应该与空载时产生主磁通的原绕组的磁动势 i_0N_1 差不多相等，即

$$i_1N_1+i_2N_2\approx i_0N_1$$

用向量表示，有

$$\boldsymbol{I}_1N_1+\boldsymbol{I}_2N_2\approx\boldsymbol{I}_0N_1 \tag{1.13}$$

变压器的空载电流 $\boldsymbol{I}_0$ 主要用来励磁。由于铁芯的磁导率 μ 很大，故空载电流 I_0 很小，常可忽略不计，于是式(1.13)可变为

$$\boldsymbol{I}_1\approx-\frac{N_2}{N_1}\boldsymbol{I}_2$$

由上式可知，原、副绕组的电流关系为

$$\frac{I_1}{I_2}\approx\frac{N_2}{N_1}=\frac{1}{K} \tag{1.14}$$

式(1.14)表明变压器原、副绕组的电流之比近似与它们的匝数成反比。

3. 变压器变换阻抗

如图1.8所示，设变压器副绕组接一阻抗为 $|Z|$ 的负载，有

$$|Z|=\frac{U_2}{I_2}$$

这时从原绕组看进去的阻抗为反映到原绕组的阻抗 $|Z'|$，即

$$|Z'|=\frac{U_1}{I_1}=\frac{\dfrac{N_1}{N_2}U_2}{\dfrac{N_2}{N_1}I_2}=\left(\frac{N_1}{N_2}\right)^2\frac{U_2}{I_2}=K^2|Z| \tag{1.15}$$

式(1.15)表明，在忽略漏磁阻抗的影响下，只需调整匝数比，就可把负载阻抗变换为所需的、比较合适的数值，且负载的性质不变，这种做法通常称为阻抗匹配。

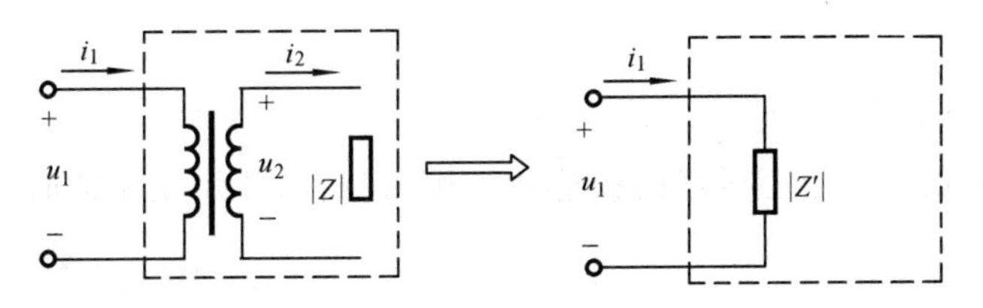

图1.8 负载阻抗的等效变换

【例1.2】 已知某收音机输出变压器的原绕组匝数 $N_1=600$ 匝，副绕组匝数 $N_2=30$ 匝，原绕组接阻抗为16 Ω的扬声器，现要改接成4 Ω的扬声器，求副绕组匝数应为多少？

解 原变比为

$$K=\frac{N_1}{N_2}=\frac{600}{30}=20$$

原绕组阻抗为

$$|Z'|=K^2|Z_1|=20^2\times 16\ \Omega=6\ 400\ \Omega$$

扬声器改为 4 Ω 时,有

$$|Z'|=K^2|Z_2|=\left(\frac{600}{N'_2}\right)^2\times 4\ \Omega=6\ 400\ \Omega$$

所以

$$N'_2=\sqrt{\frac{600^2\times 4}{6\ 400}}=\frac{600\times 2}{80}=15$$

1.2.3 变压器的使用

1. 变压器的额定值

变压器正常运行时的状态和条件称为变压器的额定工作情况。表示变压器额定工作情况的电压、电流和功率等数值,称为变压器的额定值。它标在变压器的铭牌上,也称为铭牌数据。

变压器的主要额定值有如下四项。

1) 额定容量 S_N

变压器的额定容量是指它的额定视在功率,单位是 V·A(伏·安)或 kV·A(千伏·安)。对于单相变压器,$S_N=U_{2N}I_{2N}$;对于三相变压器,$S_N=\sqrt{3}U_{2N}I_{2N}$。

2) 额定电压 U_{1N} 和 U_{2N}

原绕组的额定电压 U_{1N} 是指原绕组应加的电源电压或输入电压,副绕组的额定电压 U_{2N} 是指原绕组加上额定电压时副绕组的空载电压。在三相变压器中,额定电压 U_{1N} 和 U_{2N} 均为线电压。

3) 额定电流 I_{1N} 和 I_{2N}

变压器额定电流 I_{1N} 和 I_{2N} 是根据绝缘材料所允许的温度而规定的原、副绕组中允许长期通过的最大电流值。在三相变压器中,I_{1N} 和 I_{2N} 均指线电流。

4) 额定频率 f_N

我国规定工业标准频率为 50 Hz。

变压器的额定值取决于变压器的构造和所用的材料,使用变压器时一般不能超过其额定值。

2. 变压器的外特性

变压器的外特性是指电源电压 U_1 为额定电压,额定频率、负载功率因数 $\cos\varphi_2$ 一定时,U_2 随 I_2 变化而变化的关系曲线,即 $U_2=f(I_2)$,如图 1.9 所示。从变压器的外特性曲线可以看出,负载变化引起的变压器副绕组电压 U_2 的变化程度,既与原、副绕组的漏磁阻抗有关,又与负载的大小及性质有关。对于电阻性和电感性负载来说,U_2 随负载电流 I_2 的增加而下降,其下降程度还与负载的功率因数有关,功率因数越低,U_2 下降越快。对于电容性负载来说,U_2 随 I_2 的增加反而有所增加。

为反映电压 U_2 随 I_2 变化而变化的程度，引入电压变化率 ΔU，即

$$\Delta U = \frac{U_{2N} - U_2}{U_{2N}} \times 100\% \tag{1.16}$$

显然，电压变化率 ΔU 越小越好，说明变压器副绕组电压越稳定。一般变压器的漏阻抗很小，故电压变化率不大，在 5%左右。

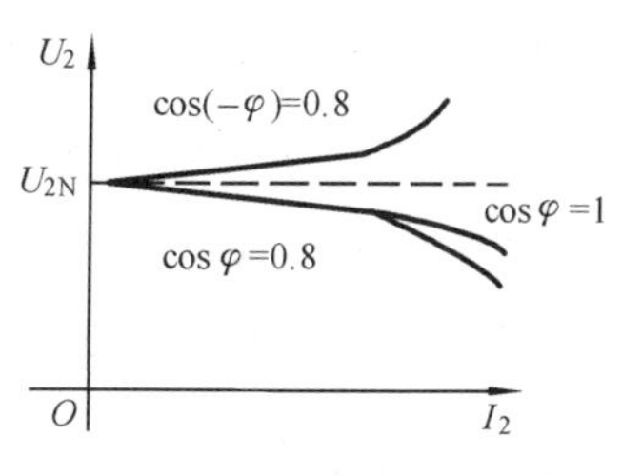

图 1.9　变压器的外特性曲线

3. 变压器的损耗和效率

变压器的功率损耗包括铁损 ΔP_{Fe}（磁滞损耗和涡流损耗）和铜损 ΔP_{Cu}（线圈导线电阻的损耗），即

$$\Delta P = \Delta P_{Fe} + \Delta P_{Cu} \tag{1.17}$$

铁损和铜损可以用试验方法测量或计算求出，铜损与负载大小有关，是可变损耗；而铁损与负载大小无关，当外加电压和频率确定后，一般是常数。

变压器的效率是变压器输出功率与输入功率的比值，通常用百分数表示，即

$$\eta = \frac{P_2}{P_1} \times 100\% = \frac{P_2}{P_2 + \Delta P_{Fe} + \Delta P_{Cu}} \times 100\% \tag{1.18}$$

式中：P_1 为变压器的输入功率；P_2 为变压器的输出功率。

变压器的效率较高，大容量变压器在额定负载时的效率为 98%～99%，小型变压器的效率为 70%～80%。变压器的效率还与负载有关，轻载时效率很低，因此应合理选用变压器的容量，以使变压器能够处在高效率的情况下运行。

【例 1.3】 有一台额定容量为 50 kV·A、额定电压为 3 300/220 V 的变压器，原绕组为 6 000 匝。试求：(1)副绕组的匝数；(2)原绕组和副绕组的额定电流；(3)当原绕组保持额定电压不变，副绕组达到额定电流，输出有功功率为 39 kW，功率因数 $\cos\varphi_2 = 0.8$ 时的副绕组端电压 U_2。

解　(1) 根据 $\frac{U_1}{U_{20}} = \frac{N_1}{N_2}$，可得

$$N_2 = \frac{U_{20}}{U_1} N_1 = \frac{220}{3\ 300} \times 6\ 000 \text{ 匝} = 400 \text{ 匝}$$

(2)根据 $S_N = U_{2N} I_{2N}$，可得

$$I_{2N} = \frac{S_N}{U_{2N}} = \frac{50 \times 10^3}{220} \text{ A} = 227 \text{ A}$$

由

$$\frac{I_1}{I_2} = \frac{N_2}{N_1}$$

得

$$I_{1N} = \frac{N_2}{N_1} I_{2N} = \frac{400}{6\ 000} \times 227 \text{ A} = 15.1 \text{ A}$$

(3)由 $P_2 = U_2 I_2 \cos\varphi_2$，可得

$$U_2 = \frac{P_2}{I_2 \cos\varphi_2} = \frac{39 \times 10^3}{227 \times 0.8} \text{ V} = 215 \text{ V}$$

4. 变压器绕组极性及连接方法

1) 变压器绕组的同极性端(同名端)

当电流流入(或流出)两个线圈时,若产生的磁通方向相同,则两个流入端称为同极性端(同名端)。或者说,当铁芯中磁通变化(增大或减小)时,在两个线圈中产生的感应电动势极性相同的两端为同极性端。常用“·”表示。如图1.10(a)所示,A、a(或X、x)绕向一致为同名端;如图1.10(b)所示,A、x(或X、a)绕向一致为同极性端。如果能观察出绕组的绕向,则只需根据其绕向就可确定同极性端。

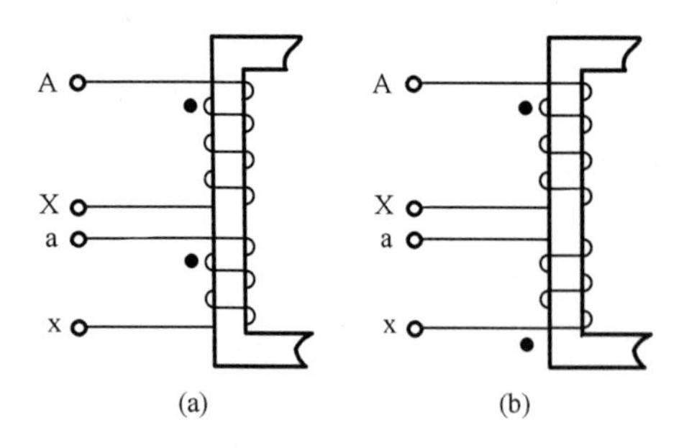

图1.10 变压器绕组的同极性端

对于一台已制成的变压器,如引出端未注明极性或标记脱落,或绕组经过浸漆及其他工艺处理,从外观上已看不清绕组的绕向,通常用下述两种实验方法来测定变压器的同极性端。

第一种方法称为直流法。如图1.11(a)所示,当开关S闭合的瞬间,如果电流计的指针正向偏转,则1和3是同极性端;若反向偏转,则1和4是同极性端。

第二种方法是交流法。如图1.11(b)所示,将两个绕组1—2和3—4的任意两端(如2与4)连接在一起,在其中一个绕组(如1—2)的两端加一个比较低的便于测量的交流电压。用伏特计分别测量1、3两端的电压U_{13}和两个绕组的电压U_{12}、U_{34}。若U_{13}的数值是两个绕组电压之差,即$U_{13}=U_{12}-U_{34}$,则1和3是同极性端;若U_{13}是两个绕组电压之和,即$U_{13}=U_{12}+U_{34}$,则1和4是同极性端。

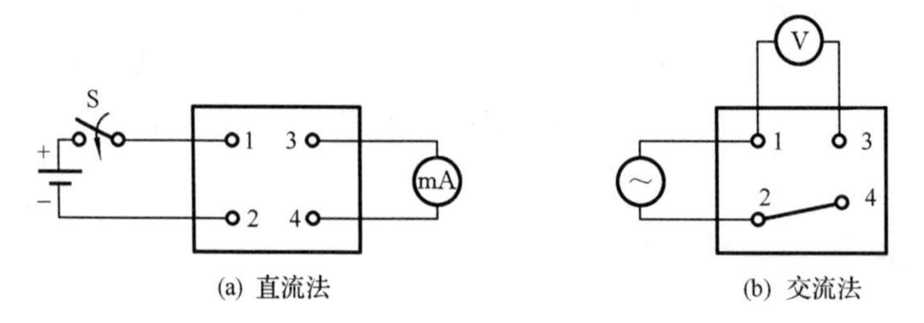

图1.11 用实验方法测绕组的同极性端

2) 变压器绕组的连接方法

有些单相变压器具有两个相同的原绕组和几个副绕组,这样可以适应不同的电源电压和供给几个不同的输出电压,在使用这种变压器时,必须依据同极性端相连的原则正确连接,否则会损坏变压器。

例如,一台变压器的原绕组有相同的两个绕组1—2、3—4,如图1.12(a)所示。假定每个绕组的额定电压为110 V,当接到220 V的电源上时,应把两绕组的异极性端串联,如图1.12(b)所示;当接到110 V的电源上时,应把两绕组的同极性端并联,如图1.12(c)所示。如果连接错误,例如,串联时将2、4两端连在一起,将1、3两端接电源,此时两个绕组的磁动势就互相抵消,铁芯中不产生磁通,绕组中也就没有感应电动势,绕组中将流过很大的电流,会把变压器烧毁。

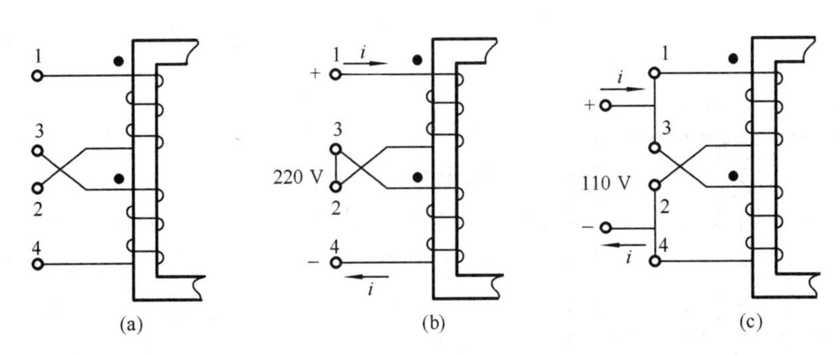

图 1.12 变压器绕组的正确连接

应该指出，只有额定电流相同的绕组才能串联，额定电压相同的绕组才能并联；否则，即使极性连接正确，也可能使其中某一绕组过载。

1.2.4 三相变压器

三相变压器是供电系统常用电器。现代电能的生产、传输和分配几乎都采用三相交流电，故三相变压器在电力系统中被广泛采用。图 1.13 所示为目前使用最为广泛的三相油浸式电力变压器绕组外形图。它主要由铁芯、绕组、油箱、冷却装置和保护装置等部件组成。

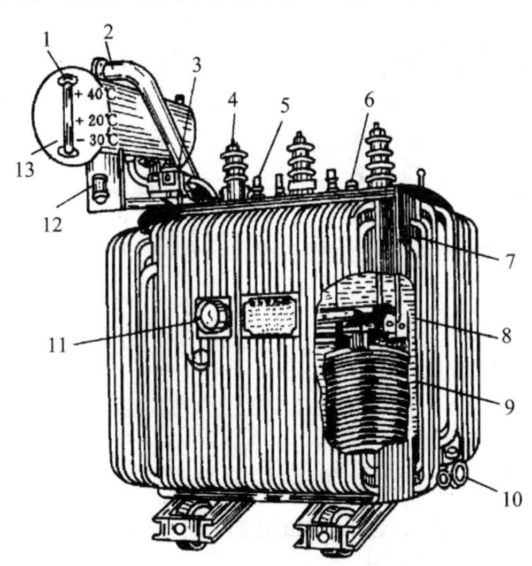

图 1.13 三相油浸式电力变压器绕组外形图

1—油表；2—安全气道；3—气体继电器；4—高压套管；5—低压套管；6—分接开关；7—油箱；8—铁芯；9—线圈；10—放油阀门；11—信号式温度计；12—吸湿器；13—储油柜

图 1.14 所示为三相变压器结构示意图，可以看出，三相变压器共有三个铁芯柱，每个铁芯柱都有一个原绕组和一个副绕组。原绕组的始端分别用 A、B、C 表示，其对应的末端分别用 X、Y、Z 表示；副绕组的始端分别用 a、b、c 表示，其对应的末端分别用 x、y、z 表示。从每一相来看，三相变压器的工作原理与单相变压器的完全一样。

三相绕组由于可采用不同的连接，使得三相变压器原、副绕组中的对应线电压出现不同的相位差。因此，按原、副绕组对应线电压的相位关系，把变压器绕组的连接分成各种不同组合，称为连接组。对于三相绕组，无论怎么连接，原、副绕组对应的线电压相位差总是 30°

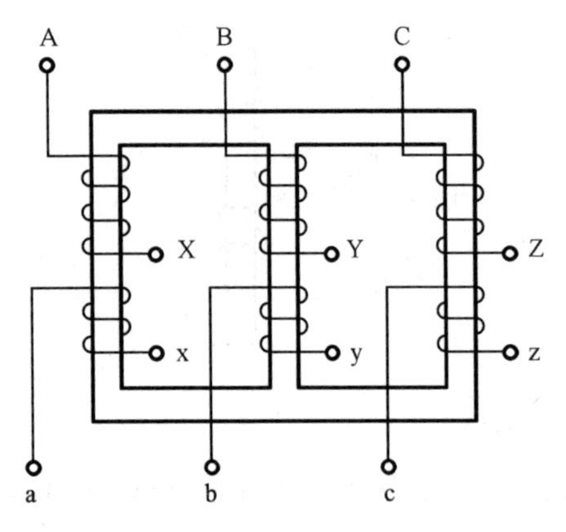

图 1.14 三相变压器结构示意图

的整数倍。因此,国际上规定了标志三相变压器原、副绕组线电压的相位关系采用时钟表示法,即原绕组线电压向量作为钟表上长针始终对着“12”,以副绕组对应的线电压向量作为短针,它指向钟表上哪个数字,该数字就作为变压器连接组别的标号。三相变压器的连接组别较多,为了制造和使用方便,国家标准规定,三相双绕组电力变压器的标准连接有5种:Y,yn0;YN,y0;Y,y0;Y,d11;YN,d11。其中大写字母Y表示原线组为Y连接方式,加N表示带中线;小写字母y或d,表示副绕组连接为Y形或△形,Y形有中线引出时,后面加字母n,小写字母y后面的0表示副绕组线电压与原绕组线电压同相,d后面的11表示副绕组线电压滞后原绕组线电压30°。

图1.15(a)所示为“Y,yn0”连接组的接线图,用于副绕组电压为230～100 V的配电变压器,图1.15(b)所示为“Y,d11”连接组的接线图。

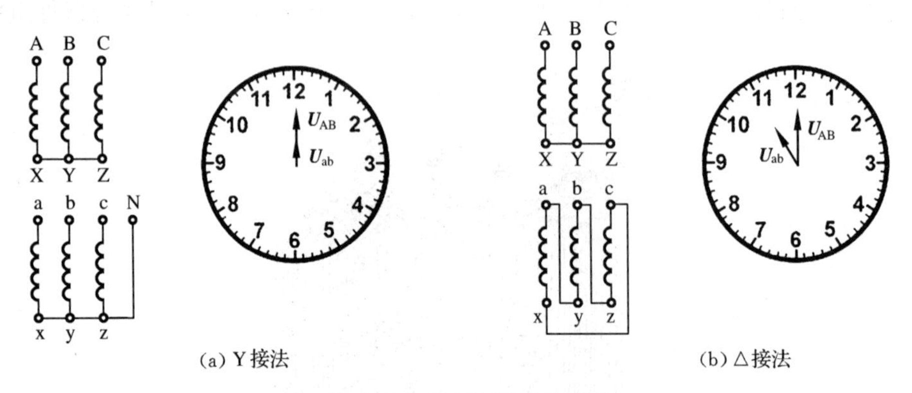

(a) Y接法 (b) △接法

图 1.15 三相变压器的连接

在计算三相变压器变比K时,如果原、副绕组都是Y连接或△连接,K可以采取与单相变压器一样的方法求解,即$K=U_{N1}/U_{N2}$。如果原、副绕组的接法不同,一个是Y连接,另一个是△连接,则应把Y连接的相电压与△连接的相电压比较。计算电压、电流时,要注意绕组和负载的连接方式。Y连接的线电压是相电压的$\sqrt{3}$倍,线电流与相电流相等;△连接的线电压与相电压相等,线电流是相电流的$\sqrt{3}$倍。

【例1.4】 某三相变压器,高压绕组为Y连接,低压绕组为△连接,容量为500 kV·A,额定电压为35/11 kV。试求该变压器在额定状态下运行时,高低压绕组的线电流和相电流。

解 高压绕组的额定线电流为

$$I_{1Nl}=I_{1N}=\frac{S_N}{\sqrt{3}U_{1N}}=\frac{500\times10^3}{1.73\times35\times10^3}\text{A}=8.26\text{ A}$$

高压绕组为Y连接,额定相电流为

$$I_{1Np}=I_{1Nl}=8.26\ \text{A}$$

低压绕组的额定线电流为

$$I_{2Nl}=I_{2N}=\frac{S_N}{\sqrt{3}U_{2N}}=\frac{500\times10^3}{1.73\times11\times10^3}\text{A}=26.27\ \text{A}$$

低压绕组为△连接，额定相电流为

$$I_{2Np}=\frac{I_{2N}}{\sqrt{3}}=\frac{26.27}{1.73}\text{A}=15.18\ \text{A}$$

1.2.5 其他用途的变压器

1. 自耦变压器

图 1.16 所示为一种自耦变压器电路图，它的副绕组是原绕组的一部分，因此原、副绕组之间不仅有磁的联系，而且有电的联系。原、副绕组的边电压、电流关系分别为

$$\frac{U_1}{U_2}=\frac{N_1}{N_2}=K,\qquad \frac{I_1}{I_2}=\frac{N_2}{N_1}=\frac{1}{K}$$

实验室中常用的调压器是一种利用滑动触头改变副绕组匝数的自耦变压器，其外形和电路图如图 1.17 所示。其原绕组额定电压为 220 V，副绕组输出电压为 0～250 V。使用时从安全角度考虑，需把电源的零线接至端子 1。若把相线接在端子 1，调压器输出电压即使为零（端子 5 和 1 重合，$N_2=0$），但端子 5 仍为高电位，用手触摸时有危险。

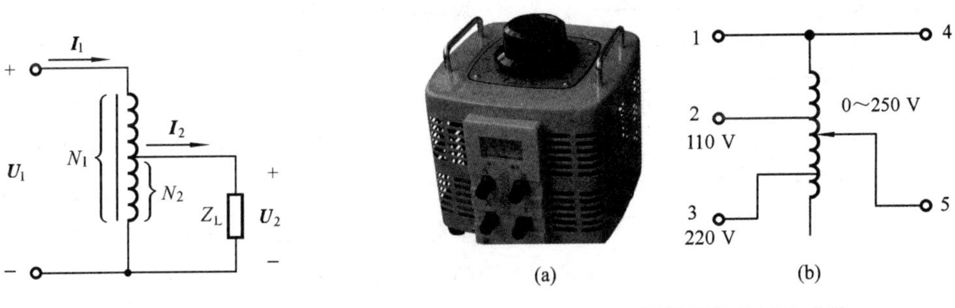

图 1.16 自耦变压器

图 1.17 调压器的外形和电路

2. 仪用互感器

仪用互感器是专门用于测量用的变压器，其作用是将原绕组的高电压或大电流，按比例缩小为副绕组的低电压或小电流，以供测量或继电保护装置使用。仪用互感器按其用途不同，可分为电流互感器和电压互感器两种。

1）电流互感器

电流互感器是一种将大电流转换为小电流的变压器。图 1.18 所示为电流互感器的接线图。原绕组的线径较粗，匝数很少，与被测电路负载串联；副绕组的线径较细，匝数很多，与电流表及功率表、电度表、继电器的电流线圈串联。

为了工作安全，电流互感器的铁芯及副绕组的一端应该接地，正常运行时副绕组电路不允许开路。因为互感器不同于普通变压器，原绕组电流不取决于副绕组电流，而决定于被测主电路电流 I_1。所以，当副绕组开路时，副绕组的电流和磁动势立即消失，原绕组电流成了

励磁电流,使铁芯中的磁感应强度猛增,铁芯严重饱和,且严重过热,同时将在副绕组上产生很高的感应电动势,绝缘层可能被击穿,将引起事故。

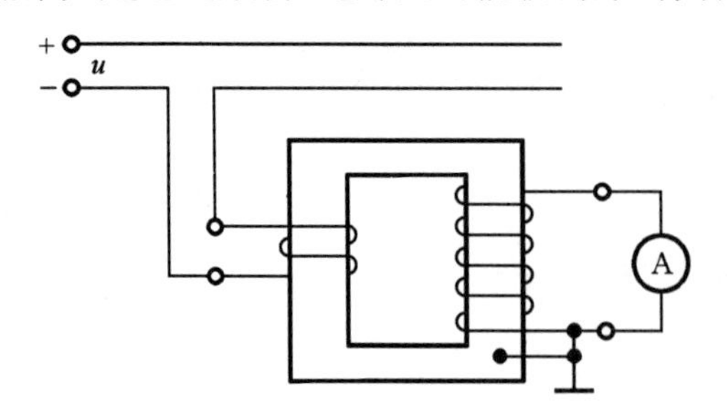

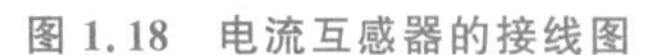
图 1.18 电流互感器的接线图

图 1.19 钳形电流表

在实际工作中,经常使用钳形电流表,它由一个特殊的电流互感器和一个电流表组合而成,如图 1.19 所示。其铁芯像钳子,可以开合。测量时,张开铁芯,纳入被测电流的一根导线后闭合铁芯,则待测导线成为电流互感器的原绕组,只有一匝,这样可从电流表直接读出被测电流值。电流表一般有几个量程,使用时应注意,被测电流不能超过电流表的最大量程。

2) 电压互感器

电压互感器实质上是一种变比较大的降压变压器,图 1.20 所示为电压互感器的接线图。电压互感器原绕组匝数较多,并联于待测电路两端;副绕组匝数较少,与电压表及电度表、功率表、继电器的电压线圈并联,用于将高电压变换成低电压。通常副绕组的额定电压规定为 100 V。使用时副绕组电路不允许短路,否则将产生比额定电流大得多的短路电流,会烧坏电压互感器。为了安全起见,必须将副绕组的一端与铁芯同时接地,以防止当绕组间的绝缘层损坏时副绕组上有高压出现。

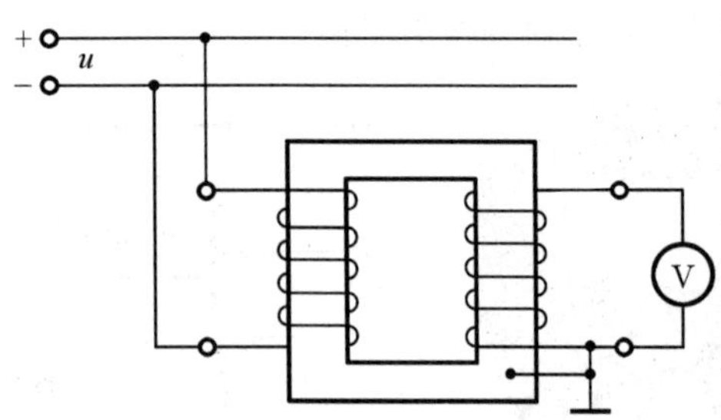

图 1.20 电压互感器的接线图

3. 电焊变压器

变流电焊机或弧焊机,又称电焊变压器,实际就是一台特殊的降压变压器。其结构原理与普通变压器基本一样。

电焊变压器与普通变压器不同之处就在于它有特殊的工作要求。这些要求是:电焊变压器空载时要有足够的电弧点火电压(为 60～90 V),还应有迅速下降的外特性,额定负载时电压约为 30 V;在短路时,二次电流不能过大,一般不超过额定电流的 2 倍,焊接的工作电流要比较稳定,而且大小可调,以适应不同的焊条和被焊工件。

为了满足这些要求,电焊变压器在结构上有其特殊性,如需要调节空载时的电弧点火电压,可在绕组上抽头,用分接开关调节副绕组的开路电压。电焊变压器的两个绕组一般分装在两个铁芯柱上,再利用磁分路法或串联可变电抗法,使绕组漏抗较大且可调节,以产生快速下降的外特性曲线,如图 1.21 所示。

磁分路电焊变压器的接线图如图 1.22(a)所示，是在原、副绕组的两个铁芯柱之间加一铁芯分支磁路，通过螺杆来回移动进行调节。当磁分路移出时，两个绕组漏磁通及漏抗较小，工作电流增大；当磁分路铁芯移入时，两个绕组漏磁通经磁分路闭合而增大，漏抗就很大，有载电压迅速下降，工作电流较小。因此，调节分支磁路的磁阻即可调节漏抗大小，以满足焊条和工件对电流的要求。

带可变电抗的电焊变压器的接线图如图 1.22(b)所示，在副绕组串联一个可变电抗器，电抗器中的气隙可用螺杆调节。气隙越大，电抗越小，输出电流越大；气隙越小，电抗越大，输出电流越小，以满足其工作要求。

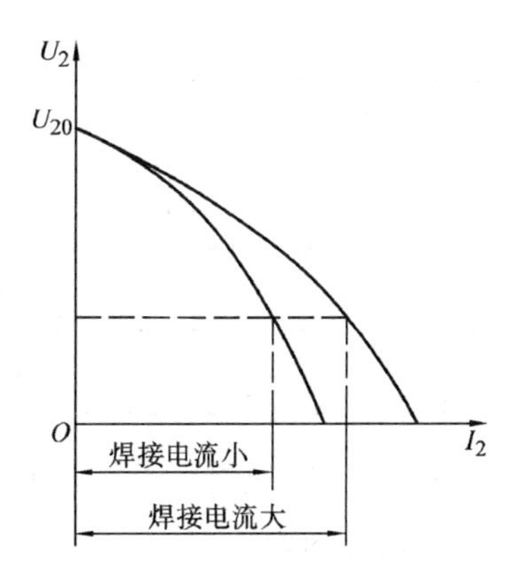

图 1.21 可调节电焊变压器的外特性曲线

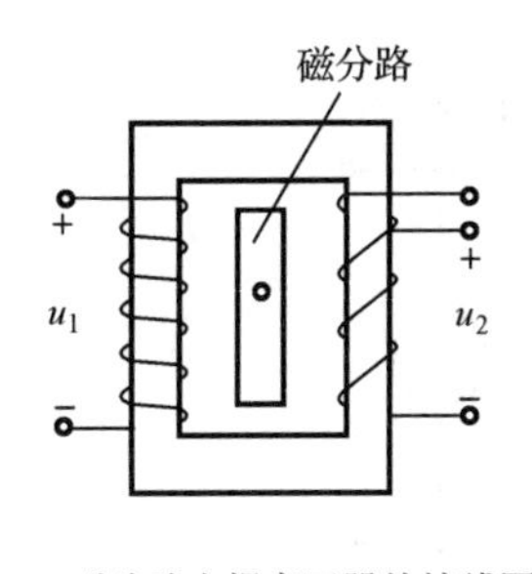

(a) 磁分路电焊变压器的接线图

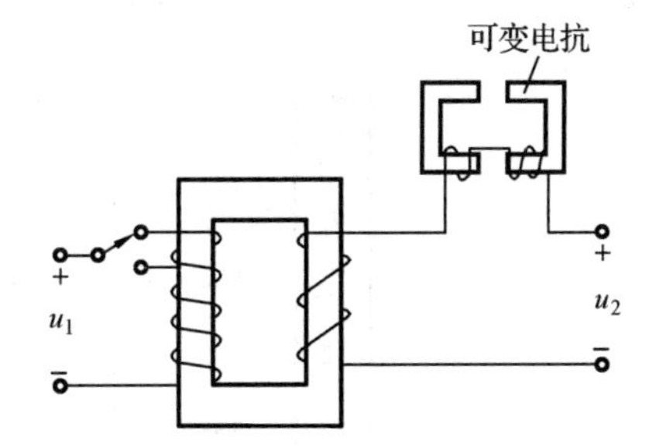

(b) 带可变电抗的电焊变压器的接线图

图 1.22 电焊变压器的接线图

实验 1 单相变压器实验

1. 实验目的

(1)了解单相变压器的空载和负载实验方法，熟悉其使用。

(2)通过空载实验求取变压器的电压比和铁损耗。

(3)通过负载实验测定单相变压器运行特性。

2. 实验设备

单相变压器的实验设备如表 1.2 所示。

表 1.2 单相变压器的实验设备

序　号	型　号	名　称	数　量
1	D33	交流电压表	1 件
2	D32	交流电流表	1 件
3	D34	单三相智能功率、功率因数表	1 件

续表

序　号	型　号	名　称	数　量
4	DJ11	三相组式变压器	1件
5	D42	三相可调电阻器	1件
6	D51	波形测试及开关板	1件

DJ11三相组式变压器额定值:P_N=77 W,U_{1N}/U_{2N}=220 V/55 V,I_{1N}/I_{2N}=0.35 A/1.4 A。

3. 实验内容

1) 变比实验

单相变压器变比实验接线图如图1.23所示。

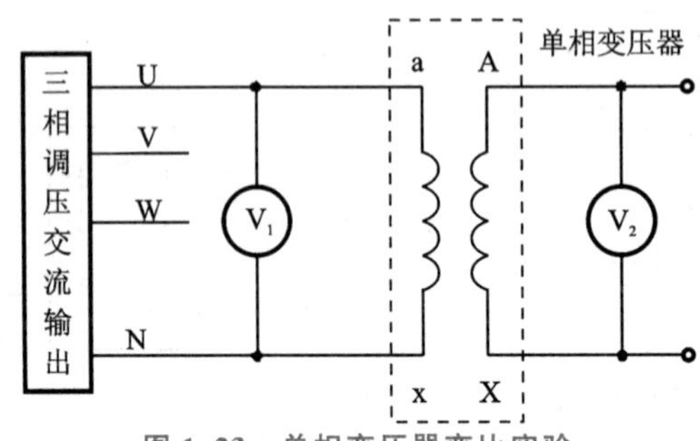

图1.23　单相变压器变比实验

从控制屏上调压器的输出接线到单相变压器的低压线圈。高压线圈开路,闭合电源开关Q,将低压线圈外施电压调至50%额定电压左右,测量低压线圈电压及高压线圈电压,对应不同的输入电压共读取5组数据,记录于表1.3中。

表1.3　变比实验及空载实验数据

序　号	实验数据				$\cos\Phi_0$	
	U_0/V	I_0/A	P_0/W	U_{AX}/V	测量数据	计算数据
1						
2						
3						
4						
5						

2) 空载实验

变压器的铁耗与电源的频率及波形有关,试验电源的频率应接近被试变压器的额定频率(允许偏差不超过±1%),其波形应是正弦波。

单相变压器空载实验接线图如图1.24所示。

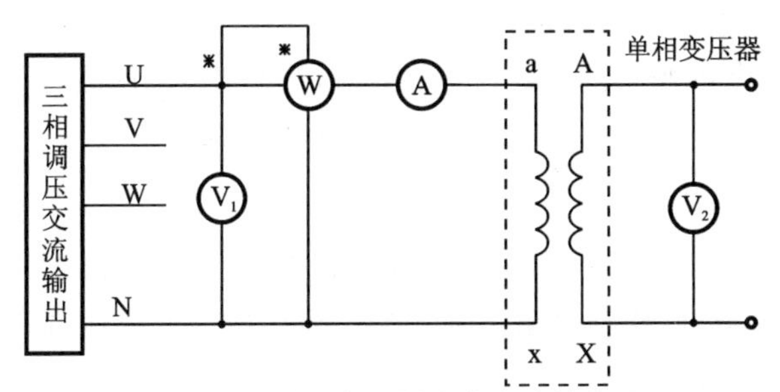

图 1.24 单相变压器空载实验接线图

在变压器低压侧施加电压，即在低压绕组上施加电压，高压绕组开路。变压器空载电流 $I_0=(2.5\%\sim10\%)I_N$ 选择电流表量程。变压器空载运行时功率因数甚低，一般在 0.2 以下。

变压器接通电源开关 Q 前(绿色按钮)，必须将调压器(在控制屏的左侧方)输出电压调至最小位置，以避免开关闭合时，电流表、功率表电流线圈被冲击电流所损坏。合上电源开关 Q 后，调节变压器一次侧电压至 $1.2U_N$，然后逐次降压，逐次测量空载电压 U_0、电流 I_0 及损耗 P_0(在数字功率因数表上读取)，在 $(1.2\sim0.5)U_N$ 范围内，读取 6～7 组，(包括 $U_0=U_N$ 点，在该点附近测量点应较密一些)，结果记录于表 1.3 中。

3) 负载实验

单相变压器负载实验接线图如图 1.25 所示。

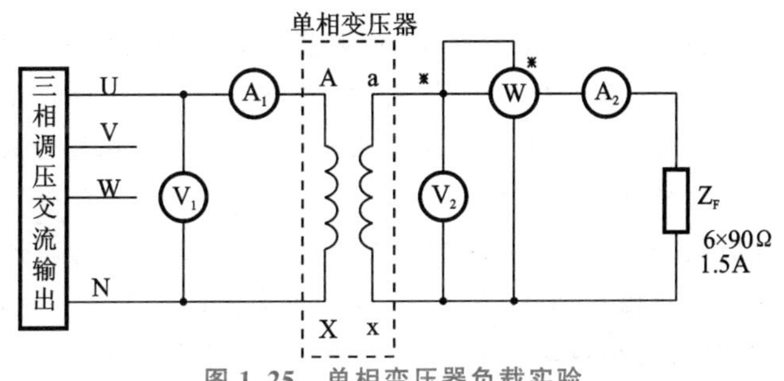

图 1.25 单相变压器负载实验

变压器一次绕组(高压侧)经调压器(在控制屏上)、开关 Q 接至电源，负载为六个 1.5 A，90 Ω 可变电阻串联(1.5 A，6×90 Ω)。先将负载电阻值调至最大，然后闭合电源开关 Q，调节调压器输出电压为 $U_1=U_{1N}=220$ V，减小负载电阻，即增大负载电流，保持 $U_1=U_{1N}$，在负载电流从零($I_2=0,U_2=U_{20}$)至额定值范围内(0～1.4 A)，测量负载电流 I_2 和二次侧电压 U_2，每改变一次负载电阻，将 I_2 和 U_2 数值记录于表 1.4 中，共读取数据 5～6 组(包括 $I_2=I_{2N}$ 点)。

表 1.4 负载实验数据($U_1=U_{1N}$)

序号		1	2	3	4	5	6
实验数据	U_2/V						
	I_2/A						

若需要进行非纯电阻而功率因数一定的负载实验,实验方法和线路与纯电阻负载时相同,此时二次侧需要一个可变电抗器,与负载电阻并联或串联组成感性负载。

4. 实验报告

(1) 计算变比。

(2) 根据空载试验所测得的数据画空载特性曲线 $I_0=f(U_0)$,$P_0=f(U_0)$。

(3) 根据负载试验数据,作纯电阻负载下受试变压器的外特性:即 $U_1=U_{1N}$、$\cos\varphi=1$ 时的外特性 $U_2=f(I_2)$ 曲线。

(4) 根据实验数据,计算变压器运行性能。

①计算额定负载功率因数 $\cos\varphi=1$ 时,受试变压器的电压变化率 ΔU 及效率 η。

②计算功率因数为 $\cos\varphi=1$ 时,受试变压器的效率特性 $\eta=f(P_2)$。

思政e站

中国技术独步全球,特高压输电技术超越美国,从落后到世界第一

说到能巩固国家实力的就想到核能,航母,先进的科技技术,但是我们还忽略了一个重要的地方,那就是电能,我国现在又研发出一项特别的技术,那就是特高压输电技术。

我们生活的方方面面都离不开电的供应,像我们的家里,工厂,学校,医院都是需要用电的,而这些电是要靠电线传输的,形成了密集的电网。

我们想要更多的电,就要修建更多的电网,这样就使得电网错综复杂,所以我国现在研发出一种技术,使电力输送的更加快、准,并且量还大。

特高压的技术就是指利用非常高的电压,对电能进行长距离输送的技术。我国目前成熟应用的输电电压,已经达到了交流1000千伏,直流800千伏以上的水平。

要知道国际的标准是当输电线路的交流电压超过500千伏,就被称为“超高压输电”了,我国的电压技术已经远远超过了美国日本这些发达国家。

我国是一个人口大国,对电的需求也是非常大的,所以我国针对国情,研发了一套适用于自己国家的输电线路。我国从2004年开始,就集中力量建设了一套电压特别高的特高压输电线路,能够提高电压的运输效率。正是因为如此,我国的经济才得到了蓬勃的发展,才能使得广州深圳地区灯火通明,人们犹如生活在灯海一样。

像印度这样的国家,因为电路设施并不完善,因此还有1亿人未使用上电,经济也陷入了困境,可见电力设施对一个国家有多么的重要。

特高压输电线路的建设难度也是非常高的,就以我国刚刚实现全线贯通的±800千伏昆柳龙直流工程为例,它是世界上第1条特高压多端混合直流输电工程线路。在建成使用后,就为我国的西电东送增加了一条容量达到800万千瓦的输电通道,它运输的清洁能源让东部每年节省1000万吨的标准煤消耗,温室气体排放量减少2600多万吨。

为了更好地完成电路从西部输送往东部,电路必须在平均海拔超过1300米的地区穿过,而且在穿过的区域上有一半都是高山峡谷,大大增加了施工的难度。

在这条总长超过1450公里线路的建设过程中,我国总投资就高达240多亿元,并且还创立了19项电力技术领域的世界纪录。

在建设的过程中虽然困难重重,但是在建设完之后,却为我国的人民带来非常多的福音。(引自搜狐网)

思政元素：激发学生爱国、敬业之情，增强学生四个自信。

本章小结

(1) 铁磁材料具有高导磁性、磁化性、磁饱和性和磁滞性，因此大部分的电气设备都用铁磁材料构成磁路。

(2) 磁路欧姆定律即 $\Phi=\frac{F}{R_{\mathrm{m}}}=\frac{IN}{R_{\mathrm{m}}}$，$R_{\mathrm{m}}=\frac{l}{\mu S}$。但由于磁性物质的磁导率不为常量，$\mu$ 随磁路的饱和而减小，故其磁阻随磁路的饱和而增大。因此，在非线性磁路中，一般不能用磁路的欧姆定律来进行定量计算，它常用来作定性分析。

(3) 对于交流铁芯线圈来说，当线圈匝数 N 及电源频率 f 一定时，铁芯中主磁通幅值的大小取决于励磁线圈外加电压的有效值，而与铁芯的材料尺寸无关，即

$$\Phi_{\mathrm{m}}\approx\frac{U}{4.44fN}$$

(4) 所有的变压器都是由铁芯和绕组这两部分组成。变压器具有变电压、变电流和变阻抗的功能，这些变换与匝数的关系为

$$\frac{U_1}{U_2}=\frac{N_1}{N_2}=K,\qquad \frac{I_1}{I_2}=\frac{N_2}{N_1}=\frac{1}{K}$$

$$|Z'|=\left(\frac{N_1}{N_2}\right)^2|Z|=K^2|Z|$$

(5) 当电流流入(或流出)两个线圈时，若产生的磁通方向相同，则两个流入端称为同极性端(同名端)。判断方法：若知道绕向，用定义判断；若不知道绕向，用交流法或直流法进行测量后再判断。

(6) 三相双绕组电力变压器的标准连接有 5 种：Y，yn0；YN，y0；Y，y0；Y，d11；YN，d11。

(7) 自耦变压器使用时应注意：①不要把原、副绕组搞错；②火线和零线不能接反；③调压从零位开始。

(8) 严禁电流互感器的副绕组开路和电压互感器的副绕组短路运行。

课后练习

一、选择题

1. 变压器的铁芯用彼此绝缘的硅钢片叠成是为了减小(　　)。

A. 铁损耗　　B. 铜损耗　　C. 附加损耗

2. 变压器的电压变换公式 $U_1/U_2=K$，只有在(　　)时才准确。

A. 空载或接近空载　　B. 满载或接近满载　　C. 短路或接近短路

3. 变压器的电流变换公式 $I_1/I_2=1/K$，只有在(　　)时才准确。

A. 空载或接近空载　　B. 满载或接近满载　　C. 短路或接近短路

4. 变压器的额定电压是它在(　　)时电压的额定值。

A. 空载　　B. 满载　　C. 短路

5. 变压器的额定电流是它在(　　)时电流的额定值。

A. 空载　　B. 满载　　C. 短路

6. 变压器向电感性和电阻性负载供电时，输出电流增加，输出电压(　　)。

A. 增加　　B. 降低　　C. 不变

7. 变压器只有向(　　)负载供电时,电压变化率才会出现负值。

A. 电感性　　B. 电阻性　　C. 电容性

8. 变压器的铁损耗可通过(　　)测得。

A. 空载实验　　B. 负载实验　　C. 支路实验

9. 变压器的铁损耗和铜损耗是(　　)。

A. 铁损耗为可变损耗,铜损耗为不变损耗

B. 铁损耗为不变损耗,铜损耗为可变损耗

C. 都是不变损耗

D. 都是可变损耗

10. 变压器二次侧开路,一次侧加额定电压,则变压器从电网吸取的功率(　　)。

A. 只包含有功功率

B. 只包含无功功率

C. 既包含有功功率,又包含无功功率

D. 由于二次侧开路,变压器从电网输入的功率为零

二、问答题

1. 变压器的铁芯起什么作用?不用行吗?

2. 变压器能否用来变换直流电压?如将变压器接到与它的额定电压相同的直流电源上,会怎么样?

3. 某铁芯变压器接上电源运行正常,有人为减少铁芯损耗而抽去铁芯,结果一接上电源,线圈就烧毁,为什么?

4. 为什么变压器的空载损耗可近似看成铁损耗,短路损耗可否近似看成铜损耗?

5. 变压器负载运行时引起二次电压变化的原因是什么?电压变化率是如何定义的?它与哪些因素有关?当二次侧带什么性质的负载时有可能使电压变化率为零?

6. 什么是变压器的同名端?简述判定同名端的方法。

7. 三相变压器有几种标准连接组别?请任意选择两种,画出其接线图和相量图。

8. 使用电流互感器和电压互感器时应注意哪些事项?

三、计算题

1. 一台220 V/36 V的行灯变压器,已知原绕组 $N_1 = 1\ 100$ 匝,试求副绕组匝数;若在副边接一盏36 V、100 W的白炽灯,问原边电流为多少(忽略空载电流和漏阻抗压降)?

2. 单相变压器的原边电压 $U_1 = 3\ 300$ V,其变比 $K = 15$,求副边电压 U_2;当副边电流 $I_2 = 60$ A时,求原边电流 I_1。

3. 某单相变压器,额定电压为10 000 V/230 V,额定电流为5 A/217 A,在空载时,高压绕组自10 000 V交流电源取用功率为340 W,空载功率因数为 $\cos\varphi_0 = 0.08$。试求:(1)变压器的变比;(2)空载电流;(3)空载电流占额定电流的百分数。

4. 某电子线路中,输出变压器带有一个负载 $R = 8\ \Omega$ 的扬声器,为了在输出变压器的原边获得一个29 Ω的等效电阻,试求输出变压器的变比 K。

5. 有一台单相变压器,容量为10 kV·A,电压为3 300 V/220 V,若要在它的副边接入60 W、220 V的白炽灯或10 W、220 V、功率因数为0.5(感性)的日光灯。试求:(1)变压器满

载运行时，可接白炽灯或日光灯各多少盏？(2)原、副绕组的额定电流？

6. 某三相变压器原绕组每相匝数 $N_1=2\,080$ 匝，副绕组每相匝数 $N_2=80$ 匝。如果原边所加线电压 $U_1=6\,000$ V，试求"Y，y"和"Y，d"两种接法时，副边的线电压和相电压。

7. 有一单相自耦变压器，$S_N=2$ kV·A，一次额定电压 $U_{1N}=220$ V，二次电压可以调节。二次电压调节到 $U_2=100$ V 时，输出电流为 $I_2=10$ A。求这时的一次绕组电流 I_1 和公共绕组电流 I 以及输出的视在功率 S_2。

8. 连接在电压互感器副绕组端的电压表读数为 80 V，设在互感器铭牌上注明的变换系数为 10 000/100，试求被测电压是多少？

第1章即测即评测试题

第2章 直流电动机

直流电动机是通以直流电流的旋转电动机，是将电能和机械能相互转换的设备。与交流电动机相比，直流电动机具有调速性能良好、启动转矩较大和过载能力较强等很多优点，但结构复杂、成本高、运行维护较困难。直流电动机主要应用于启动和调速要求较高的生产机械中，如金属切削机床、轧钢机、电力机车、起重机、造纸及纺织行业等机械中。近年来，随着交流电动机变频调速技术的迅速发展，许多领域中的直流电动机正在逐步被变频调速的交流电动机所取代。

本章主要介绍直流电动机的结构、工作原理和直流电动机的电力拖动。

直流电动机工作原理

2.1 直流电动机的结构与工作原理

2.1.1 直流电动机的结构

直流电动机的结构由定子和转子两大部分组成。直流电动机运行时，静止不动的部分称为定子。定子的主要作用是产生磁场。它由机座、主磁极、换向极、端盖、轴承和电刷装置等组成。直流电动机运行时，转动的部分称为转子。其主要作用是产生电磁转矩和感应电动势，是直流电动机进行能量转换的枢纽，所以又称为电枢。它由转轴、电枢铁芯、电枢绕组、换向器和风扇等组成。直流电动机的结构如图 2.1 所示。

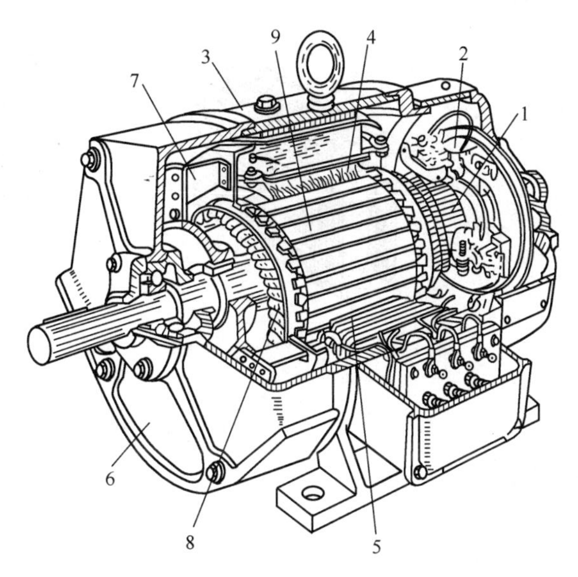

图 2.1 直流电动机的结构

1—换向器；2—电刷装置；3—机座；4—主磁极；5—换向极；
6—端盖；7—风扇；8—电枢绕组；9—电枢铁芯

1. 定子

1）主磁极

主磁极的作用是产生气隙磁场。主磁极由主磁极铁芯和励磁绕组两部分组成。铁芯一般用 0.5～1.5 mm 厚的硅钢板冲片叠铆而成，分为极身和极靴两部分，上面套励磁绕组的部分称为极身，下面扩宽的部分称为极靴，极靴宽于极身，既可以调整气隙中磁场的分布，又便于固定励磁绕组。励磁绕组用绝缘铜线绕制而成，套在主磁极铁芯上。整个主磁极用螺栓固定在机座上，如图 2.2 所示。

2）换向极

换向极一般装在两个相邻主磁极之间，由换向极铁芯和换向极绕组组成，如图 2.3 所示。换向极绕组用绝缘导线绕制而成，套在换向极铁芯上，换向极的数目与主磁极相等。

换向极的作用是改善换向，减小电动机运行时电刷与换向器之间可能产生的换向火花。

由于换向极是位于主磁极之间的小磁极,不会影响电动机的正常工作。

3) 机座

电动机定子的外壳称为机座,如图2.1所示。机座的作用有两个:一是用来固定主磁极、换向极和端盖,并对整个电动机起支撑和固定作用;二是机座本身也是磁路的一部分,借以构成磁极之间的磁通路,磁通通过的部分称为磁轭。为保证具有足够的机械强度和良好的导磁性能,机座一般为铸钢件或由钢板焊接而成。

4) 电刷装置

电刷装置是用来引入或引出直流电压和直流电流的,如图2.4所示。电刷装置由电刷、刷握、刷杆和刷杆座等组成。电刷放在刷握内,用弹簧压紧,使电刷与换向器之间有良好的滑动接触,刷握固定在刷杆上,刷杆装在圆环形的刷杆座上,相互之间必须绝缘。刷杆座装在端盖或轴承内盖上,圆周位置可以调整,调好以后加以固定。

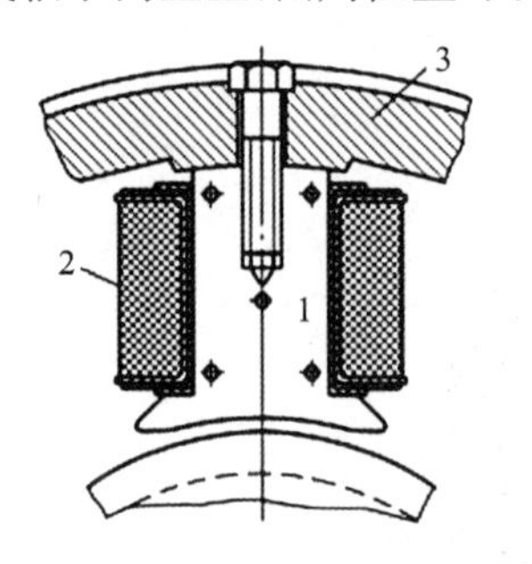

图2.2 主磁极的结构

1—主磁极;2—励磁绕组;3—机座

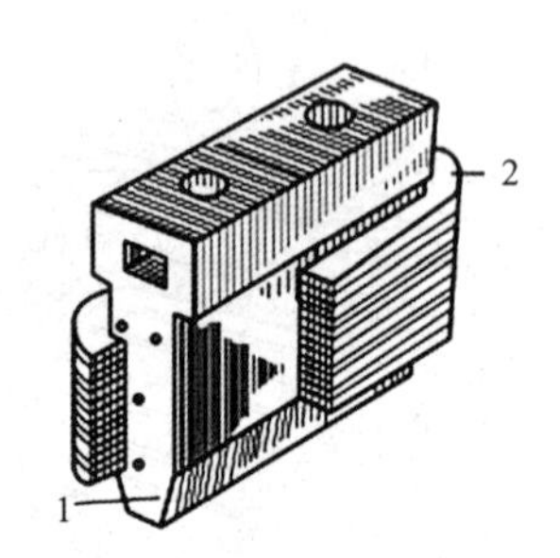

图2.3 换向极的结构

1—换向极铁芯;2—换向极绕组

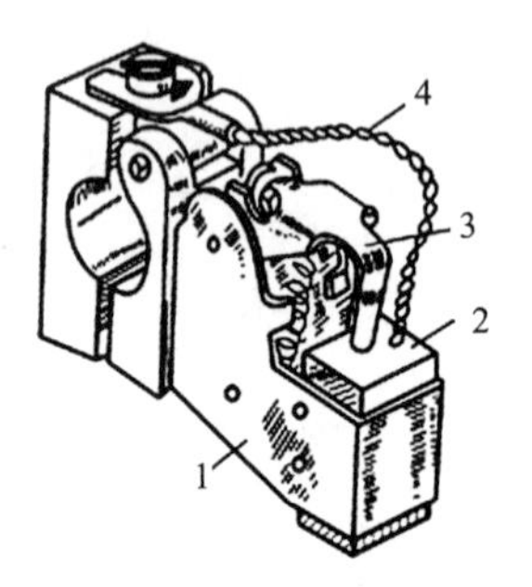

图2.4 电刷的结构

1—刷握;2—电刷;3—压紧弹簧;4—刷辫

2. 转子(电枢)

1) 电枢铁芯

电枢铁芯是主磁路的主要部分,同时用于嵌放电枢绕组。一般电枢铁芯采用由0.5 mm厚的硅钢片冲制而成的冲片叠压而成(冲片的形状如图2.5(a)所示),以降低电动机运行时电枢铁芯中产生的涡流损耗和磁滞损耗。叠成的铁芯固定在转轴或转子支架上,铁芯的外圆上开有电枢槽,槽内嵌放电枢绕组。

(a)

(b)

图2.5 直流电动机转子的结构

1—转轴;2—电枢铁芯;3—换向器;4—电枢绕组;5—镀锌钢丝;6—电枢绕组;7—风扇

2）电枢绕组

电枢绕组的作用是产生感应电动势和电磁转矩，是直流电动机进行能量变换的关键部件，所以称为电枢。它由许多线圈按一定规律连接而成，线圈采用高强度漆包线或玻璃丝包扁铜线绕成，不同的线圈边分上、下两层嵌放在电枢槽中，线圈与铁芯之间以及上、下两层线圈边之间都必须妥善绝缘。为防止离心力将线圈边甩出槽外，槽口应用槽楔固定，如图 2.6 所示。线圈伸出槽外的连接部分用热固性无纬玻璃带进行绑扎。

3）换向器

在直流电动机中，换向器配以电刷，能将外加的直流电源转换为电枢线圈中的交变电流，使电磁转矩的方向恒定不变。换向器是由许多换向片组成的，形状是圆柱体。换向片之间用云母片绝缘，换向片的下部做成燕尾形，两端用钢制 V 形套筒和 V 形云母环固定，再用螺母锁紧。换向片的结构如图 2.7 所示。

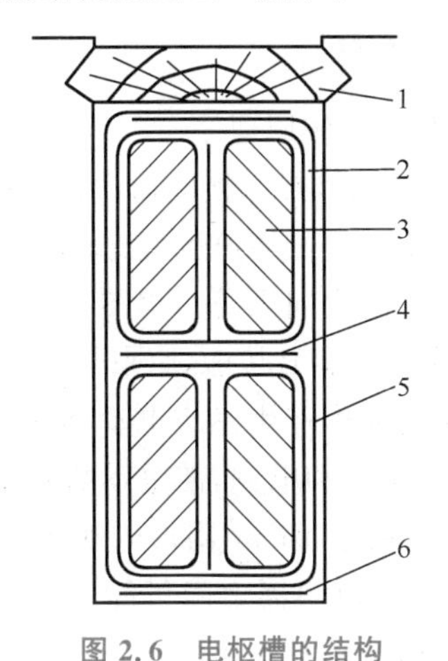

图 2.6 电枢槽的结构

1—槽楔；2—线圈绝缘；3—电枢导体；
4—层间绝缘；5—槽绝缘；6—槽底绝缘

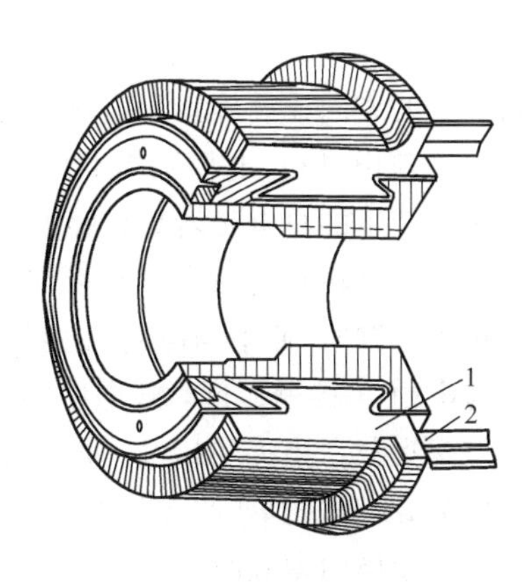

图 2.7 换向器的结构

1—换向片；2—连接部分

4）转轴

转轴起支撑转子旋转的作用，需有一定的机械强度和刚度，一般用圆钢加工而成。

2.1.2 直流电动机的工作原理

1. 直流电动机的工作原理

如图 2.8(a)所示，将外部直流电源加于电刷 A(正极)和 B(负极)上，则线圈 abcd 中流过电流，在导体 ab 中，电流由 a 指向 b；在导体 cd 中，电流由 c 指向 d。导体 ab 和导体 cd 分别处于 N、S 极磁场中，受到电磁力的作用。用左手定则可知，导体 ab 和导体 cd 均受到电磁力的作用，且形成的转矩方向一致，这个转矩称为电磁转矩，为逆时针方向。这样，电枢就顺着逆时针方向旋转。当电枢旋转 180°时，导体 cd 转到 N 极下，导体 ab 转到 S 极下，如图 2.8(b)所示，由于电流仍从电刷 A 流入，使导体 cd 中的电流变为由 d 流向 c，而导体 ab 中的电流则由 b 流向 a，从电刷 B 流出，用左手定则判别可知，电磁转矩的方向仍是逆时针方向。

由此可知，加于直流电动机的直流电源，借助于换向器和电刷的作用，使直流电动机电枢线圈中流过的电流，其方向是交变的，从而使电枢产生的电磁转矩的方向恒定不变，确保直流

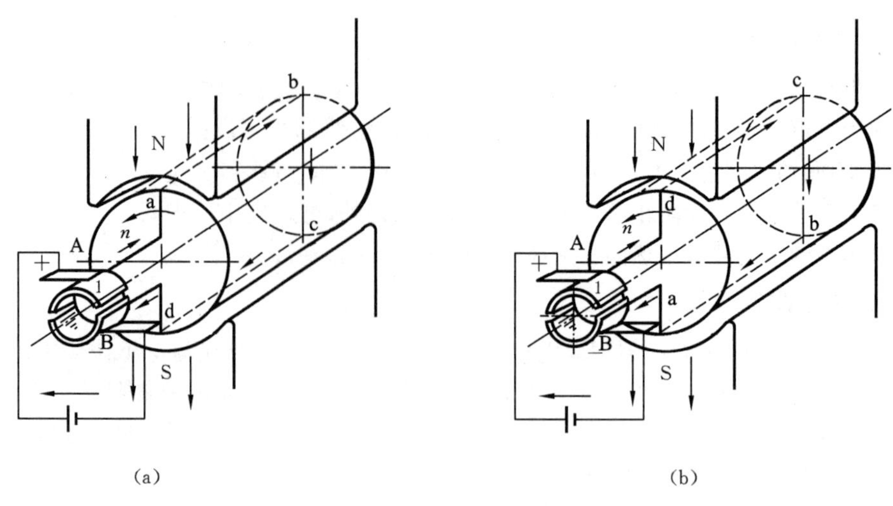

(a)　　　　(b)

图 2.8　直流电动机的工作原理图

电动机朝确定的方向连续旋转。这就是直流电动机的基本工作原理。

实际的直流电动机,电枢圆周上均匀地嵌放许多线圈,相应地,换向器由许多换向片组成,使电枢线圈所产生的总电磁转矩足够大并且比较均匀,电动机的转速也就比较均匀。

为了减小电动机运行时电刷与换向器之间可能产生的换向火花。由图 2.8 可以看到,当线圈转到水平位置时,原来与电刷 A 接触的换向片改为与电刷 B 接触,原来与电刷 B 接触的换向片改为与电刷 A 接触。这时线圈中的电流换向会在线圈中产生感应电动势,使得电刷与换向片之间产生火花。当火花超过一定程度时,会烧蚀换向片和电刷,使电动机不能正常工作。装上换向极后,线圈转到水平位置时,正好切割换向极的磁通而产生附加电动势以抵消上述的换向电动势。使换向得到改善,减小电动机运行时电刷与换向器之间可能产生的换向火花。由于换向极是位于主磁极之间的小磁极,不会影响电动机的正常工作。

如图 2.8 所示,转子线圈中流过电流时,受电磁力作用而产生的电磁转矩可表示为

$$T = K_T \Phi I_a \tag{2.1}$$

式中:T 为电磁转矩(N·m);I_a 为电枢电流(A);Φ 为主磁通(Wb);K_T 为与电动机结构有关的常数,称为转矩常数。

当线圈在磁场中转动时,线圈的有效边也切割磁力线,根据电磁感应原理,在有效边中将产生感应电动势,它的方向用右手法则确定,而且与其中的电流方向相反,故该感应电动势通常称为电枢反电动势,它可表示为

$$E_a = K_E \Phi n \tag{2.2}$$

式中:E_a 为电枢电动势(V);Φ 为主磁通(Wb);n 为电枢转速(r/min);K_E 为与电动机结构有关的常数,称为电动势常数,$K_T = 9.55K_E$。

可见,感应电动势 E_a 和电磁转矩 T 是密切相关的。

2. 直流电机的可逆原理

从原理上讲,一台直流电机在某些条件下作为电动机运行,而另一条件下又可作为发电机运行,且两种运行状态可以相互转换,这就是电机的可逆原理。

如果将图 2.8 中的电池换成负载,用原动机拖动直流电机的电枢顺时针方向旋转,直流电机就变成了直流发电机,产生的电流方向如图 2.9 所示。

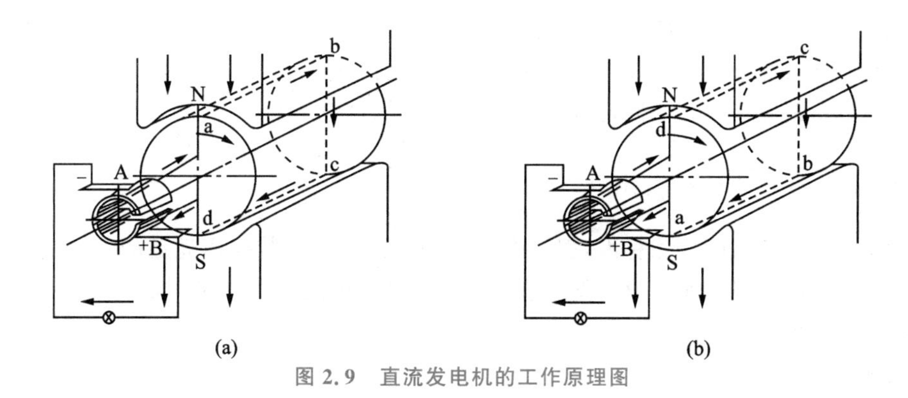

图 2.9 直流发电机的工作原理图

从原理分析上看，直流电机无论是作为发电机运行还是作为电动机运行，由于电磁的相互作用，都会产生电动势 E_a 和电磁转矩 T，但二者的作用正好相反。

2.1.3 直流电动机的励磁方式

励磁绕组的供电方式称为励磁方式。按励磁方式的不同，直流电动机可以分为以下几类，如图 2.10 所示。

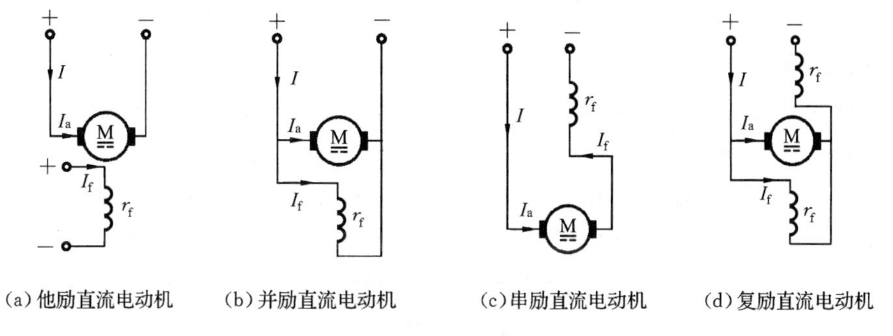

图 2.10 直流电动机的励磁方式

1. 他励直流电动机

他励直流电动机的励磁绕组由其他直流电源供电，与电枢绕组之间没有电的联系，如图 2.10(a)所示。永磁直流电动机也属于他励直流电动机，因其励磁磁场与电枢电流无关。

2. 并励直流电动机

并励直流电动机的励磁绕组与电枢绕组并联，如图 2.10(b)所示。励磁电压等于电枢绕组的端电压。

以上两类电动机的励磁电流只有电动机额定电流的 1%～5%，所以励磁绕组的导线细而匝数多。

3. 串励直流电动机

串励直流电动机的励磁绕组与电枢绕组串联，如图 2.10(c)所示。励磁电流等于电枢电流，所以励磁绕组的导线粗而匝数少。

4. 复励直流电动机

复励直流电动机的每个主磁极上套有两套励磁绕组：一个与电枢绕组并联，称为并励绕组;另一个与电枢绕组串联,称为串励绕组,如图 2.10(d)所示;两个绕组产生的磁动势方向相同,则称为积复励;两个磁动势方向相反,则称为差复励。通常采用积复励方式。

直流电动机的励磁方式不同,其运行特性和适用场合也不同。

2.1.4 直流电动机的额定值

电动机制造厂家按照国家标准,根据电动机的设计和试验数据而规定的每台电动机的主要性能指标称为电动机的额定值。额定值一般标在电动机的铭牌上或产品说明书上。直流电动机的额定值主要有下列几项。

1. 额定功率

额定功率是指电动机按照规定的工作方式运行时所能提供的输出功率,即轴上输出的机械功率,单位为 kW(千瓦)。

2. 额定电压

额定电压是电动机电枢绕组能够安全工作的最大外加电压,单位为 V(伏)。

3. 额定电流

额定电流是电动机按照规定的工作方式运行时,电枢绕组允许流过的最大电流,单位为 A(安培)。

4. 额定转速

额定转速是指电动机在额定电压、额定电流和额定功率的情况下运行时,电动机的旋转速度,单位为 r/min(转/分)。

额定值一般标在电动机的铭牌上,又称为铭牌数据。还有一些额定值,例如,额定转矩 T_N、额定效率 η_N 等,不一定标在铭牌上,可查产品说明书或由铭牌上的数据计算得到。

额定功率 P_N 与额定电压 U_N、额定电流 I_N 和额定效率 η_N 之间有如下关系

$$P_N = \frac{U_N I_N \eta_N}{10^3} \tag{2.3}$$

直流电动机运行时,如果各个物理量均为额定值,就称电动机工作在额定运行状态下,又称为满载运行。在额定运行状态下,电动机利用充分,运行可靠,并具有良好的性能。如果电动机的电枢电流小于额定电流,称为欠载运行;电动机的电枢电流大于额定电流,称为过载运行。欠载运行时,电动机利用不充分,效率低;过载运行时,易引起电动机因过热而损坏。

2.2 直流电动机的电力拖动

2.2.1 直流电动机的基本方程式

直流电动机的基本方程式是指直流电动机稳态运行时,电磁系统中的电压平衡方程式、机械系统中的转矩平衡方程式和能量转换过程中的功率平衡方程式。

1. 电压平衡方程式

图 2.11 所示为他励直流电动机的结构示意图与电路原理图,电枢回路中的电压平衡方程

式为

$$U = I_a R_a + E_a \tag{2.4}$$

式中：E_a 为反电动势，$E_a = K_E \Phi n$；R_a 为电枢回路的总电阻；I_a 为电枢电流。

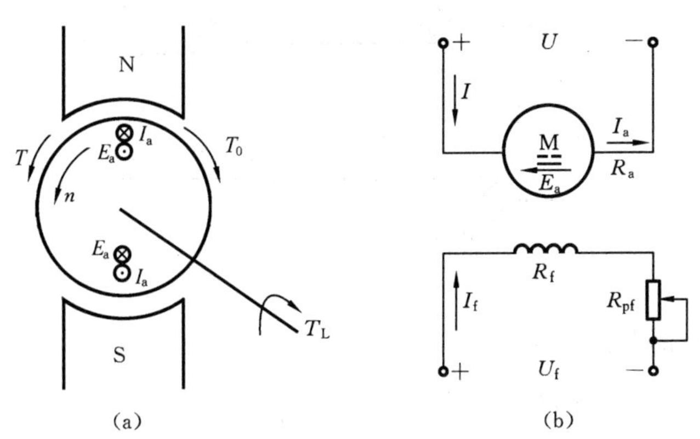

图 2.11　他励直流电动机的结构示意图与电路原理图

励磁回路的电流为

$$I_f = \frac{U_f}{R_f} \tag{2.5}$$

式中：I_f 为励磁电流；U_f 为励磁电压；R_f 为励磁电阻。

2. 转矩平衡方程式

图 2.11(a)所示为他励直流电动机的结构示意图。各物理量参考方向的标定为：E_a 与 I_a 反向，T 与 n 同方向，T_L 与 n 反方向。直流电动机稳态运行时，作用于电动机轴上的转矩有电磁转矩 T、电动机轴上的输出转矩 T_2 和空载转矩 T_0 三个。

电动机的转矩平衡方程式为

$$T = T_2 + T_0 \tag{2.6}$$

式中：T 为电磁转矩，用于驱动电动机转子旋转；T_2 为电动机轴上的输出转矩，用于拖动生产机械的转矩，对电动机来说属于阻转矩；T_0 为空载转矩，对电动机来说属于阻转矩。

电动机稳定运行时，拖动性质的 T 与制动性质的 $T_L + T_0$ 相平衡，电动机轴上的输出转矩 T_2 必须与负载转矩 T_L 相平衡，即 $T_2 = \mathrm{T_L}$。

由于 T_0 很小，一般 $T_0 \approx (2\% \sim 6\%) T_N \approx 0$，则 $T \approx T_2 = T_L$。在额定情况下，有

$$T_N = \frac{P_N}{\omega} = \frac{P_N}{\frac{2\pi n}{60}} = 9\ 550 \frac{P_N}{n_N} \tag{2.7}$$

式中：T_N 为额定输出转矩(N・m)；P_N 为电动机的额定输出功率(kW)；n_N 为电动机的额定转速(r/min)。

3. 功率平衡方程式

功率平衡方程式为

$$P_2 = P_1 - P_{Cu} - P_{Fe} - P_m - P_s \tag{2.8}$$

式中：$P_1 = U_a I_a + U_f I_f \approx U_a I_a$(输入功率)；$P_0 = T_0 \Omega$(空载损耗)；$P_e = T\Omega$(电机的电磁功率)；$P_2 = T_2 \Omega$(轴上输出功率)；$P_m$ 为摩擦损耗；P_s 为附加损耗。

他励直流电动机稳态运行时的功率关系如图2.12所示,图中P_{Cu1}为电枢回路损耗,P_{Cu2}为励磁回路损耗。

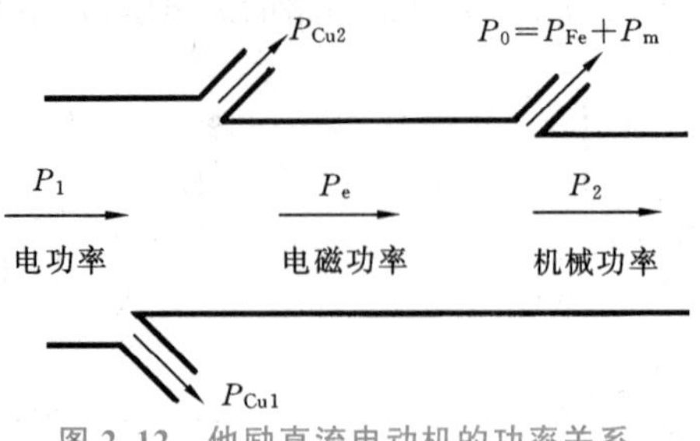

图2.12　他励直流电动机的功率关系

他励直流电动机的总损耗为

$$\sum P = P_1 - P_2 = P_{Cu} + P_0$$
$$= P_{Cu1} + P_{Cu2} + P_{Fe} + P_m + P_s \tag{2.9}$$

式中:P_s为附加损耗;P_m为摩擦损耗;P_{Cu}为铜损耗;P_{Fe}为铁损耗。

他励直流电动机的电磁功率为

$$P_e = P_2 + P_0 = P_2 + (P_{Fe} + P_m + P_s) \tag{2.10}$$

电动机的效率为

$$\eta = \frac{P_2}{P_1} \times 100\% \tag{2.11}$$

式中:$P_1 = UI_a$,P_1为输入功率。

【例2.1】　Z2-51直流电动机,额定功率(输出功率)$P_2=3$ kW,电源电压$U=220$ V,电枢电流$I_a=16.4$ A,电枢回路电阻$R_a=0.84\ \Omega$。求输入功率P_1、铜损耗ΔP_{Cu}、空载损耗ΔP_0和反电动势E_a(励磁绕组上的铜损耗忽略不计)。

解

$$P_1 = UI_a = 220 \times 16.4\ \text{W} = 3\ 608\ \text{W} = 3.608\ \text{kW}$$
$$\Delta P_{Cu} = R_a I_a^2 = 0.84 \times 16.4^2\ \text{W} = 0.226\ \text{kW}$$
$$\Delta P_0 = P_1 - P_2 - \Delta P_{Cu} = (3.608 - 3 - 0.226)\ \text{kW} = 0.382\ \text{kW}$$
$$E_a = U - R_a I_a = (220 - 0.84 \times 16.4)\ \text{V} = 206.2\ \text{V}$$

2.2.2　他励直流电动机的机械特性

他励直流电动机的机械特性就是他励直流电动机的转速n和电磁转矩T之间的关系,即$n=f(T)$。他励直流电动机的机械特性分为固有机械特性和人为机械特性两种。机械特性是他励直流电动机的重要特性。它是分析他励直流电动机启动、调速、制动和运行的基础。

1. 机械特性方程式

他励直流电动机的接线如图2.13所示,电枢回路和励磁回路分别由独立的电源供电。电枢回路的电阻为R_a,串接电阻为R,则电枢回路的总电阻$R_\Sigma=R_a+R$。励磁回路的电阻为R_f。

将式(2.1)和式(2.2)代入式(2.4),得直流电动机的机械特性方程式为

$$n=\frac{U}{K_E\Phi}-\frac{R_a}{K_E K_T \Phi^2}T=n_0-\beta T=n_0-\Delta n \tag{2.12}$$

式中：n_0 为理想空载转速；Δn 为电动机加负载后的转速降；β 为机械特性的硬度(转速方程的斜率)，斜率 β 越大，机械特性越软；斜率 β 越小，机械特性越硬。

在生产实际中，应根据生产机械和工艺过程的具体要求，来确定选用何种机械特性的直流电动机。例如，对一般金属切削机床、轧钢机、造纸机等应选用硬特性的直流电动机；而对起重机、电车等应选用软特性的直流电动机。

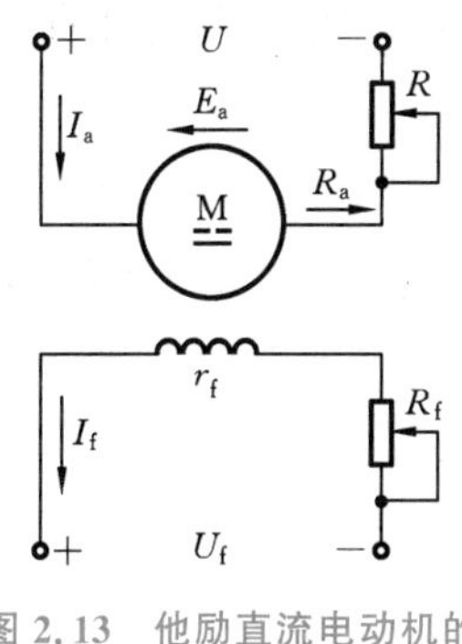

图 2.13 他励直流电动机的接线

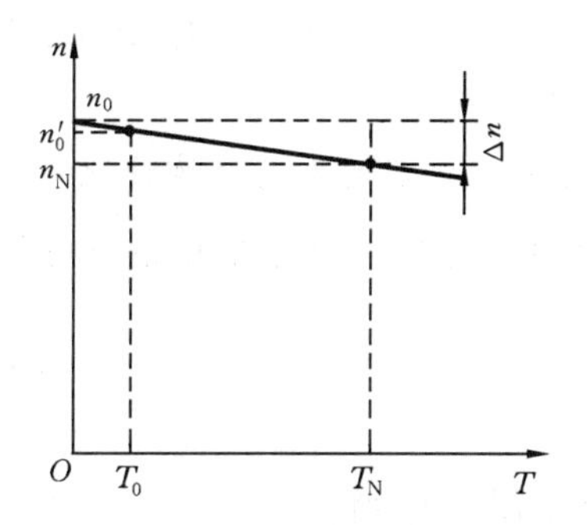

图 2.14 他励直流电动机的固有机械特性曲线

2. 固有机械特性

1) 固有机械特性方程

固有机械特性也称为自然特性。它是指他励直流电动机的工作电压 U 和励磁磁通 Φ 为额定值、电枢回路中的电阻为 R_a 时，转速 n 与电磁转矩 T 之间的关系，即 $n=f(T)$ 。对照式(2.12)，其机械特性方程式为

$$n=\frac{U_N}{K_E\Phi_N}-\frac{R_a}{K_EK_T\Phi_N^2}T=n_0-\beta_N T \tag{2.13}$$

由此作出的特性曲线，称为他励直流电动机的固有机械特性曲线，如图 2.14 所示。

2) 固有机械特性曲线的特点

(1) 固有机械特性曲线反映了他励直流电动机本身能力的重要特性。对于任何一台直流电动机，只有一条固有机械特性曲线。

(2) 由于电枢回路无外串电阻，且 R_a 很小，Φ_N 数值最大，则 β 很小，转速降 Δn 很小，因此固有机械特性曲线是一条稍向下倾斜的直线。当负载变化时，电动机转速变化并不大，所以直流电动机的机械特性曲线比较硬。

3. 人为机械特性

从机械特性方程式可以看出，当人为地改变电枢电压、改变电枢回路串接电阻和改变励磁电流的大小使磁通发生变化时，可以得到一系列的人为机械特性曲线。

1) 电枢回路串接电阻的人为机械特性

保持电动机的外加电压 U 和磁通 Φ 为额定值，而在电枢回路串接附加电阻。

电枢回路串附加电阻 R 后的人为机械特性方程为

$$n=\frac{U_N}{K_E\Phi_N}-\frac{R_a+R}{K_EK_T\Phi_N^2}T \tag{2.14}$$

电枢回路串接附加电阻时的人为机械特性曲线是通过理想空载点($n = n_0, T$)的一簇放射直线,如图2.15所示。

与固有机械特性曲线相比,电枢回路串接电阻的人为机械特性曲线的特点为:

(1) 理想空载转速 n_0 保持不变;

(2) 特性曲线斜率 β 与串接的电阻 R 有关,R 增大,β 也增大;

(3) 当 $T = T_N$ 时,$n < n_N$,电动机随 R 增大,转速降 Δn 增大,机械特性曲线变软,电动机产生的损耗就越大。

2) 改变电枢电压的人为机械特性

保持励磁磁通 Φ 为额定值,电枢回路不串电阻,只改变电枢电压大小及方向的人为机械特性方程为

$$n = \frac{U}{K_E \Phi_N} - \frac{R_a}{K_E K_T \Phi_N^2} T \tag{2.15}$$

其特性曲线如图2.16所示。

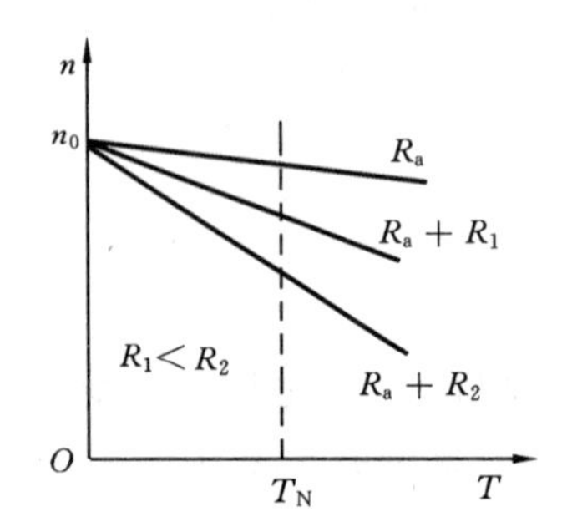

图2.15 他励直流电动机电枢回路串电阻的人为机械特性曲线

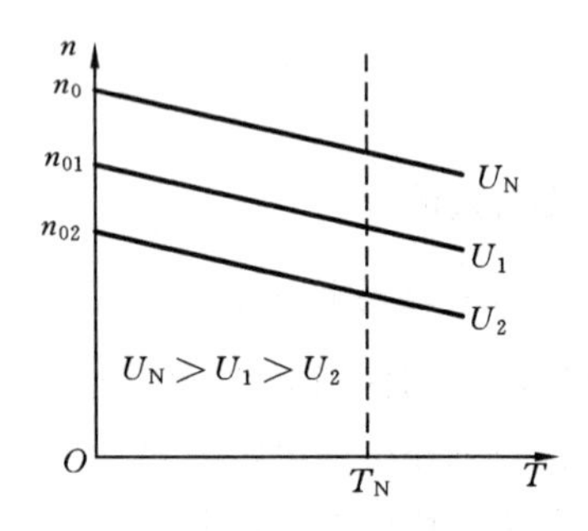

图2.16 他励直流电动机改变电枢电压的人为机械特性曲线

与固有机械特性曲线相比,改变电枢电压的人为机械特性曲线的特点为:

(1) 理想空载转速 n_0 与电枢电压 U 成正比,即 $n_0 \propto U$,且 U 为负时,n_0 也为负;

(2) 特性曲线斜率不变,与固有机械特性曲线相同,因而改变电枢电压 U 的人为机械特性曲线是一簇平行于固有机械特性曲线的直线;

(3) 当 $T = T_N$ 时,降低电枢电压,可使电动机的转速 n 降低。

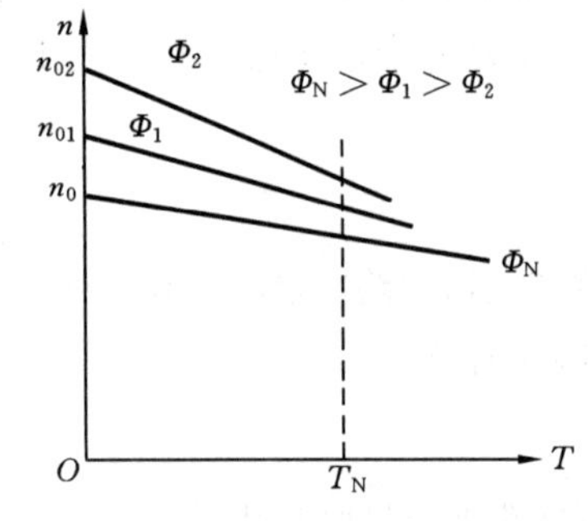

图2.17 他励直流电动机改变磁通的人为机械特性曲线

3)改变磁通的人为机械特性

保持电枢电压为额定值,电枢回路不串电阻,励磁回路串接调节电阻,使磁通 Φ 减弱。减弱磁通 Φ 的人为机械特性方程为

$$n = \frac{U_N}{K_E \Phi} - \frac{R_a + R}{K_E K_T \Phi^2} T \tag{2.16}$$

其特性曲线如图2.17所示。

与固有机械特性曲线相比,改变磁通的人为机械特性曲线的特点为:

(1) 理想空载转速 n_0 随磁通的减弱而上升;

(2) 特性曲线斜率β与磁通Φ的平方成反比，随着磁通Φ的减弱β增大，机械特性曲线变软；

(3) 一般Φ下降，n上升，受机械特性的限制，磁通Φ不能下降太多。

【例 2.2】 一台他励直流电动机的额定数据如下：$P_N=2.2$ kW，$U_N=220$ V，$I_N=12.4$ A，$n_N=1\ 500$ r/min，$R_a=1.7\ \Omega$。如果电动机在额定转矩下运行，求：(1) 电动机的电枢电压降到180 V时，电动机的转速是多少？(2) 励磁电流$I_f=0.8I_{fN}$(即磁通为额定值的0.8)时，电动机的转速是多少？(3) 电枢电路串接2 Ω的附加电阻时，电动机的转速是多少？

解

$$K_E\Phi=\frac{U_N-I_NR_a}{n_N}=\frac{220-12.4\times1.7}{1\ 500}=0.13$$

(1)

$$K_T\Phi=9.55K_E\Phi=9.55\times0.13=1.24$$

$$K_EK_T\Phi^2=0.13\times1.24=0.16$$

$$T=T_N=9\ 550\frac{P_N}{n_N}=9\ 550\times\frac{2.2}{1\ 500}\ \text{N}\cdot\text{m}=14\ \text{N}\cdot\text{m}$$

$$n=\frac{U}{K_E\Phi}-\frac{R_a}{K_EK_T\Phi^2}T_N=\left(\frac{180}{0.13}-\frac{1.7}{0.16}\times14\right)\ \text{r/min}=1\ 236\ \text{r/min}$$

(2) 此时，$U=U_N=220$ V，$R_a=1.7\ \Omega$。

$$K_E\Phi=0.8K_E\Phi_N=0.1$$

$$K_T\Phi=9.55K_E\Phi=0.96$$

$$K_EK_T\Phi^2=0.096$$

$$n=\frac{U_N}{K_E\Phi}-\frac{R_a}{K_EK_T\Phi^2}T_N=\left(\frac{220}{0.1}-\frac{1.7}{0.096}\times14\right)\ \text{r/min}=1\ 963\ \text{r/min}$$

(3) 此时，$U=U_N=220$ V，电枢电路的总电阻为

$$R_\Sigma=R_a+R=(1.7+2)\ \Omega=3.7\ \Omega$$

$$K_E\Phi=0.13,\quad K_T\Phi=1.24,\quad K_EK_T\Phi^2=0.16$$

$$n=\frac{U_N}{K_E\Phi_N}-\frac{R_a+R}{K_EK_T\Phi^2}T_N=\left(\frac{220}{0.13}-\frac{3.7}{0.16}\times14\right)\text{r/min}=1\ 368\ \text{r/min}$$

2.2.3 他励直流电动机的启动和调速

1. 他励直流电动机的启动

生产机械对直流电动机的启动要求是：启动转矩T_{st}足够大，因为只有T_{st}大于负载转矩时，电动机方可顺利启动；启动电流I_{st}不可太大；启动设备操作方便，启动时间短，运行可靠，成本低廉。

1) 全压启动

全压启动是在电动机磁场磁通为Φ_N的情况下，在电动机电枢上直接加以额定电压的启动方式。启动瞬间，电动机转速$n=0$，电枢绕组感应电动势$E_a=K_E\Phi n=0$，由电动势平衡方程$U=I_aR_a+E_a$可知，启动电流$I_{st}=U_N/R_a$，启动转矩$T_{st}=K_T\Phi I_{st}$。

由于电枢电阻R_a阻值很小，额定电压下直接启动的启动电流很大，通常可达额定电流的10～20倍，启动转矩也很大。过大的启动电流引起电网电压下降，影响其他用电设备的正常工作，同时电动机自身的换向器产生剧烈的火花。启动转矩过大，可能会使轴上生产机械受到不

允许的机械冲击。所以,全压启动只限于容量很小的直流电动机。

2) 降压启动

降压启动是启动前将施加在电动机电枢两端的电源电压降低,以减小启动电流 I_{st},为了获得足够大的启动转矩,启动时电流通常限制在(1.5～2)I_N 内,则启动电压应为 $U_{st}=I_{st}R_a=(1.5\sim2)I_NR_a$,随着转速 n 的上升,电动势 E_a 逐渐增大,I_a 相应减小,启动转矩也减小。为使 I_{st} 保持在(1.5～2)I_N 范围内,即保证有足够大的启动转矩,启动过程中电压 U 必须逐渐升高,直到升至额定电压 U_N,电动机进入稳定运行状态,启动过程结束。目前多采用晶闸管整流装置自动控制启动电压。

3) 电枢回路串电阻启动

电枢回路串电阻启动是电动机电源电压为额定值且恒定不变时,在电枢回路中串接一启动电阻 R_{st} 来达到限制启动电流的目的,此时 $I_{st}=U_N/(R_a+R_{st})$,启动过程中,由于转速 n 上升,电枢电动势 E_a 上升,启动电流 I_{st} 下降,启动转矩 T_{st} 下降,电动机的加速度作用逐渐减小,致使转速上升缓慢,启动过程延长。想在启动过程中保持加速度不变,必须要求电动机的电枢电流和电磁转矩在启动过程中保持不变,即随着转速上升,启动电阻 R_{st} 应平滑均匀地减小。通常把启动电阻分成若干段,来逐级切除。图 2.18 所示为他励直流电动机串电阻启动电路图,R_{st4}、R_{st3}、R_{st2}、R_{st1} 为各级串入的启动电阻,KM 为电路接触器,KM_1、KM_2、KM_3、KM_4 为启动接触器,用它们的常开主触头来短接各段电阻。其启动过程机械特性曲线如图 2.19 所示。

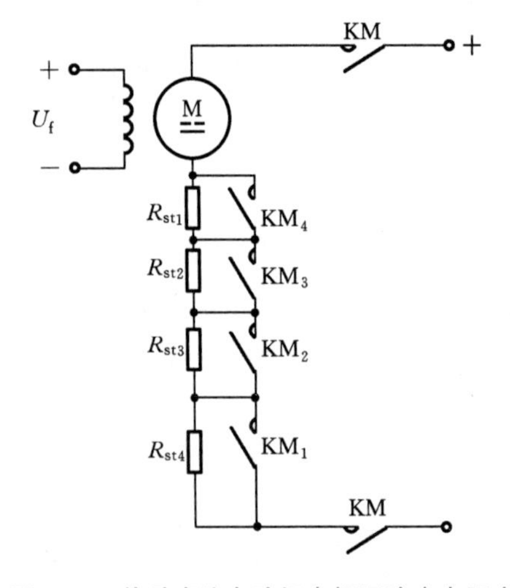

图 2.18 他励直流电动机电枢回路串电阻启动

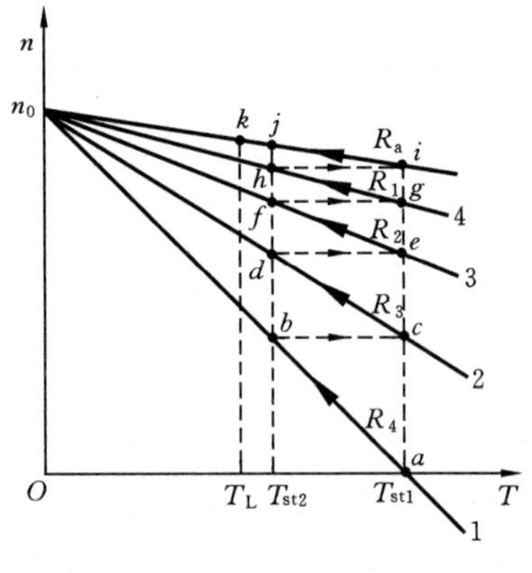

图 2.19 他励直流电动机 4 级启动机械特性曲线

电动机励磁绕组通电后,再接通电路接触器 KM 线圈,其常开触头闭合,电动机接上额定电压 U_N,此时电枢回路串入全部启动电阻 $R_4=R_a+R_{st4}+R_{st3}+R_{st2}+R_{st1}$ 启动,启动电流 $I_{st}=U_N/R_4$,产生的启动转矩 $T_{st1}>T_L$(设 $T_L=T_N$)。电动机从 a 点开始启动,转速沿特性曲线上升至 b 点,随着转速上升,反电动势 $E_a=K_E\Phi n$ 上升,电枢电流减小,启动转矩减小,当减小至 T_{st2} 时,启动接触器 KM_1 得电吸合,其常开触头闭合,短接第 1 级启动电阻 R_{st4},电动机由 R_4 的机械特性曲线切换到 R_3($R_3=R_a+R_{st3}+R_{st2}+R_{st1}$)的机械特性曲线。切换瞬间,由于机械惯性,转速不能突变,电动势 E_a 不变,电枢电流将突然增大,转矩也成比例突然增大,恰当地选择电阻,使其增加至 T_{st1},电动机运行点从 b 点跳变至 c 点。从 c 点沿 cd 曲线继续加速

到 d 点，KM_2 常开触头闭合，切除第 2 级启动电阻 R_{st3}，电动机运行点从 d 点跳变到 e 点，电动机沿 ef 曲线加速，如此周而复始，依次使启动接触器 KM_3、KM_4 常开触头闭合，电动机由 a 点经 b、c、d、e、f、g、h 点到达 i 点。此时，所有启动电阻均被切除，电动机进入固有机械特性曲线运行并继续加速至 k 点。在 k 点 $T=T_L$，电动机稳定运行，启动过程结束。

【例 2.3】 一台他励直流电动机，$P_N=10$ kW，额定电压 $U_N=220$ V，额定电流 $I_N=55$ A，额定转速 $n_N=1\ 500$ r/min，电枢回路电阻 $R_a=0.2\ \Omega$，求采用直接启动时的启动电流为多少？若采用串接电阻启动，如果启动电流控制在额定电流 2 倍，应串入多大的电阻？

解 直接启动时

$$I_{st}=\frac{U_N}{R_a}=\frac{220}{0.2}\ \text{A}=1\ 100\ \text{A}$$

采用串电阻启动

$$R_{st}=\frac{U_N}{2I_N}-R_a=\left(\frac{220}{2\times 55}-0.2\right)\ \Omega=1.8\ \Omega$$

2. 他励直流电动机的调速

为了提高劳动生产率和保证产品质量，要求生产机械在不同的情况下有不同的工作速度，这种人为地改变电动机转速的方法称为调速。

必须注意，调速和电动机负载变化引起的转速变化是两个不同的概念。负载变化引起的转速变化是自动进行的，电动机工作点只在一条机械特性曲线上变动。调速是根据生产需要人为地改变电气参数，使电动机的运行点由一条机械特性曲线转变到另一条机械特性曲线上，从而在某一负载下得到不同的转速。因此，调速方法就是改变电动机机械特性曲线的方法。

由直流电动机机械特性方程式 $n=\frac{U}{K_E\Phi}-\frac{R_a+R}{K_EK_T\Phi^2}T$ 可知，人为地改变电枢电压 U、电枢回路总电阻 R 和主磁通 Φ 都可改变转速 n。所以，他励直流电动机的调速方法有：降压调速、电枢回路串电阻调速和弱磁通调速三种。

1）降压调速

若电压平滑变化，可得到平滑调速，优点是调速范围宽，能耗小；缺点是需要专用电源，设备投资大。

2）电枢回路串电阻调速

随着 R 增大，一定转矩下，电动机转速降低。这种方法设备简单，操作方便，调速电阻可兼作启动电阻；缺点是 R 上电流较大，能量损耗大，效率低。

3）弱磁通调速

励磁回路电阻 R_f 增加，I_f 减小，Φ 减小，一定转矩下，转速增高。由于 I_f 小，能耗小，效率高，设备简单，控制方便。但在转矩 T 一定时，Φ 减小，I_a 增大，故不宜将 Φ 减小过多。对恒功率负载而言，Φ 减小，n 增高，T 减小，I_a 变化不大，故此法适用于此类负载。

2.2.4 直流电动机的反转与制动

1. 直流电动机的反转

要改变直流电动机的旋转方向，就需改变电动机的电磁转矩方向，而电磁转矩取决于主极磁通和电枢电流的相互作用,故改变电动机转向的方法有两种:一种是改变励磁电流的方向;另一种是改变电枢电流的方向。如果同时改变励磁电流和电枢电流的方向,则直流电动机的转向不变。

对并励直流电动机而言,由于励磁绕组匝数多、电感大,在进行反接时因电流突变,将会产生很大的自感电动势,危及电动机及电器元件的绝缘安全,因此一般采用电枢反接法。在将电枢绕组反接的同时,必须连同换向极绕组一起反接,以达到改善换向的目的。

串励直流电动机的反转,改变电源端电压的方向是不行的,必须改变励磁电流的方向或电枢电流的方向,才能改变电磁转矩的方向,实现电动机的反转。

2. 直流电动机的制动

在生产过程中,经常需要采取一些措施使电动机尽快停转,或者下放位能性负载时,能限制在某一转速下稳定运转,这就是电动机的制动问题。实现制动既可以采用机械的方法,也可以采用电磁的方法。电磁方法制动就是使电动机产生与其旋转方向相反的电磁转矩,以达到制动的目的。电磁制动的特点是产生的制动转矩大,操作控制方便。直流电动机电磁制动的方法有能耗制动、反接制动和回馈制动。

1) 能耗制动

能耗制动的接线图如图 2.20 所示。直流电动机拖动反抗性恒转矩负载运行,当 KM 通电吸合,常开触点闭合,常闭触点断开时,电动机处于正向电动运行状态。制动时 KM 断电释放,常开触点断开,常闭触点闭合,励磁回路仍接在电网上,励磁电流 I_f 不变,所以主磁通 Φ 不变,电枢回路从电源断开,与电阻 R_{bk} 构成一个回路。此时电动机的转动部分由于惯性继续旋转,因此感应电动势 $E_a=K_E\Phi n$ 的方向不变。电动势 E_a 将在电枢和电阻 R_{bk} 的回路中产生电流 I_{bk},其方向与 E_a 一致,即与原来电动机运行时的电枢电流 I_a 方向相反,所以电磁转矩 $T=K_T\Phi I'_a$ 与转向相反,是一制动转矩,使得转速迅速下降。这时电动机实际处于发电动机运行状态,将转动部分的动能转换成电能消耗在电阻 R_{bk} 和电枢回路的电阻 R_a 上,所以称为能耗制动。

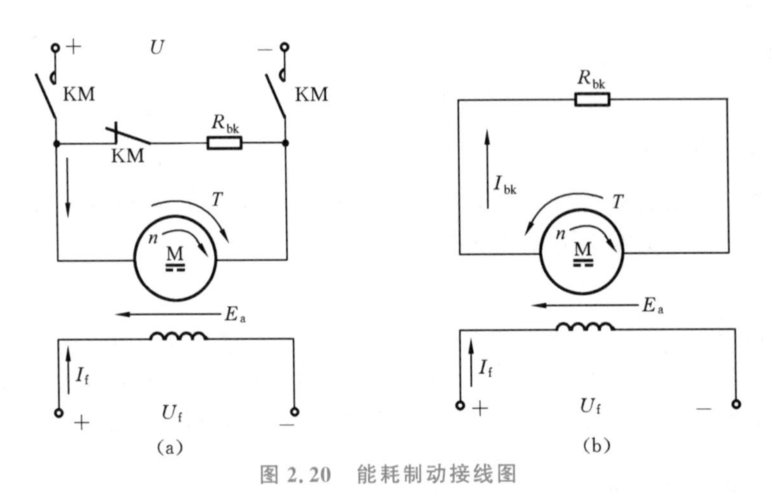

图 2.20 能耗制动接线图

这种制动方法在转速较高时制动作用较大,随着转速下降,制动作用也随之减小,在低速时可配合使用机械制动装置,使系统迅速停转。

2）反接制动

电枢电压反接制动的接线如图2.21所示，KM_1为启动接触器，KM_2为制动接触器。KM_1得电吸合时电动机运行，KM_2得电吸合时为电压反接制动。电压反接制动是将正向运行的直流电动机电枢回路的电压突然反接，电枢电流I_a也将反向，主磁通Φ不变，则电磁转矩T反向，产生制动转矩。

电压反接制动在整个制动过程中均具有较大的制动转矩，因此制动速度快，在可逆拖动系统中，常常采用这种方法。

3）回馈制动

如图2.22所示，当电动机车下坡或吊车重物下降时，可能会出现这样的情况，吊车的转速n超过了它的空载转速n_0。由$E_a=K_E\Phi n$可知，如果电动机的主极磁通Φ不变，则$E_a>U_N$，此时电动机就处在发电状态下运行，即I_a与E_a方向相同，这时电动机把机械能转换成电能，反送到电网中去，并产生制动转矩，从而限制了电动机转动的速度，这就是发电回馈制动。正常运行时，制动接触器KM得电吸合，R_{bk}不起作用，制动时，KM失电释放，R_{bk}串联到电枢回路中。

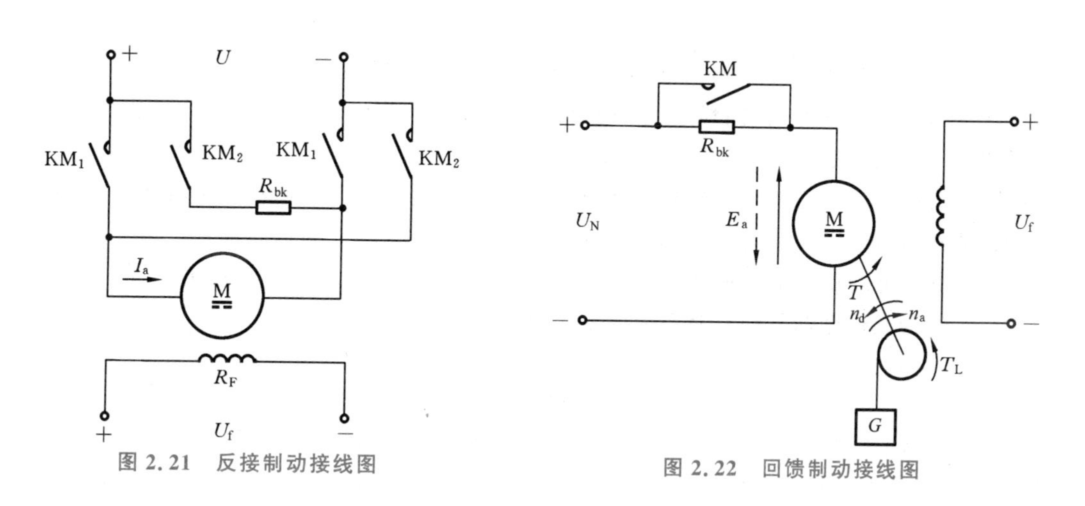

图2.21　反接制动接线图　　图2.22　回馈制动接线图

发电回馈制动的优点是产生的电能可以反馈回电网中去，使电能获得利用，简单可靠而经济；缺点是再生制动只能发生在$n>n_0$的场合，限制了它的应用范围。

思政e站

“扁担电机”精神

在上海电机厂展示中心门口，一台古铜色的电机格外引人注目。这台电机本是榨糖用的直流电动机，并无什么特别之处，但是对于上电人而言，却意义非凡。

时间回到20世纪80年代。1981年，在改革开放春风的吹拂下，广东全省迎来了甘蔗大丰收。但是，当时糖厂的设备陈旧，加工能力跟不上，急需技术改造。上海电机厂的技术人员实地调研后，提出了用直流电机代替蒸汽机的改造方案。然而，更大的难题在于要和时间赛跑，因为距离开榨季节很近，只有往常电机生产周期一半不到的时间。

上海电机厂建厂初期只能制造、修理中小型交直流电机。糖厂厂长忧心忡忡：“糖厂开榨以后,农民每天用几百条船运甘蔗过来,万一设备还没装好,甘蔗处理不了就会烂掉。那时候,只怕农民会拿扁担打我们!"时任上海电机厂厂长李文华听了,拍着胸脯说:"万一发生这种情况,您打电报来,我一定赶到顺德,陪您一起挨扁担!"

两位厂长的对话很快传开了,大家把这批电机叫做"扁担电机",在它的任务单前面打上紧急订货符号,一路开绿灯。设计人员昼夜埋头伏案,生产工人更是争分夺秒,当年8月份,所有电机如期送达糖厂,并且一次试车成功,甘蔗按期开榨。糖厂工人高兴地说:"我们从蒸汽时代进入了电气时代。"

从1954年成功制造我国第一台6000千瓦空冷汽轮发电机,结束了我国不能制造汽轮发电机的历史;到1981年顺利交付广东顺德糖厂一批急需的替代老式蒸汽机的榨糖用直流电动机,开创"扁担电机"精神;再到2020年国内首台38MW级异步电动机和51.2MW级同步电动机研制成功,伴随上海电机厂展示中心门口的这台电机孕育出的"扁担电机"精神,一代代中国电机人不断挑战自我,创造了一个又一个"中国速度"。(引自腾讯网)

思政元素:培养学生追求真理、严谨治学、潜心研究品质,培养勇攀高峰、敢为人先创新精神。

本章小结

(1) 直流电动机由转子和定子组成。定子主要由主磁极、换向极、机座和电刷装置组成。主要作用是建立主磁场;转子部分包括电枢铁芯、电枢绕组、换向器、转轴和轴承等,主要作用是产生电磁转矩,实现能量转换。

(2) 励磁方式是指励磁绕组中励磁电流获得的方式。直流电动机按励磁方式不同可分为他励直流电动机、并励直流电动机、串励直流电动机和复励直流电动机。

(3) 直流电动机的电磁转矩公式为 $T=K_T\Phi I_a$,感应电动势的公式为 $E_a=K_E\Phi_n$。

(4) 他励直流电动机的机械特性方程式为

$$n=\frac{U}{K_E\Phi}-\frac{R_a}{K_EK_T\Phi^2}T=n_0-\beta T=n_0-\Delta n$$

(5)他励直流电动机的机械特性分为固有机械特性和人为机械特性,固有机械特性也称为自然特性,它是指电动机的工作电压 $U=U_N$、励磁磁通 $\Phi = \Phi_N$ 为额定值、电枢回路中的电阻为 R_a 时,转速 n 和电磁转矩 T 之间的关系;当人为改变电枢电压、改变串接与电枢回路中的电阻和改变励磁电流的大小使磁通发生变化时,可以得到一系列特性称为人为机械特性。

(6)直流电动机的启动方式有全压启动、电枢回路串电阻启动和降压启动。

(7)直流电动机的电气调速方法有电枢回路串电阻调速、改变电枢端电压调速、减弱磁通调速。

(8)直流电动机的电气制动的方法有能耗制动、反接制动和回馈制动。

课后练习

一、选择题

1. 直流电动机换向极的作用是(　　)。

A. 削弱主磁场　　B. 增强主磁场　　C. 改善换向　　D. 产生主磁场

2. 直流电动机电枢绕组导体内的电流是(　　)。

A. 直流　　B. 脉动电流　　C. 交流　　D. 不定

3. 直流电动机公式 $T=K_T\Phi I_a$ 和 $E_a=K_E\Phi n$ 中,磁通 Φ 是指(   )。

A. 空载时的主磁通　　B. 负载时的合成有效磁通

C. 电枢绕组产生的磁通

4. 直流电动机电枢中产生的电动势是(   )。

A. 直流电动势　　B. 交变电动势

C. 脉冲电动势　　D. 非正弦交变电动势

5. 启动他励直流电动机时,励磁回路应(   )电源。

A. 与电枢回路同时接入　　B. 比电枢回路先接入

C. 比电枢回路后接入　　D. 以上均可

6. 一台并励直流电动机希望改变电动机的转向,不能采用的方法是(   )。

A. 改变励磁绕组的接法　　B. 改变电枢绕组的接法

C. 对调电刷两端的电源极性　　D. 以上均可

7. 直流电动机采用降低电源的方法启动,其目的是(   )。

A. 使启动平稳　　B. 减小启动电流

C. 减小启动转矩　　D. 节省电能

8. 他励直流电动机在负载启动时未加励磁,会产生(   )的后果

A. 电动机过热,不能启动　　B. 飞车　　C. 无影响

9. 他励直流电动机拖动恒转矩负载进行串电阻调速,调速前后的电枢电流 I_1、I_2 的关系为(   )。

A. $I_1>I_2$　　B. $I_1=I_2$　　C. $I_1<I_2$

10. 下列关于直流电动机调速说法正确的是(   )。

A. 弱磁调速属于恒转矩调速　　B. 降压调速属于恒功率调速

C. 恒功率负载只能采用串电阻调速　　D. 恒转矩负载最好采用降压调速

二、问答题

1. 直流电动机主要由哪几部分组成?各组成部分都有什么作用?

2. 直流电动机有哪几种励磁方式?

3. 直流电动机有哪几种启动方式?各有什么特点?

4. 直流电动机有哪几种调速方式?简述适用范围。

5. 如何改变他励直流电动机的转向?把电源的两极对调,并励电动机能否反转?

三、计算题

1. 某他励电动机,$U_a=U_f=220$ V,$I_a=50$ A,$R_a=0.2\ \Omega$,$R_f=125\ \Omega$,$n=1\ 200$ r/min,求励磁电流 I_f、电动势 E 和电磁转矩 T。

2. 某他励电动机拖动负载转矩 $T_L=38.2$ N·m 的负载运行时,$n=1\ 000$ r/min,空载损耗 $P_0=400$ W,铜损耗 $P_{Cu}=600$ W。求该电动机的 P_1、P_2、η、T_0 和 T。

3. 一台并励直流电动机,$P_N=10$ kW,$U_N=220$ V,$n_N=3\ 000$ r/min,$I_N=206$ A,电枢电阻 $R_a=0.06\ \Omega$,励磁绕组电阻 $R_f=100\ \Omega$,求:(1)直接启动的瞬间电流为额定电流的多少倍?(2)若限制电流不超过 $2I_N$,应在转子中串入多大电阻?

4. 某他励电动机,$P_N=55$ kW,$U_{aN}=220$ V,$n_N=1\ 500$ r/min,$I_{aN}=287$ A,$R_a=0.3\ \Omega$,要求启动电流 $I_s=1.8\ I_{aN}$ 以内,求:(1)采用降低电枢电压启动时,U_a 至少降低到何值?

(2)采用增加电枢电阻启动,至少应串联多大的启动电阻 R_s? (3)上述两种情况下启动转矩是多少?

第2章即测即评测试题

第3章

交流异步电动机

交流异步电动机是将交流电能转换为机械能的最主要的能量转换机械设备。交流异步电动机按定子绕组的相数可分为单相异步电动机和三相异步电动机。三相异步电动机具有结构简单、运行可靠、维护方便、效率较高、价格低廉等优点，因此广泛地用来驱动各种金属切削机床、起重机械、鼓风机、水泵及纺织机械等，是工农业生产中使用得最多的电动机。单相异步电动机结构简单、价格低廉，而且用单相交流电源供电，故在家用电器、医疗器械、办公机械和电动工具中得到广泛应用。

本章主要介绍三相交流异步电动机的结构、工作原理及其电力拖动，亦对单相异步电动机作了简单的介绍。

3.1 三相异步电动机的结构与工作原理

3.1.1 三相异步电动机的结构

三相异步电动机主要由两部分组成,固定不动的部分称为电动机定子,简称定子;旋转并拖动机械负载的部分称为电动机转子,简称转子。转子和定子之间有一个非常小的空气气隙,它将转子和定子隔离开来,根据电动机容量大小,气隙一般在 0.4～4 mm 的范围内变动。转子和定子之间没有任何电气上的联系,能量的传递全靠电磁感应作用,所以这样的电动机也称为感应式电动机。三相异步电动机的外形如图 3.1 所示,基本构造如图 3.2 所示。

图 3.1 三相异步电动机的外形

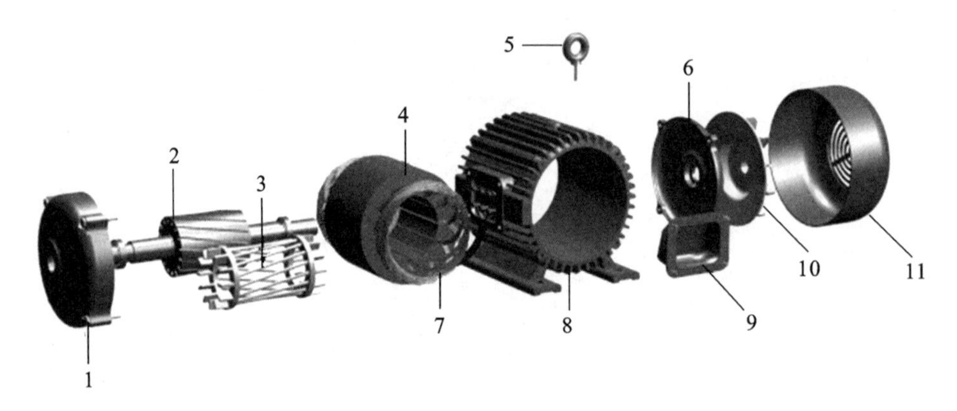

图 3.2 三相异步电动机的基本构造

1—前端盖;2—转子转芯;3—转子绕组;4—定子铁芯;5—吊环;6—后端盖;
7—定子绕组;8—机座;9—接线盒;10—风扇;11—风罩

三相异步电动机的定子由支撑空心定子铁芯的钢制机座、定子铁芯和定子绕组线圈组成。定子铁芯由 0.5 mm 厚的硅钢片叠铆而成。定子铁芯的插槽是用来嵌放对称三相定子绕组线圈的。

三相异步电动机的转子由转子铁芯、转子绕组和转轴组成。转子铁芯由表面冲槽的硅钢片叠铆而成。转子铁芯装在转轴上,转轴拖动机械负载。转子有鼠笼式转子和绕线式转子两种形式。

鼠笼式异步电动机转子绕组像一个圆柱形的笼子,如图 3.3 所示,在转子心槽中放置铜条

(或铸铝),两端用端环短接。额定功率在 100 kW 以下的鼠笼式异步电动机的转子绕组端环与作冷却用的叶片常用铝铸成一体。鼠笼式转子由于结构简单,因此这种电动机运用最为广泛。

(a) 转子铁芯冲片

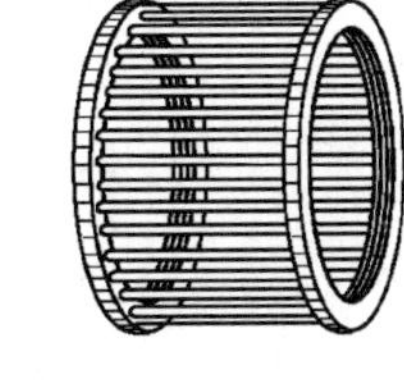

(b) 笼形绕组

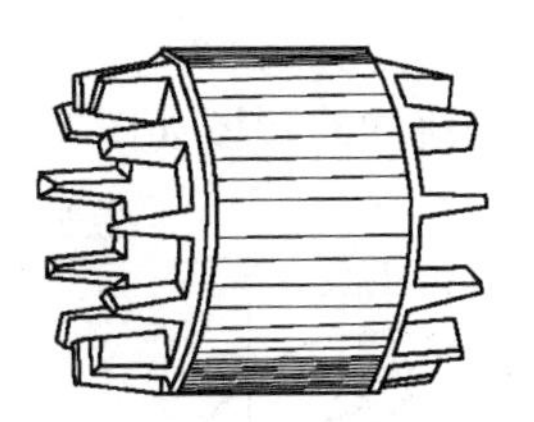

(c) 铸铝鼠笼式转子

图 3.3 鼠笼式异步电动机转子结构示意图

绕线式异步电动机的转子绕组与定子绕组一样也是三相的,它连接成 Y 形。每相绕组的始端分别连接在三个铜制的滑环上,滑环固定在转轴上。环与环、环与转轴之间都是互相绝缘的,与滑环滑动接触的电刷和转子绕组的三个始端与外电路的可变电阻相连接,用于启动和调速。绕线式异步电动机转子结构示意图如图 3.4 所示。

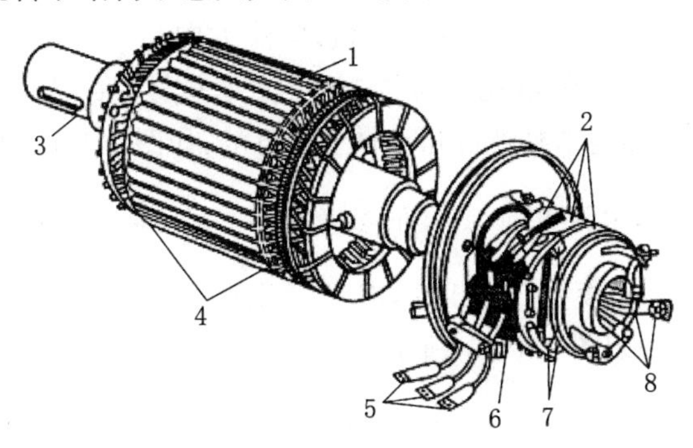

图 3.4 绕线式异步电动机转子结构示意图

1—转子铁芯;2—滑环;3—转轴;4—三相转子绕组;
5—电刷外接线;6—刷架;7—电刷;8—转子绕组出线头

绕线式异步电动机的结构比鼠笼式的复杂,价格较高,一般用于要求具有较大启动转矩以及有一定调速范围的场合,如大型立式车床和起重设备等。

鼠笼式异步电动机和绕线式异步电动机只是在转子的结构上不同,工作原理是相同的。

3.1.2 三相异步电动机的工作原理

三相异步电动机的定子绕组接通三相交流电源后,在定子中就会产生一个连续的旋转磁场,旋转磁场与转子绕组内的感应电流相互作用,产生电磁转矩,转子就可以转动起来。

1. 旋转磁场

1) 旋转磁场的产生

三相异步电动机的定子绕组嵌放在定子铁芯槽内,按一定规律连接成三相对称结构。三相绕组 U_1U_2、V_1V_2、W_1W_2 在空间互成 120°,把它们连接成 Y 形,如图 3.5 所示。当三相绕组接上三相对称电源时,电流的参考方向如图 3.5 所示,则三相绕组中便有三相对称电流,即

$$i_U = I_m \sin\omega t$$
$$i_V = I_m \sin(\omega t - 120°)$$
$$i_W = I_m \sin(\omega t + 120°)$$

三相对称电流的波形图如图 3.6 所示。

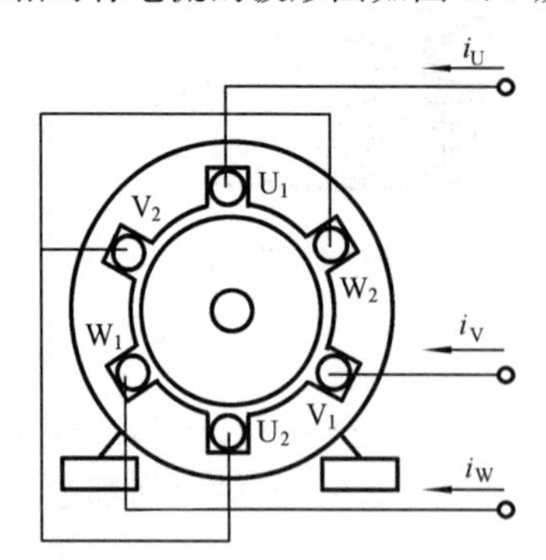

图 3.5　三相定子绕组的布置

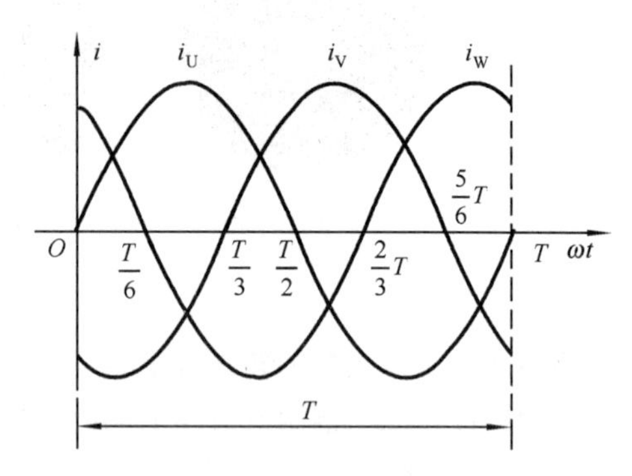

图 3.6　三相对称电流的波形图

由波形图可知,在 $t = 0$ 时,$i_U = 0$;i_V 为负,电流方向与 i_V 的参考方向相反,即 V_2 端流进,V_1 端流出;i_W 为正,说明实际电流方向与 i_W 的参考方向一致,即 W_1 端流进,W_2 端流出。合成磁场的方向由右手螺旋定则判断可知是自上而下的,如图 3.7 (a)所示。

当 $t = \frac{T}{3}$ 时,i_U 为正,电流方向与 i_U 的参考方向一致,即 U_1 端流进,U_2 端流出;$i_V = 0$;i_W 为负,电流的方向与 i_W 的参考方向相反,即 W_2 端流进,W_1 端流出。合成磁场的方向在空间顺时针方向转过了 120°,如图 3.7 (b)所示。

当 $t = \frac{2}{3}T$ 时,i_U 为负,电流方向与 i_U 的参考方向相反,即 U_2 端流进,U_1 端流出;i_V 为正,电流的方向与 i_V 的参考方向一致,即 V_1 端流进,V_2 端流出;$i_W = 0$。合成磁场的方向在空间顺时针方向又转过了 120°,如图 3.7 (c)所示。

当 $t = T$ 时,三相电流与 $t = 0$ 时的情况相同,合成磁场按顺时针方向又转过 120°,回到 $t = 0$ 时的位置,如图 3.7 (d)所示。

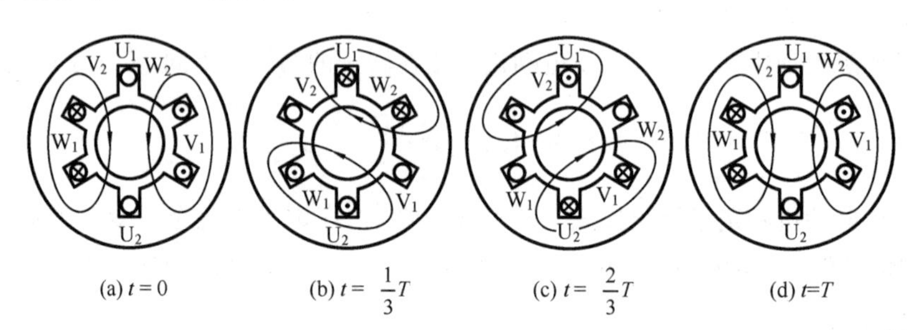

图 3.7　三相电流产生的旋转磁场

由此可见,三相绕组通入三相交流电流,将产生旋转磁场。如果绕组对称,电流也对称,则这个磁场的大小便恒定不变。

2) *旋转磁场的方向*

从图 3.7 可见,旋转磁场是按顺时针方向旋转的,而三相电流的相序也按顺时针方向布置,即旋转磁场的方向与三相电流的相序一致。如改变三相电流的相序(将连接三相电源的三根导线中的任意两根对换一下),则仍按图3.7分析可知,旋转磁场将按逆时针方向旋转。

3) *旋转磁场的转速*

图3.7所示为一对磁极时的旋转情况。磁极对数用 p 表示,$p=1$ 时,电流每变化一周,旋转磁场在空间正好也旋转一周。设电源频率为 f_1,则旋转磁场的转速为 $n_0=60f_1$。

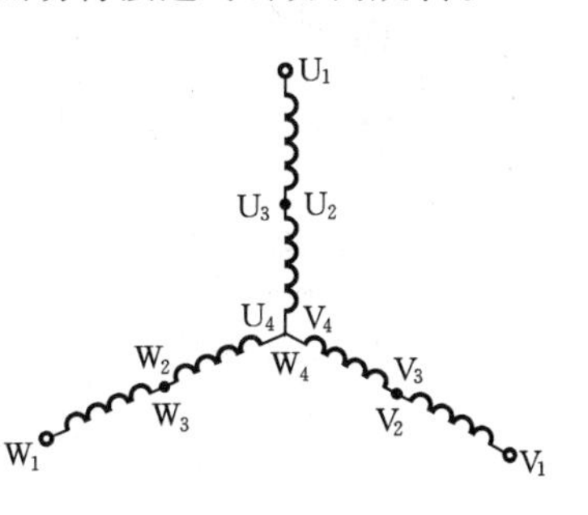

图3.8 三相四极异步电动机的定子绕组示意图

如果电动机的每相绕组由两个串联的线圈组成,三相绕组连接成Y形,如图3.8所示。各相绕组的首端或尾端在空间上互差60°放置,如图3.9所示。采用上面同样的分析方法可判断出这时的磁场有两对磁极(4个磁极),也就是 $p=2$,而且绕组位置沿 U_1、V_1、W_1 方向旋转,与三相电流相序一致,但电流变化一周时,磁场在空间上仅旋转半周,设电源频率为 f_1,则旋转磁场的转速为 $n_0=60f_1/2$。

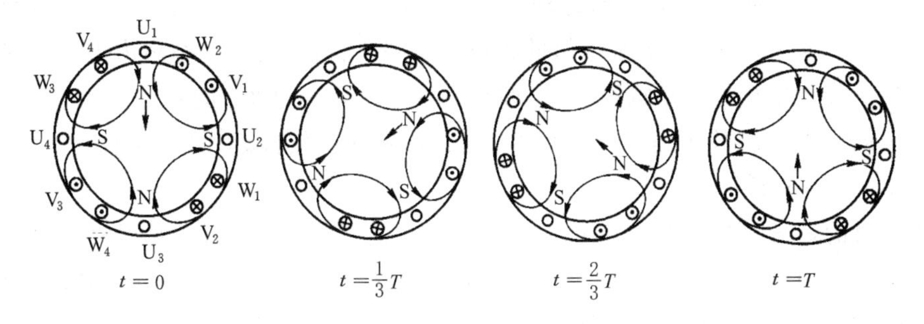

图3.9 三相四极异步电动机的旋转磁场示意图

进一步分析更多磁极对数的旋转磁场及其旋转过程可以发现,磁场的旋转速度反比于磁极对数 p。根据分析可得旋转磁场的转速为

$$n_0=\frac{60f_1}{p} \tag{3.1}$$

式中:f_1 为电源频率;p 为磁极对数;n_0 为旋转磁场的转速,亦称为同步转速。

我国工业用电频率为50 Hz。对于一台具体的电动机,磁极对数是确定的,因此,n_0 也是确定的,如 $p=1$ 时,$n_0=3\ 000$ r/min;$p=2$ 时,$n_0=1\ 500$ r/min;$p=3$ 时,$n_0=1\ 000$ r/min等。

2. 三相异步电动机的转动原理

如图3.10所示,当定子对称的三相绕组中通入对称的三相电流时,可产生转速为同步转速 n_0,转向与电流的相序一致的旋转磁场(图3.10中为顺时针方向)。固定不动的转子绕组就会与旋转磁场相切割,在转子绕组中产生感应电动势,其方向可用右手定则来判断。由于转子绕组自身闭合,感应电动势便会在转子绕组中产生感应电流,从而使转子绕组成为载流导体。

载流转子导体在旋转磁场中受到电磁力的作用,方向可用左手定则来判断。这些电磁力对转轴形成电磁转矩 T,其方向与旋转磁场的转向一致。于是转子在电磁转矩的作用下,

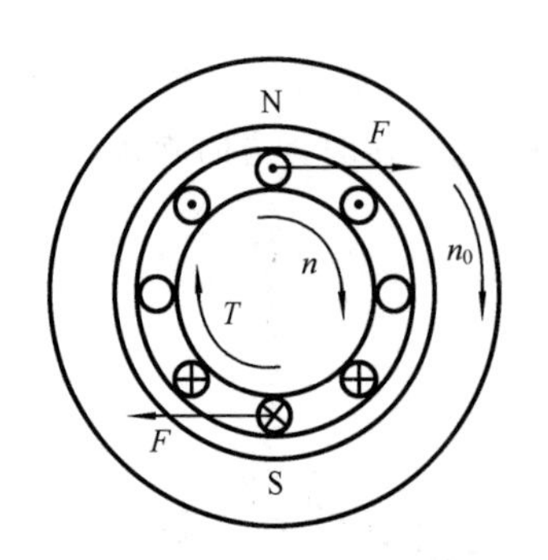

图 3.10　三相异步电动机的转动原理

沿着旋转磁场的转向转动起来，转速为 n。

异步电动机的转速 n 总是小于并接近同步转速 n_0。如果 $n=n_0$，则转子与旋转磁场间无相对运动，转子导体将不再切割磁力线，因而其感应电动势、感应电流和电磁转矩就不能形成，转子也就不能转动。因此，转子的转速与同步转速不能相等，且 $n<n_0$，这就是异步的含义。又因转子电流是由电磁感应产生的，所以又称为感应电动机。

电动机的同步转速与转子的转速之差称为转速差，转速差与同步转速的比值称为转差率，用 s 表示，即

$$s=\frac{n_0-n}{n_0}\times 100\% \tag{3.2}$$

转差率 s 是分析异步电动机运行的一个重要参数。s 不同，电机将工作在不同的状态。如果电机刚与电源接通而尚未转动，这种状态称为堵转。这是电动机刚要启动的瞬间状态，这时 $n=0$，$s=1$，转差率最大；如果电机的转速等于同步转速，这种状态称为理想空载，这时 $n=n_0$，$s=0$。如果电机作电动机运行，这种状态称为电动机状态，这时 n 在 $0\sim n_0$ 之间变化，s 在 $0\sim1$ 之间变化，稳定运行时工作转速与同步转速比较接近，因此，s 较小。通常异步电动机的 $s_N=2\%\sim8\%$。

如果电机的定子三相绕组仍然接在三相电源上，同时又利用原动机拖动转子，使其转向与旋转磁场转向相同，但转速超过同步转速。这时与电动机状态相比，转子与旋转磁场相对运动的方向改变，转子绕组切割磁感线的方向改变，使得转子电流并引起定子电流的相位都反了过来，异步电机从电源输入电功率改为向外输出电功率。异步电机改作发电机运行，这种状态称为发电机状态。这时，$n>n_0$，$s<0$。

如果电机的定子三相绕组仍然接在三相电源上，同时又因某种原因(如利用外力)使转子转向与旋转磁场转向相反，从而使电磁转矩的方向与转子方向相反，成为阻碍转子转动的制动转矩。这时异步电机所处的状态称为制动状态。这时，$n<0$，$s>0$。

【例 3.1】 有一台三相异步电动机，其额定转速 $n=1\ 460\ \text{r/min}$，试求电动机在额定负载时的转差率(电源频率 $f_1=50\ \text{Hz}$)。

解

$$n\approx n_0=\frac{60f}{p}$$

$$p=\frac{60f_1}{n}=\frac{60\times 50}{1\ 460}=2.05\text{，取 } p=2$$

$$n_0=\frac{60f_1}{p}=\frac{60\times 50}{2}\ \text{r/min}=1\ 500\ \text{r/min}$$

$$s=\frac{n_0-n}{n_0}\times 100\%=\frac{1\ 500-1\ 460}{1\ 500}\times 100\%\approx 2.7\%$$

3.2 三相异步电动机的运行

3.2.1 三相异步电动机的空载运行

1. 电磁关系

三相异步电动机空载运行时，定子三相绕组接到三相交流电源上，转子转轴接负载(生产机械)，即转子在空转，这时定子绕组的电流称为空载电流。

三相空载电流通过定子三相绕组产生旋转磁场。旋转磁场与静止不动的三相定子绕组存在相对运动，在定子三相绕组中产生感应电动势。与三相变压器一次绕组中的感应电动势一样，都是由电磁感应现象产生的，计算公式也基本相同。但是由于它们的结构不同，变压器的绕组是集中绕在铁芯上的，主磁通在各匝线圈中产生的电动势大小相等、相位相同，绕组的电动势等于各匝线圈电动势的算术和。而三相异步电动机由于各铁芯槽内的线圈边在空间的位置不同，旋转磁场经过它们的时刻不同，因而各线圈边中的感应电动势的相位不同，绕组的电动势等于各串联线圈电动势的相量和，它的数值比算术和小。也就是说，在匝数 N 和磁通 Φ_m 的最大值相同的情况下，三相异步电动机绕组中的电动势将小于三相变压器绕组中的电动势，两者之比称为绕组因数，用 k_w 表示，其值小于 1。因此三相异步电动机定子绕组中的感应电动势 E_1 在数值上就为

$$E_1 = 4.44 k_{w1} N_1 f_1 \Phi_m \tag{3.3}$$

式中：Φ_m 为旋转磁通的最大值；$k_{w1}N_1$ 为定子每相绕组的有效匝数；f_1 为三相绕组中感应电动势的频率，简称定子频率。由于 p 对磁极的旋转磁场每分钟绕定子绕组转了 n_0 圈，感应电动势每分钟变化了 pn_0 个周期，因此每秒变化的周期数，即定子频率为

$$f_1 = \frac{pn_0}{60} \tag{3.4}$$

与式(3.1)比较，两者一致，即定子感应电动势的频率与定子电压和电流的频率相同，即与电源的频率相同。

定子三相电流通过定子三相绕组除了产生旋转磁场之外，每相电流还会产生仅与该相绕组相交链的主要经空气隙而闭合的漏磁通，与之对应的漏电抗为 X_1。此外定子绕组每相还有电阻 R_1。于是，本相异步电动机空载运行时，每相绕组的电动势平衡方程式与变压器的一样为

$$\dot{U} = -\dot{E}_1 + (R_{+} \mathrm{j} X_1)\dot{I}_0 = -\dot{E}_1 + Z_1 \dot{I}_0 \tag{3.5}$$

式中：R_1、X_1、Z_1 为定子每相绕组的电阻、漏电抗和漏阻抗；$\dot{U}_1$、$\dot{I}_0$、$\dot{E}_1$ 为定子每相绕组的相电压、相电流和相电动势。

如果忽略 R_1、X_1、$\dot{I}_0$，则由式(3.5)和式(3.3)可知

$$U_1 = E_1 = 4.44 k_{w1} N_1 f_1 \Phi_m$$

或者

$$\Phi_m = \frac{U_1}{4.44 k_{w1} N_1 f_1} \tag{3.6}$$

可见,Φ_m 正比于定子绕组相电压 U_1。

再看转子电路的情况,由于空载运行时,转子不带机械负载,转速很高,接近同步转速,即 $n \approx n_0$,转差率很小,$s \approx 0$,即转子与旋转磁场之间的相对运动速度几乎为零。而转子绕组中的感应电动势 $E_2 = 0$,转子电流 $I_2 = 0$,转子磁动势 $F_2 = 0$。

2. 空载损耗

空载损耗是指三相异步电动机在空载运行时,转子没有输出机械功率,定子从电源输入少量的电功率供电动机空载运行的功率损耗。它包括铁损耗 P_{Fe}、铜损耗 P_{Cu},以及因转子旋转产生的轴承摩擦和风阻机械损耗 P_{Me}。与变压器一样,空载铜损耗很少,可忽略不计。空载损耗近似等于铁损耗与机械损耗之和,即

$$P_0 = P_{Fe} + P_{Me} \tag{3.7}$$

由空载损耗所形成的转矩 T_0 称为空载转矩,这是一个阻碍转子旋转的制动性质转矩。它与空载损耗 P_0 和转子转速 n 之间的关系为

$$T_0 = \frac{P_0}{2\pi \frac{n}{60}} = 9\ 550\ \frac{P_0}{n} \tag{3.8}$$

式中:P_0 的单位为 kW,n 的单位为 r/min,T_0 的单位为 N·m。

三相异步电动机在空载运行时,电磁转矩 T 应与空载转矩 T_0 保持平衡关系,即大小相等、方向相反,也就是

$$T = T_0 \tag{3.9}$$

【例 3.2】 有一台三相异步电动机,空载运行时,定子线电压 $U_{1L} = 380$ V,定子线电流 $I_{1L} = 1.24$ A,功率因数 $\lambda = 0.49$,空载转速 $n = 1\ 497$ r/min,求该电动机的空载损耗和空载转矩。

解

$$P_0 = \sqrt{3} U_{1L} I_{1L} \lambda = 1.73 \times 380 \times 1.24 \times 0.49\ \text{W} = 399\ \text{W} = 0.399\ \text{kW}$$

$$T_0 = 9\ 550\ \frac{P_0}{n} = 9\ 550 \times \frac{0.399}{1\ 497}\ \text{N·m} = 2.55\ \text{N·m}$$

3.2.2 三相异步电动机的负载运行

1. 磁动势平衡方程式

三相异步电动机在负载运行时,转子将拖动生产机械旋转,输出机械功率。这时转子转速将低于空载转速,转子绕组中的电动势和电流增加,定子绕组的电流也相应增加。这一点与变压器的相似的。定子绕组相当于一次绕组,从电源取用电功率,转子绕组相当于二次绕组,通过电磁感应产生电动势和电流,只不过变压器将感应电流作输出电流,从而输出电功率,而三相异步电动机利用感应电流产生电磁转矩,从而输出机械功率。转子电流通过转子绕组也要产生旋转磁场,故负载运行时的旋转磁场是由定子旋转磁动势和转子旋转磁动势共同作用产生的。由于负载运行和空载运行时,定子电压没有改变,由式(3.6)可知,它们所产生的旋转磁通的最大值不变。因而,三相异步电动机负载运行时的定子旋转磁动势 F_1、转子旋转磁动势 F_2 与空载旋转磁动势 F_0 之间也应该满足下述的磁动势平衡方程式

$$\dot{F}_1 + \dot{F}_2 = \dot{F}_0 \tag{3.10}$$

2. 电动势平衡方程式

三相异步电动机工作时三相是对称的，只需取出一相来分析就可以了。负载运行时，定子电流由空载时的 I_0 增加到了 I_1，三相异步电动机定子的每相绕组的电动势平衡方程式应为

$$\dot{U}_1=-\dot{E}_1+(R_1+jX_1)\dot{I}_1=-\dot{E}_1+Z_1\dot{I}_1 \tag{3.11}$$

对于转子电路，由于定子是静止的，而转子是旋转的，旋转磁场与定子、转子的相对运动速度不同，定子、转子绕组中的感应电动势的频率也就不同。p 对磁极的旋转磁场每分钟只绕转子转了 n_0-n 圈，转子绕组中感应电动势每分钟只变化了 $p(n_0-n)$ 个周期，每秒变化的同期数即转子绕组感应电动势的频率（简称转子频率）应为

$$f_2=\frac{p(n_0-n)}{60}=\frac{p(n_0-n)}{60}\cdot\frac{n_0}{n_0}=\frac{n_0-n}{n_0}\cdot\frac{pn_0}{60}$$

将式(3.2)和式(3.4)代入，得

$$f_2=sf_1 \tag{3.12}$$

可见，转子频率与转差率 s 成正比。只有在转子静止不动时，三相异步电动机才与变压器一样，$f_2=f_1$。既然 f_2 与 s 成正比，那么转子电路中与 f_2 有关的各物理量都与 s 有关，将这些物理量的下标加上“s”，比如转子每相绕相上的电动势 E_{2s}，转子每相绕组的漏电抗 X_{2s}，转子每相绕组的漏阻抗 Z_{2s}。

转子每相绕组的电动势为

$$E_{2s}=4.44k_{w2}N_2f_2\Phi_m \tag{3.13}$$

式中：Φ_m 为旋转磁通的最大值；$k_{w2}N_2$ 为转子每相绕组的有效匝数；f_2 为转子绕组中感应电动势的频率，若用 E_2 表示转子静止不动时每相绕组的电动势，则

$$E_2=4.44k_{w2}N_2f_1\Phi_m$$

于是

$$E_{2s}=sE_2 \tag{3.14}$$

转子每一相绕组的漏电抗为

$$X_{2s}=2\pi f_2L_{\sigma2}=2\pi sf_1L_{\sigma2}=sX_{20} \tag{3.15}$$

式中：$L_{\sigma2}$ 为转子绕组的漏电感；$X_{20}=2\pi f_1L_{\sigma2}$ 为转子不转时的漏电抗。

转子每相绕组的漏阻抗为

$$Z_{2s}=R_2+jX_{2s}=R_2+jsX_{20} \tag{3.16}$$

三相异步电动机的转子绕组正常运行时处于短接状态，其端电压 $U_2=0$，所以，转子绕组的电路图如图 3.11 所示。

转子每相绕组电动势平衡方程为

$$\dot{E}_{2s}-Z_{2s}\dot{I}_2=0 \text{ 或 } \dot{E}_{2s}=(R_2+jX_{2s})\dot{I}_2 \tag{3.17}$$

转子每相绕组的电流为

$$\dot{I}_2=\frac{\dot{E}_{2s}}{Z_{2s}}=\frac{\dot{E}_{2s}}{R_2+jX_{2s}}=\frac{s\dot{E}_2}{R_2+jsX_{20}} \tag{3.18}$$

其有效值为

$$I_2=\frac{sE_2}{\sqrt{R_2^2+(sX_{20})^2}} \tag{3.19}$$

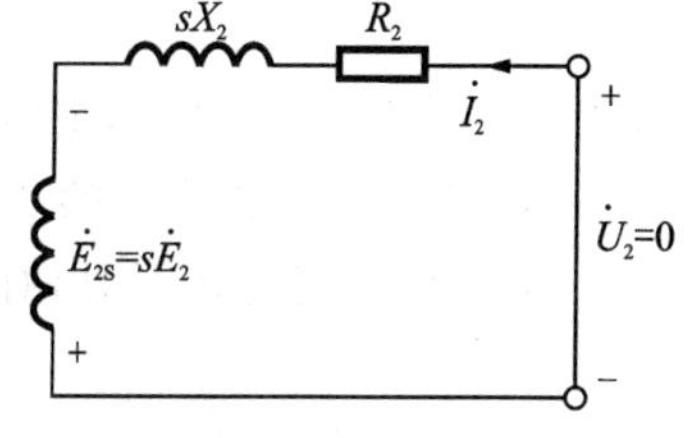

图 3.11　三相异步电动机转子绕组的电路图

式(3.19)说明,转子绕组电流 I_2 也与转差率 s 有关,当 $s=0$ 时,$I_2=0$;当转子转速降低时,转差率 s 增大,转子电流也随之增大。

转子每相绕组的功率因数为

$$\cos\varphi_2=\frac{R_2}{\sqrt{R_2^2+(sX_{20})^2}} \tag{3.20}$$

式(3.20)说明,转子回路的功率因数也与转差率 s 有关,当 $s=0$ 时,$\cos\varphi_2=1$;当 s 增大时,则 $\cos\varphi_2$ 减小。

3. 功率平衡方程式

三相异步电动机从三相电源输入的有功功率称为输入功率,用 P_1 表示,则

$$P_1=3U_1I_1\cos\varphi_1 \tag{3.21}$$

式中:U_1、I_1、$\cos\varphi_1$ 分别为转子绕组每一相的电压、电流和功率因数。

输入功率的一小部分消耗在电动机内部成为电动机的功率损耗。它包括铜损耗 P_{Cu}、铁损耗 P_{Fe} 和机械损耗 P_{Me}。铜损耗包括定子绕组的铜损耗 P_{Cu1} 和转子绕组的铜损耗 P_{Cu2}。负载变化时,定子、转子电流都将随之变化,铜损耗也随之变化,故铜损耗为可变损耗。负载变化时,定子电压不变,Φ_m 基本不变,故铁损耗基本不变;电动机的转速变化也不大,故机械损耗也可认为基本不变,两者之和即前面介绍的空载损耗,即

$$P_0=P_{Fe}+P_{Me}$$

输入功率减去上述损耗剩下的就是从转轴上输出的机械功率,称为输出功率,用 P_2 表示,三相异步电动机的功率平衡方程式为

$$P_2=P_1-P_{Cu}-P_{Fe}-P_{Me} \tag{3.22}$$

输出功率与输入功率的百分比为电动机的效率,即

$$\eta=\frac{P_2}{P_1}\times 100\% \tag{3.23}$$

4. 转矩平衡方程式

负载运行时,三相异步电动机的电磁转矩 T 减去空载转矩 T_0 就是从轴上输出的转矩,称为输出转矩,用 T_2 表示,三相异步电动机的转矩平衡方程式为

$$T_2=T-T_0 \tag{3.24}$$

输出转矩与输出功率的关系为

$$T_2=\frac{P_2}{2\pi\dfrac{n}{60}}=9\ 550\,\frac{P_2}{n} \tag{3.25}$$

式中:P_2 的单位为 kW;n 的单位为 r/min;T_2 的单位为 N·m。

负载运行时,电动机的负载(即拖动的生产机械)施加在转子上的转矩称为负载转矩 T_L。电动机在稳定运行时,有

$$T_2=T_L \tag{3.26}$$

若 T_L 减小,则原来的平衡被打破,T_L 减小的瞬间,$T_2>T_L$,电动机加速,n 增大,s 减小,转子电动势 E_{2s} 减小,转子电流和定子电流都随之减小。转子电流减小又会使电磁转矩 T 减小,直到恢复 $T_2=T_L$ 为止,电动机便在比原来更高的转速和比原来小更小的电流下重新稳定运行。T_0 一般很小,电动机在满载或接近满载运行时,$T_0\ll T$,T_0 可忽略不计,这时

$$T = T_2 = T_L \tag{3.27}$$

【例 3.3】 有一台三相异步电动机，△连接，额定线电压 $U_N = 380$ V，在拖动某负载时，转速 $n = 1\ 446$ r/min，相电流 $I_p = 11.5$ A，功率因数 $\lambda = 0.86$，效率 $\eta = 82\%$，铜损 $P_{Cu} = 1.2$ kW，求该电动机的输入功率 P_1、输出功率 P_2、总损耗 P_{al}、电动机的输出转矩 T_2、空载转矩 T_0 和电磁转矩 T。

解

$$P_1 = 3U_p I_p \lambda = 3 \times 380 \times 11.5 \times 0.86\ \text{W} = 11\ 270\ \text{W} = 11.27\ \text{kW}$$

$$P_2 = P_1 \eta = 11.27 \times 0.82\ \text{kW} = 9.24\ \text{kW}$$

$$P_{al} = P_1 - P_2 = (11.27 - 9.24)\text{kW} = 2.03\ \text{kW}$$

$$T_2 = 9\ 550\frac{P_2}{n} = 9\ 550 \times \frac{9.24}{1\ 446}\ \text{N}\cdot\text{m} = 61.02\ \text{N}\cdot\text{m}$$

空载损耗为

$$P_0 = P_{al} - P_{Cu} = (2.03 - 1.2)\text{kW} = 0.83\ \text{kW}$$

$$T_0 = 9\ 550\frac{P_0}{n} = 9\ 550 \times \frac{0.83}{1\ 446}\ \text{N}\cdot\text{m} = 5.48\ \text{N}\cdot\text{m}$$

电磁转矩为

$$T = T_2 + T_0 = (61.02 + 5.48)\text{N}\cdot\text{m} = 66.5\ \text{N}\cdot\text{m}$$

3.3 三相异步电动机的使用

3.3.1 三相异步电动机的工作特性

三相异步电动机的工作特性是指当外加电源电压 U_1 为常数、频率 f 为额定值时，电动机的转速 n、定子电流 I_1、功率因数 $\cos\varphi_1$、电磁转矩 T、效率 η 等与输出功率 P_2 的关系曲线。

这些关系曲线可以通过三相异步电动机直接带负载，由实验的方法测得，我们可以通过三相异步电动机的工作特性曲线来判断它的工作性能的好坏，从而达到正确选用电动机，以满足不同的工作要求的目的。图 3.12 所示的是三相异步电动机的不同工作特性曲线。

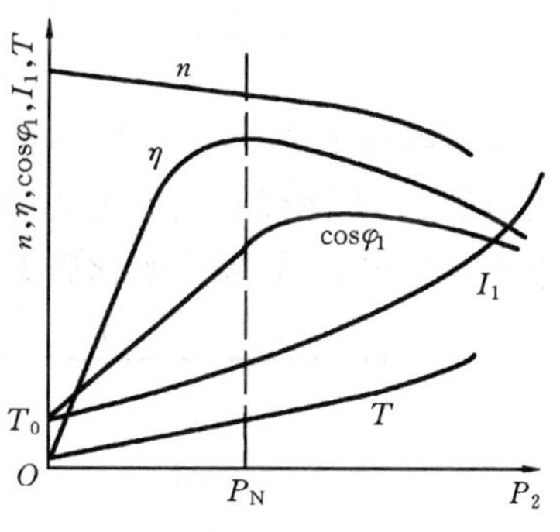

图 3.12 三相异步电动机的不同工作特性曲线

1. 转速特性 $n = f(P_2)$

三相异步电动机的转速 n，在电动机正常运行的范围内随负载 P_2 的变化而变化不大，所以，转速特性曲线是一条向下略有倾斜的曲线，是一条“硬”特性曲线，如图 3.12 所示。

2. 转矩特性 $T = f(P_2)$

三相异步电动机空载时 $P_2 = 0$，电磁转矩 T 等于空载制动转矩 T_0。随着 P_2 的增加，已知 $T_2 = \frac{9\ 550 P_2}{n}$，若 n 保持不变，则 T_2 为通过原点的直线。考虑到 P_2 增加时，n 稍有降低，故 $T_2 = f(P_2)$ 是随着 P_2 增加略向上翘的曲线。在 $T = T_0 + T_2$ 中，由于 T_0 很小，可认

为它是与 P_2 无关的常数,所以,$T=f(P_2)$将比 T_2 平行上移 T_0,如图 3.12 所示。

3. 定子电流特性 $I_1=f(P_2)$

三相异步电动机空载时,转子电流 I_2 近似为零,定子电流等于励磁电流 I_0。随着负载的增加,转速下降(S 增大),转子电流增大,定子电流也增大。当 $P_2>P_N$ 时,由于 $\cos\varphi_1$ 降低,I_1 增长更快些,如图 3.12 所示。

4. 功率因数特性 $\cos\varphi_1=f(P_2)$

三相异步电动机运行时,必须从电网中吸取感性无功功率。它的功率因数总是滞后的,且永远小于1。三相异步电动机空载时,定子电流基本上只有励磁电流,功率因数很低,一般不超过0.2。当负载增加时,定子电流的有功电流增加,使功率因数提高。接近额定负载时,功率因数也达到最高。超过额定负载时,转速降低较多,转差率增大,使转子电流与电动势之间的相位角 φ_1 增大,转子的功率因数下降较多,引起定子电流中的无功电流分量增大,因而电动机的功率因数 $\cos\varphi_1$ 逐渐下降,如图 3.12 所示。

5. 效率特性 $\eta=f(P_2)$

由图 3.12 可知,异步电动机空载时,$P_2=0$,$\eta=0$。三相异步电动机轻载时,效率也很低。但随着输出功率 P_2 的增加,效率 η 也开始增加。正常运行时,因主磁通变化很小,所以铁损耗变化不大,机械损耗变化也很小,它们合起来称为不变损耗。定、转子铜损耗与电流的平方成正比,随着负载变化而变化,称为可变损耗。当不变损耗等于可变损耗时,电动机的效率达最大。对于中小型异步电动机,当 $P_2=(0.7\sim1.0)P_N$ 时,效率最高。如果负载继续增大,可变损耗增加得较快,效率反而降低。

3.3.2 三相异步电动机的铭牌数据

要正确地选择异步电动机,就要详细了解电动机的铭牌数据,电动机的铭牌提供了许多有用的信息,上面标有电动机的型号、规格和有关技术参数。下面以图 3.13 所示 Y180M-4 型电动机铭牌为例,来说明铭牌上各个数据的含义。

三相异步电动机		
型号:Y180M-4	功率:18.5 kW	频率:50 Hz
电压:380 V	电流:35.9 A	接法:△
转速:1 470 r/min	绝缘等级:E	功率因数:0.86
效率:0.91	温升:60℃	工作制:S1
防护等级:IP44	LW 值:79dB	
出厂编号:×××××	出厂日期:××××××	×××××电动机厂

图 3.13 Y180M-4 型电动机铭牌

1. 型号

为了适应不同用途和不同工作环境的需要,电动机制成不同的系列和种类,每种电动机用不同的型号表示。型号说明如下:

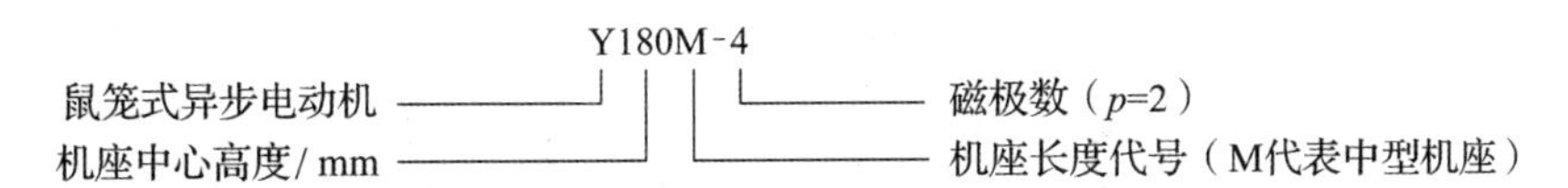

2. 额定功率和效率

额定功率是指电动机在额定电压、额定频率、额定负载下运行时轴上输出的额定机械功率 P_N。效率就是电动机铭牌上给出的功率与电动机从电网输入电功率的比值。

3. 额定频率

额定频率是指电动机定子绕组所加交流电源的频率。我国工业用交流电标准频率为 50 Hz。

4. 额定电压

额定电压是指电动机在额定运行时定子绕组上加的额定线电压值。Y 系列三相异步电动机的额定电压统一为 380 V。

5. 额定电流

额定电流是指电动机在额定运行时定子绕组的额定线电流值。当电动机空载或轻载时，都小于该额定电流值。

6. 功率因数

因为电动机的负载是电感性负载，定子相电流比定子相电压滞后一个 φ 角，$\cos\varphi$ 就是电动机的功率因数。三相异步电动机功率因数较低，在额定负载时为 0.7～0.9，而在轻载和空载时更低，空载时只有 0.2～0.3。因此，必须正确选择电动机的容量，尽量使电动机能保持在满载下工作。

三相异步电动机的额定功率与其他额定数据之间的关系为

$$P_N = \sqrt{3} U_N I_N \cos\varphi_N \eta_N \tag{3.28}$$

式中：$\cos\varphi_N$ 为额定功率因数；η_N 为额定效率。

7. 额定转速

额定转速是电动机在额定电压、额定功率、额定频率下运行时每分钟的转数。电动机所带负载不同，转速略有变化，轻载时转速稍快，重载时转速稍慢。如果是空载，转速接近同步转速。

8. 接法

接法表示电动机在额定电压下定子三相绕组的连接方法。一般电动机定子三相绕组的首、尾端均引至接线板上，国家标准规定用符号 U_1、V_1、W_1 分别表示电动机三相绕组线圈的首端，用符号 U_2、V_2、W_2 分别表示电动机三相绕组线圈的尾端。电动机的六个线头可以接成 Y 形和△形，如图 3.14 所示。但必须按铭牌所规定的接法连接，才能正常运行。

9. 定额工作制

定额工作制是指三相异步电动机按铭牌值工作时，可以允许连续运行的时间和顺序，分为连续定额(S1)、短时定额(S2)和周期断续定额(S3)三种。

10. 绝缘等级及温升

绝缘等级是指电动机定子绕组所用的绝缘材料允许的最高温度的等级。中小型电动机常用的绝缘等级分为 A、E、B、F、H 五级。目前，一般电动机采用较多的是 E 级绝缘和 B 级绝缘。

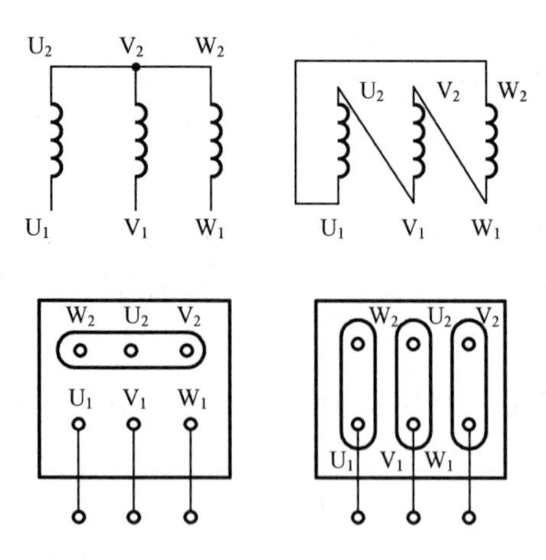

图 3.14 三相异步电动机的接线图

温升是指电动机运行时定子铁芯和绕组温度高于环境温度的允许温差。

11. 防护等级

防护等级是指防止人体接触电动机转动部分、电动机内带电体和防止固体异物进入电动机内的防护等级,共分为以下四级。

(1)IP00——无专门防护。

(2)IP23——能防止直径大于 12 mm 的固体异物进入壳内,并能防淋水。

(3)IP44——能防止直径大于 1 mm 的固体异物进入壳内,并能防溅水。

(4)IP54——防尘防溅水。

12. LW 值

LW 值是指电动机总噪声等级,LW 值越小,则表示电动机的噪声越低。

【例 3.4】 某三相异步电动机,其铭牌额定数据为:$P_N = 7.5$ kW,$n_N = 1\ 470$ r/min,$U_1 = 380$ V,$\eta = 86.2\%$,$\cos\varphi = 0.81$。试求:(1)额定电流;(2)额定转差率;(3)额定转矩。

解 (1) 额定电流为

$$I_N = \frac{P_N}{\eta\sqrt{3}U_1\cos\varphi} = \frac{7.5\times10^3}{0.862\times\sqrt{3}\times380\times0.81}\ \text{A} = 16.3\ \text{A}$$

(2) 由 $n = 1\ 470$ r/min 可知,其极对数 $p = 2$,同步转速 $n_0 = 1\ 500$ r/min,所以

$$s = \frac{n_0 - n}{n_0}\times100\% = \frac{1\ 500 - 1\ 470}{1\ 500}\times100\% = 2\%$$

(3) 额定转矩为 $T_N = 9\ 550\dfrac{P_N}{n_N} = 9\ 550\times\dfrac{7.5}{1\ 470}\ \text{N}\cdot\text{m} = 48.7\ \text{N}\cdot\text{m}$

3.4 三相异步电动机的电力拖动

3.4.1 电力拖动系统的负载转矩特性

电力拖动系统是由电动机拖动,并通过一些传动机构带动生产机械运转的机电运动的

动力学整体。虽然电动机的种类繁多，其特性又不一样，而生产机械的性质也是多种多样的，但若从动力学的角度来讲，则都应遵循动力学的统一规律，因此，下面先分析电力拖动系统的运动方程式，进而分析电力拖动系统的稳定运行条件。

1. 电力拖动系统的运动方程式

图 3.15 所示为一单轴电力拖动系统简图，它是由电动机 M 产生转矩 $\boldsymbol{T}$，并由 $\boldsymbol{T}$ 来克服负载转矩 $\boldsymbol{T}_\mathrm{L}$，以驱动生产机械运动的系统。当这两个转矩平衡时，传动系统保持恒速转动，转速 n 不变，加速度 $\mathrm{d}n/\mathrm{d}t$ 等于零，即 $T=T_\mathrm{L}$ 时，$n=$常数，$\mathrm{d}n/\mathrm{d}t=0$，这种运动状态称为静态（相对静止状态）或稳态（稳定运转状态）。

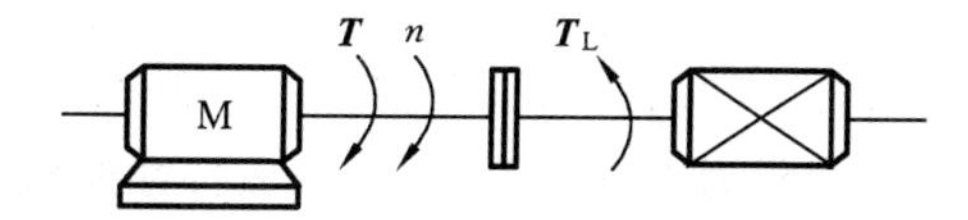

图 3.15 单轴电力拖动系统简图

当 $T\neq T_\mathrm{L}$ 时，电动机会加速或减速，转速 n 就要发生变化，转速的变化大小与传动系统的转动惯量 J 有关，即满足

$$T-T_\mathrm{L}=J\frac{\mathrm{d}n}{\mathrm{d}t} \tag{3.29}$$

式中：T 为电动机产生的转矩；T_L为单轴电力拖动系统的负载转矩；J 为单轴电力拖动系统的转动惯量；n 为单轴电力拖动系统的转速。

式(3.29)就是单轴电力拖动系统的运动方程式。由式(3.29)可得如下结论。

(1)当 $T=T_\mathrm{L}$ 时，$\mathrm{d}n/\mathrm{d}t=0$，$n=$常数，系统恒速运转，系统处于稳态。稳态时，电动机产生转矩的大小，仅由电动机所带负载（生产机械）决定。

(2)当 $T>T_\mathrm{L}$ 时，$\mathrm{d}n/\mathrm{d}t>0$，传动系统作加速运动。

(3)当 $T<T_\mathrm{L}$ 时，$\mathrm{d}n/\mathrm{d}t<0$，传动系统作减速运动。

系统处于加速或减速的运动状态称为动态。

电动机的转矩平衡方程式为

$$T=T_\mathrm{L}+T_2 \tag{3.30}$$

式中：T_2 为动态转矩或为电动机轴上的输出转矩。

2. 电力拖动系统中的拖动转矩和制动转矩

1）转矩正方向的规定

由于电力拖动系统有各种运动状态，对应的运动方程式中的转速和转矩就有不同的符号。生产机械和电动机是以同一转速旋转的，所以一般用转动方向作为参考来确定转矩的正、负。

如图 3.16 所示，若设电动机转速沿逆时针旋转为正，则约定电动机转矩 $\boldsymbol{T}$ 与 n 方向一致为正向，负载转矩 $\boldsymbol{T}_\mathrm{L}$ 与转速 n 方向相反为正向。

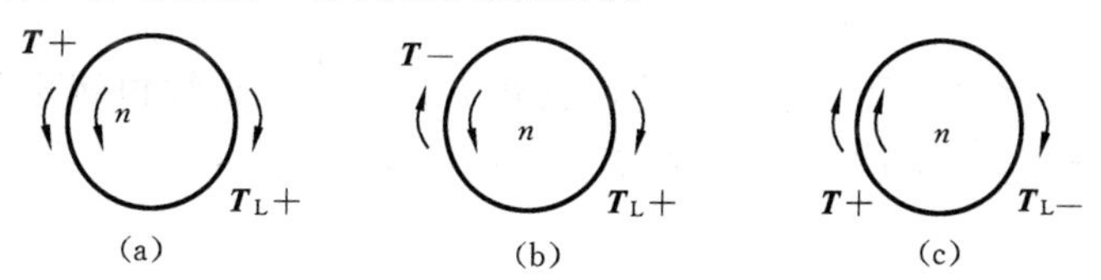

图 3.16 电力拖动系统转矩方向的规定

2）拖动转矩与制动转矩

按上述约定的判定规则，就可以从转矩和转速的符号判定 $\boldsymbol{T}$ 与 $\boldsymbol{T}_{\mathrm{L}}$ 的性质。

(1)若 $\boldsymbol{T}$ 与 n 符号相同(同为正或同为负)，则表示 $\boldsymbol{T}$ 的作用方向与 n 相同，$\boldsymbol{T}$ 为拖动转矩；若 $\boldsymbol{T}$ 与 n 符号相反，则表示 $\boldsymbol{T}$ 的作用方向与 n 相反，$\boldsymbol{T}$ 为制动转矩。

(2)若 $\boldsymbol{T}_{\mathrm{L}}$ 与 n 符号相同(同为正或同为负)，则表示 $\boldsymbol{T}_{\mathrm{L}}$ 的作用方向与 n 相反，$\boldsymbol{T}_{\mathrm{L}}$ 为制动转矩；若 $\boldsymbol{T}_{\mathrm{L}}$ 与 n 符号相反，则表示 $\boldsymbol{T}_{\mathrm{L}}$ 的作用方向与 n 相同，$\boldsymbol{T}_{\mathrm{L}}$ 为拖动转矩。$\boldsymbol{T}$ 和 $\boldsymbol{T}_{\mathrm{L}}$ 的符号判定如图 3.17 所示。

3. 生产机械的机械特性

同一转轴上负载转矩和转速之间的函数关系称为生产机械的机械特性，即 $n=f(T_{\mathrm{L}})$。由于不同生产机械在运动中所受阻力的性质不同，其机械特性曲线的形状也不尽相同，一般可归纳为以下三种典型的机械特性。

1）恒转矩型负载的机械特性

所谓恒转矩型负载是指负载转矩 $\boldsymbol{T}_{\mathrm{L}}$ 的大小不随转速 n 变化而变化的负载，属于此类的生产机械有各种提升设备、皮带传输机构以及金属切削机床等。

根据负载转矩 $\boldsymbol{T}_{\mathrm{L}}$ 与生产机械运动方向之间的关系，恒转矩型负载可分为反抗性恒转矩负载和位能性恒转矩负载两种。

反抗性恒转矩也称为摩擦转矩，是因摩擦和非弹性体的压缩、拉伸与扭转等作用产生的负载转矩，机床切削过程中的切削力所产生的负载就是反抗性恒转矩负载。反抗性恒转矩负载的方向恒与运动方向相反，若运动方向发生改变时，负载转矩的方向也会发生改变，因此它总是阻碍运动的，其特性曲线在第一象限或第三象限，具体方向判定如图 3.17 所示。

位能性恒转矩负载是由于物体的重力和弹性体的压缩、拉伸与扭转等作用产生的负载转矩。如卷扬机起吊重物时重力所产生的负载转矩就是位能性恒转矩负载。位能性恒转矩负载的作用方向恒定，与运动方向无关，它有时阻碍运动，有时又促进运动(如重物的提升及下降)，其特性曲线在第一象限或第四象限，具体方向判定如图 3.18 所示。

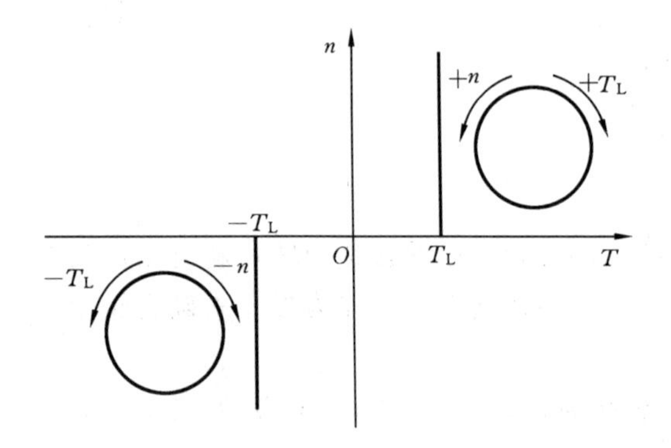

图 3.17　反抗性恒转矩负载的机械特性曲线

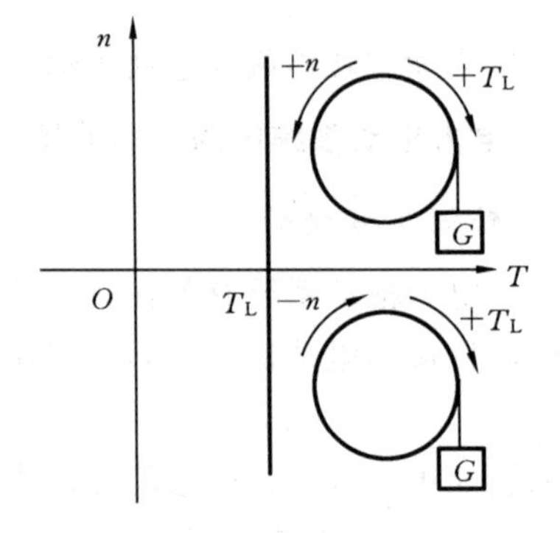

图 3.18　位能性恒转矩负载的机械特性曲线

反抗性恒转矩负载 $\boldsymbol{T}_{\mathrm{L}}$ 与位能性恒转矩负载 $\boldsymbol{T}_{\mathrm{L}}$ 比较：反抗性恒转矩负载 $\boldsymbol{T}_{\mathrm{L}}$ 的符号总是正的；位能性恒转矩负载 $\boldsymbol{T}_{\mathrm{L}}$ 的符号则有时为正，有时为负。

2）恒功率型负载的机械特性

恒功率型负载的转矩与转速 n 成反比，即 $P_L = T_L n/9\ 550$，如图 3.19 所示。例如，车床加工：在粗加工时，切削量大，负载阻力大，要低速运行；在精加工时，切削量小，负载阻力小，要高速运行。无论选择什么样的加工方式，不同转速下，切削功率基本不变。

3）离心式通风机型负载的机械特性

离心式通风机型负载是按离心力原理工作的，如离心式鼓风机、水泵等。它们的负载转矩 T_L 与 n 的平方成正比，即 $T_L = Cn^2$，C 为常数，如图 3.20 所示。

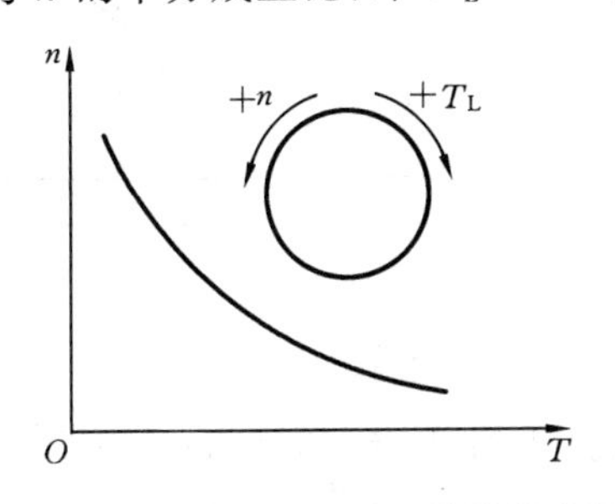

图 3.19　恒功率型负载的机械特性曲线

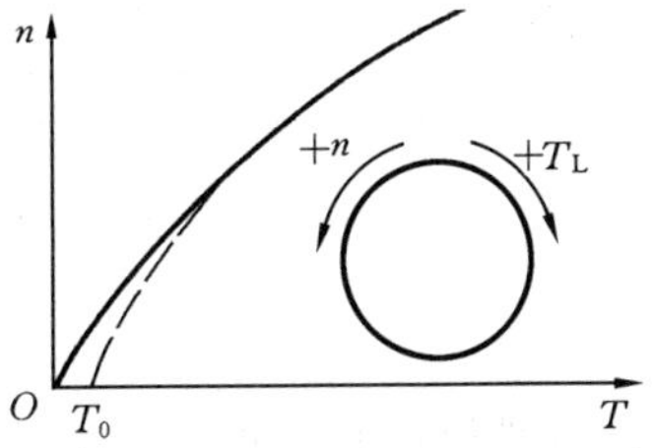

图 3.20　离心式通风机型负载的机械特性曲线

应当指出的是，实际负载可能是单一类型的，也可能是几种典型类型的综合。比如实际通风机除了主要的通风机性质的负载特性外，轴上还有一定的摩擦转矩 T_0，所以，实际通风机的机械特性应是 $T_L = T_0 + Cn^2$，如图 3.20 所示的虚线。

4. 电力拖动系统的稳定运行条件

1）概述

在电力拖动系统中，电动机和生产机械是连成一体的，要使系统运行合理，就要想办法使电动机的机械特性和负载的机械特性尽量相配合。特性配合好的基本要求是系统能稳定运行。

电力拖动系统的稳定运行包含两重含义：一是系统应能以一定的速度匀速运转；二是系统受到某种外部干扰而使运行速度稍有变化时，应保证在干扰消除后系统能恢复到原来的运行速度。

2）稳定工作点的判别

稳定工作点的判别包括系统平衡点的判别（图 3.21(a)）和系统稳定平衡点的判别（图 3.21(b)），图中曲线 1 是电动机的机械特性曲线，曲线 2 是负载的机械特性曲线。

(1)稳定运行的必要条件。

稳定运行的必要条件也就是系统平衡点的判别。若要保证电动机恒速运转，必要条件是电动机轴上的拖动转矩 T 与电动机轴上的负载转矩 T_L 应大小相等、方向相反，能相互平衡。从图 3.21(a)可以得出结论：在 OT-n 坐标系中，$n = f(T_L)$ 与 $n = f(T)$ 必须有交点，即 $T = T_L$。如图 3.21(a)所示的 a、b 两点就称为系统的平衡点。

(2)稳定运行的充分条件。

稳定运行的充分条件也就是系统稳定平衡点的判别。机械特性曲线存在交点只是保证系统稳定的必要条件，并非充分条件，实际上只有 a 点是稳定的平衡点，b 点不是稳定的平衡点(图3.21(b)),其原因如下。

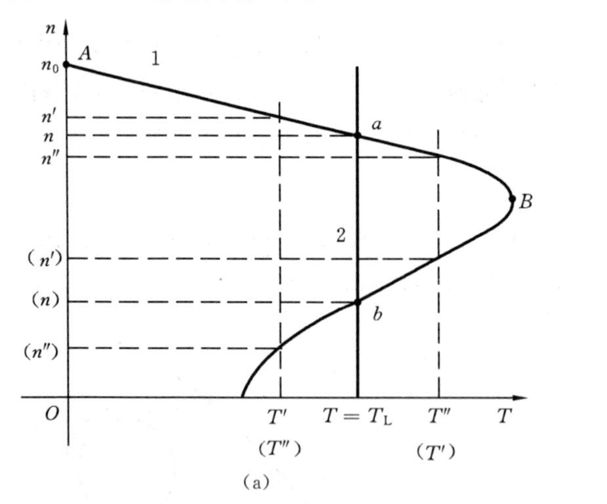

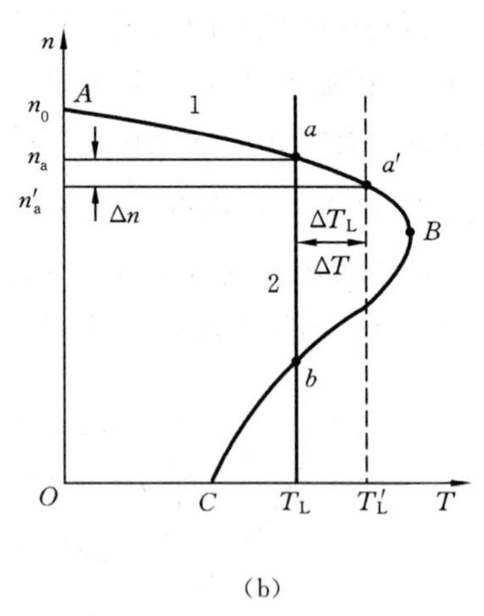

图3.21 系统稳定平衡点的判别

①a 点是稳定的平衡点。原因是当系统出现干扰,比如 $T_L=T_L+\Delta T_L$(ΔT_L 为扰动)时,电动机来不及反应,仍工作在 a 点,其电磁转矩仍为 T,此时有

$$T_L\uparrow \xrightarrow[T-T_L=\mathrm{d}n/\mathrm{d}t,\ \mathrm{d}n/\mathrm{d}t<0]{T\text{不变(惯性)}} n\downarrow \xrightarrow[(AB\text{段})]{\text{机械特性}} T\uparrow(T')\longrightarrow \text{在 }a'\text{ 点平衡}$$

$$\text{重新回到 }a\text{ 点}\longleftarrow n\uparrow \xleftarrow[\text{(强迫)}]{\text{电动机加速}} T'>T_L \xleftarrow[\Delta T_L=0]{\text{当扰动消失}}$$

②b 点不是稳定的平衡点。当系统出现干扰,比如 $T_L=T_L+\Delta T_L$(ΔT_L 为扰动)时,有

$$T_L\uparrow \xrightarrow[T-T_L=\mathrm{d}n/\mathrm{d}t,\ \mathrm{d}n/\mathrm{d}t<0]{T\text{不变(惯性)}} n\downarrow \xrightarrow[(BC\text{段})]{\text{机械特性}} T\downarrow\longrightarrow$$

$$\text{不能回到 }b\text{ 点}\longleftarrow n\downarrow\downarrow \xleftarrow[\text{(强迫)}]{\text{电动机减速}} T<T_L \xleftarrow[\Delta T_L=0]{\text{当扰动消失}}$$

对于恒转矩型负载,电动机转速变化(n 增加或减小)时,机械特性曲线应具有向下倾斜的特点,这样系统才能稳定运行。若特性曲线上翘,则系统不能稳定运行。

由以上分析可以总结出机电传动控制系统稳定的必要充分条件如下。

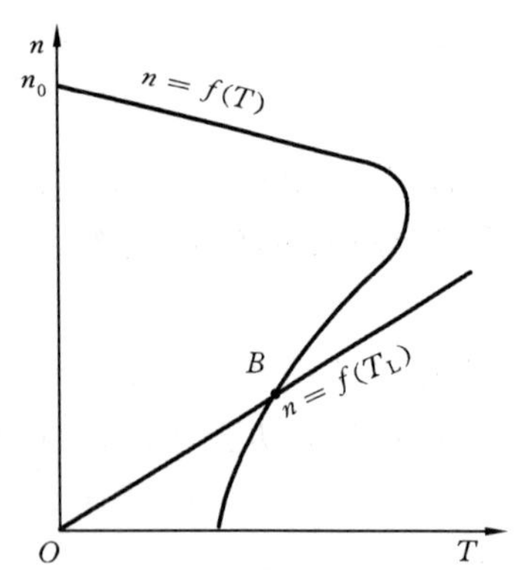

图3.22 异步电动机拖动直流他励发电机工作时的特性曲线

(1)电动机的机械特性曲线 $n=f(T)$ 和负载的机械特性曲线 $n=f(T_L)$ 有交点(即拖动系统的平衡点)。

(2)当干扰使转速大于平衡点所对应的转速时,必须有 $T'<T_L$;当干扰使转速小于平衡点所对应的转速时,必须有 $T'>T_L$。只有同时满足上述两个条件的平衡点,才是拖动系统的稳定平衡点,即只有这样的特性配合,系统在受到外界干扰后,才具有恢复到原来平衡状态的能力并进入稳定运行。

图3.22所示为异步电动机拖动直流他励发电机工作情况的特性曲线,根据系统稳定的判别条件,B 点符合稳定运行条件,所以 B 点是稳定的平衡点。(注

意:此时负载的机械特性硬度大于电动机的机械特性硬度。)

3.4.2 三相异步电动机的机械特性

三相异步电动机的作用是将电能转换成机械能,向负载输出机械功率,机械功率的大小正比于转矩和转速的乘积,因此转矩与转速的关系便成了所有电动机的重要工作特性。三相异步电动机的机械特性是指电动机的转速 n 与电磁转矩 T 之间的关系,即

$$n=f(T) \tag{3.31}$$

因为异步电动机的转速 n 与转差率 s 之间存在着一定的关系,所以异步电动机的机械特性通常又用 $T=f(s)$ 表示,这一关系也称为转矩特性。

1. 三相异步电动机机械特性的表达式

三相异步电动机的转子电流与旋转磁场相互作用产生电磁力,电磁力对电动机的转子产生电磁转矩。由此可见,电磁转矩是由转子电流和旋转磁场共同作用所产生的结果。因此,电磁转矩 T 的大小与转子电流以及旋转磁场每极的磁通成正比。根据理论分析可得

$$T=K_{\mathrm{T}}\Phi I_2\cos\varphi_2 \tag{3.32}$$

式中:K_{T} 为与电动机结构有关的常数;Φ 为旋转磁场每极的磁通;I_2 为转子电流;$\cos\varphi_2$ 为转子电路的功率因数。式(3.32)称为转矩的物理表达式。

经推导,电磁转矩还可表示为

$$T=KU_1^2\frac{sR_2}{R_2^2+(sX_{20})^2} \tag{3.33}$$

式中:K 是一个常数;U_1 为定子绕组相电压的有效值;R_2 为转子每相绕组的电阻;X_{20} 为转子静止时转子电路漏磁感抗,通常也是常数。式(3.33)称为电磁转矩的参数表达式。

从式(3.33)可知,三相异步电动机的转矩与每相电压的有效值平方成正比,也就是说,当电源电压变动时,对转矩产生较大的影响。此外,转矩与转子电阻也有关。当电压和转子电阻一定时,电磁转矩 T 是转差率 s 的函数,其关系曲线如图3.23所示,通常称 $T=f(s)$ 曲线为异步电动机的转矩特性曲线。

由 $n=(1-s)n_0$,可将 $T=f(s)$ 转换为 $n=f(T)$,这就是三相异步电动机的机械特性。$n=f(T)$ 曲线称为电动机的机械特性曲线,如图3.24所示。

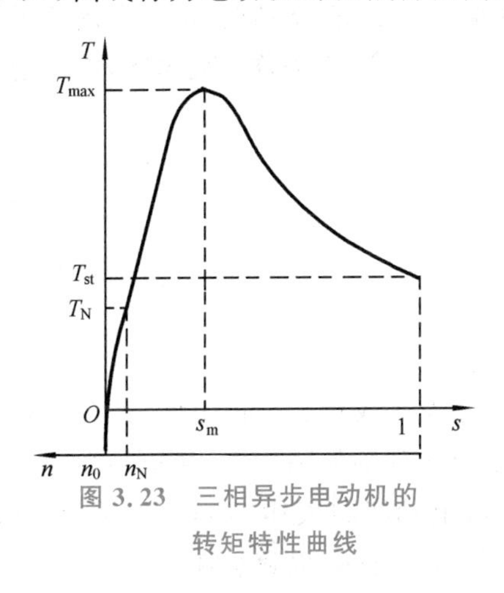

图3.23 三相异步电动机的转矩特性曲线

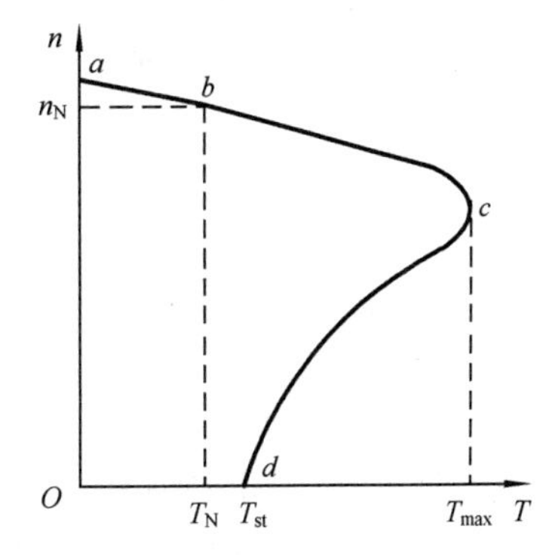

图3.24 三相异步电动机的机械特性曲线

由转矩特性可以看到，当 $s=0$，即 $n=n_0$ 时，$T=0$，这是理想空载运行状态，随着 s 的增大，T 也增大；但到达最大值 T_{max} 以后，随着 s 的增大，T 反而减小，最大转矩 T_{max} 称为临界转矩，与其对应的 s_m 称为临界转差率。

2. 三相异步电动机的机械特性

1）固有机械特性

三相异步电动机的固有机械特性是指电动机在额定电压和额定频率下，按规定的接线方式接线，定子和转子电路不接外接电阻或电抗时的机械特性。图 3.24 表示的就是三相异步电动机的固有机械特性曲线。下面着重讨论固有机械特性曲线上几个特殊的工作点。

(1)额定运行点 b。

电动机额定运行时，工作点位于 b 点。这是电动机的电压、电流、功率和转矩都等于额定值时的状态。此时，$n=n_N$，$s=s_N$，$T=T_N$，$I_1=I_N$。额定转矩 T_N 是电动机在额定负载时的转矩。额定转矩可从电动机铭牌数据给出的额定功率 P_N（注意：电动机铭牌数据给出的功率是输出到转轴上的机械功率，而不是电动机消耗的电功率）和额定转速 n_N 求得，即

$$T_N=\frac{P_N\times 10^3}{\frac{2\pi n_N}{60}}=9\,550\frac{P_N}{n_N} \tag{3.34}$$

式中：功率的单位是 kW；转速的单位是 r/min；转矩的单位是 N·m。

在电动机运行过程中，负载通常会变化，如电动机机械负载增加时，打破了电磁转矩和负载转矩间的平衡，此时负载转矩大于电磁转矩，电动机的速度将下降，同时，旋转磁场对于转子的相对速度加大以及旋转磁场切割转子导条的速度加快，都将导致转子电流 I_2 增大，从而使电磁转矩增大，直到同负载转矩相等为止，这样电动机就维持一个略低于原来转速的速度平稳运转。如图 3.24 所示，电动机有载运行一般工作在机械特性曲线较为平坦的 ac 段。

电动机转速随负载的增加而下降得很少的机械特性称为硬特性。电动机的转速随负载的增加而下降得很多的机械特性称为软特性。因此，从图 3.24 可看出，三相异步电动机的硬特性表现显著。

(2)最大转矩点 c。

c 点是机械特性曲线中线性段($a\sim c$)与非线性段($c\sim d$)的分界点，这是电动机的电磁转矩等于最大值的状态。此时，$s=s_m$，$T=T_{max}$，s_m、T_{max} 分别称为临界转差率和最大转矩。经推导可得

$$s_m=\frac{R_2}{X_{20}} \tag{3.35}$$

将其代入式(3.33)，可得

$$T_{max}=K_T'\frac{U_1^2}{2X_{20}} \tag{3.36}$$

由此可见，T_{max} 与电源电压 U_1 的平方成正比，与 X_{20} 成反比，而与 R_2 无关；而 s_m 与 R_2 成正比，与 X_{20} 成反比。T_{max} 与 U_1 及 R_2 的关系曲线分别如图 3.25 和图 3.26 所示。

当异步电动机的负载转矩超过最大转矩 T_{max} 时，电动机将发生“堵转”的现象，此时电动机的电流是额定电流的数倍，若时间过长，电动机会剧烈发热，以致烧坏。

电动机短时允许的过载能力，通常用最大转矩 T_{max} 与额定转矩 T_N 的比值来表示，称为过载系数 λ_T，即

$$\lambda_T = \frac{T_{max}}{T_N} \tag{3.37}$$

一般三相异步电动机的过载系数为 1.8～2.2。

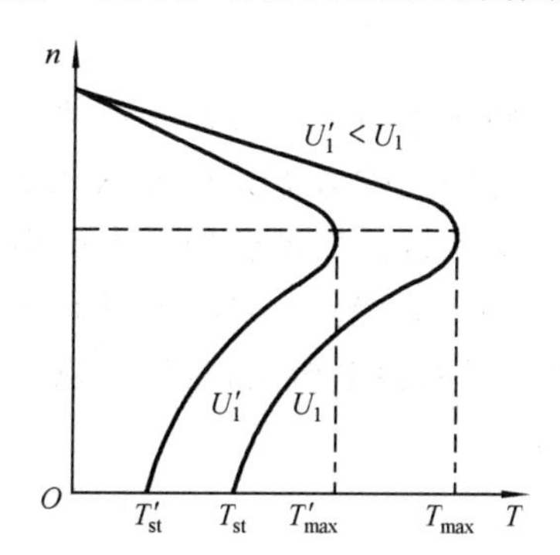

图 3.25 U_1 变化的 $n = f(T)$ 曲线(U_1 为常数)

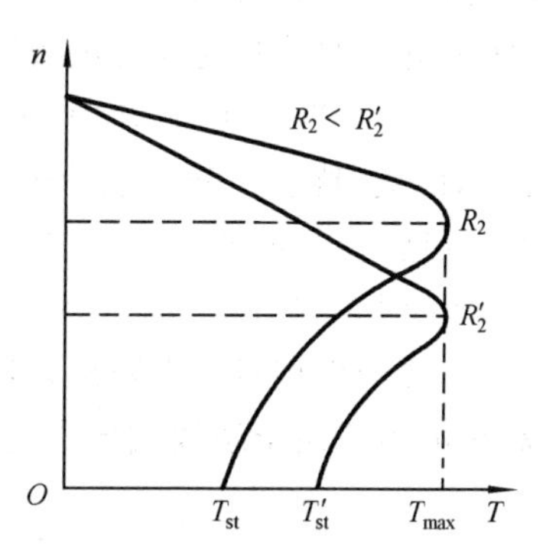

图 3.26 R_2 变化的 $n = f(T)$ 曲线(R_2 为常数)

(3)启动点 d。

电动机接通电源开始启动瞬间，其工作点位于 d 点。此时，$n=0, s=1, T=T_{st}, I_1=I_{st}=(4～6)I_N$($I_N$ 为额定电流)。启动转矩 T_{st} 是电动机运行性能的重要指标。因为启动转矩的大小将直接影响到电动机拖动系统的加速度的大小和加速时间的长短。如果启动转矩小，电动机的启动会变得十分困难，有时甚至难以启动。当电动机启动时，$n=0, s=100\%$，将 $s=100\%$ 代入式(3.33)，可得

$$T_{st} = K\frac{R_2 U_1^2}{R_2^2 + (X_{20})^2} \tag{3.38}$$

由式(3.38)可以看出，异步电动机的启动转矩与电源电压 U_1 的平方成正比，再如图 3.25 所示，当 U_1 降低时，启动转矩 T_{st} 明显降低。结合刚才讨论过的最大转矩可以看出，异步电动机对电源电压的波动十分敏感，运行时，如果电源电压降得太多，异步电动机的过载和启动能力会大大降低，这个问题在使用异步电动机时要充分重视。由式(3.38)并结合图 3.26，当转子电阻 R_2 适当加大时，最大转矩 T_{max} 没有变化(最大转矩与 R_2 无关)，但启动转矩 T_{st} 会加大。这是转子电路电阻的增加提高了转子回路的功率因数，转子电流的有功分量随之增大，因而启动转矩增大。

只有启动转矩大于负载转矩时，电动机才能启动。通常将机械特性上的启动转矩与额定转矩之比称为启动转矩倍数，即

$$K_{st} = \frac{T_{st}}{T_N} \tag{3.39}$$

K_{st} 反映了电动机启动负载能力。Y 系列三相异步电动机的 $K_{st}=1.7～2.2$。

2) 人为机械特性

三相异步电动机的人为机械特性是人为地改变电源参数或电动机参数而得到的机械特性。由电磁转矩的参数表达式(3.33)可知，可以改变的电源参数有电压 U_1 和频率 f_1，可以改变的电动机参数有极对数 p、定子电路参数 R_1 和 X_1、转子电路参数 R_2 和 X_2 等。所以，

三相异步电动机的人为机械特性的种类很多,这里只介绍两种常见的。

(1)定子电压降低时的人为机械特性。

由式(3.35)、式(3.36)和式(3.38)可知,临界转差率 s_m 与电压无关,而最大转矩和启动转矩正比于电压平方,因此,临界转差率不变,而最大转矩和启动转矩随定子电压的降低而减小,人为机械特性如图3.25所示。

(2)转子电阻增加时的人为机械特性。

由式(3.35)、式(3.36)可知,临界转差率 s_m 正比于转子电阻 R_2,最大转矩却与转子电阻 R_2 无关,因此,绕线式异步电动机在转子电路中串入电阻时的人为特性如图3.26所示。由图3.26可见,在一定范围内增加转子电阻,可以增大电动机的启动转矩。当所串接的电阻使其 $s_m=1$ 时,对应的启动转矩将达到最大转矩,如果再增大转子电阻,启动转矩反而会减小。另外,转子串接对称电阻后,其机械特性曲线线性段的斜率增大,特性变软。转子电路串接对称电阻适用于绕线式异步电动机的启动、制动和调速。

3.4.3 三相异步电动机的启动

电动机接通电源,转速由零上升到稳定值的过程称为启动过程。启动开始时,$n=0$,$s=100\%$,由于电动机转子处于静止状态,旋转磁场以最快速度扫过转子绕组,此时转子绕组感应电动势是最大的,因而产生的感应电流也是最大的,通过气隙磁场的作用,电动机定子绕组也出现非常大的电流。一般启动电流 I_{st} 是额定电流 I_N 的5~7倍。对于这样大的启动电流,如果频繁启动,将引起电动机过热。对于大容量的电动机,在启动的这段时间内,甚至引起供电系统过负荷,电源的线电压因此而产生波动,这可能严重影响其他用电设备的正常工作。为了减小启动电流,同时又有足够大的启动转矩,必须采用适当的启动方法。

1. 直接启动

直接启动就是用闸刀开关和交流接触器将电动机直接接到具有额定电压的电源上的启动方式,如图3.27所示。此时启动电流 I_{st} 是额定电流 I_N 的5~7倍,而 $K_{st}=1.7\sim2.2$。直接启动的优点是,操作简单,无须很多的附属设备;主要缺点是,启动电流较大。鼠笼式异步电动机能否直接启动,要视三相电源的容量而定。一般规定,7.5 kW以下的鼠笼式异步电动机可以直接启动。7.5 kW以上的,电源容量能满足下述条件者也可以直接启动,即启动电流倍数为

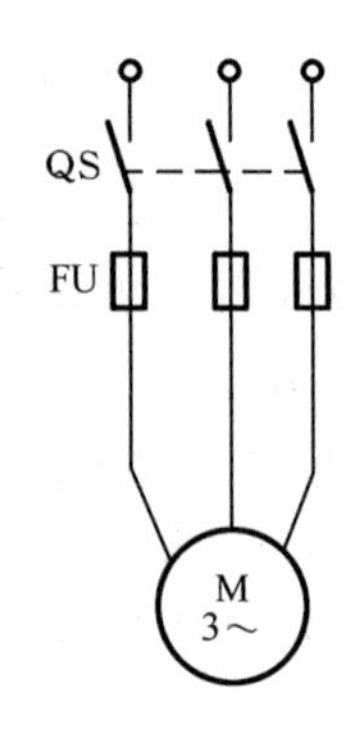

图3.27 直接启动电路

$$K_I=\frac{I_{st}}{I_N}\leqslant\frac{1}{4}\left[3+\frac{\text{电源容量(kV·A)}}{\text{电动机容量(kW)}}\right] \tag{3.40}$$

不满足上述条件或启动过于频繁的,就不允许直接启动了,必须采用能够减小启动电流的其他启动方法。

2. 降压启动

降压启动是用降低异步电动机端电压来减小启动电流的启动方式。由于异步电动机的启动转矩与端电压的平方成正比,所以采用此方法时,启动转矩会同时减小。该方法只适用于对启动转矩要求不高的场合,即空载或轻载的场合。

1）Y/△启动法

Y/△启动法适用于正常运行时绕组为△连接的电动机，电动机的三相绕组的六个出线端都要引出，并接到转换开关上。启动时，将正常运行时△接法的定子绕组改接为Y连接，启动结束后再转换为△连接。这种方法只适用于中小型鼠笼式异步电动机。图3.28所示的是这种方法的电路。

由三相交流电路知识可推得，Y连接时的启动电流为△连接直接启动时的三分之一，其启动转矩也为后者的三分之一，即

$$\left.\begin{aligned} I_{\mathrm{Y}} &= \frac{1}{3} I_{\triangle} \\ T_{\mathrm{Y}} &= \frac{1}{3} T_{\triangle} \end{aligned}\right\} \tag{3.41}$$

Y/△启动设备简单，成本低，操作方便，动作可靠，使用寿命长。目前，4～100 kW异步电动机均设计成380 V的△连接，因此这种方法应用非常广泛。

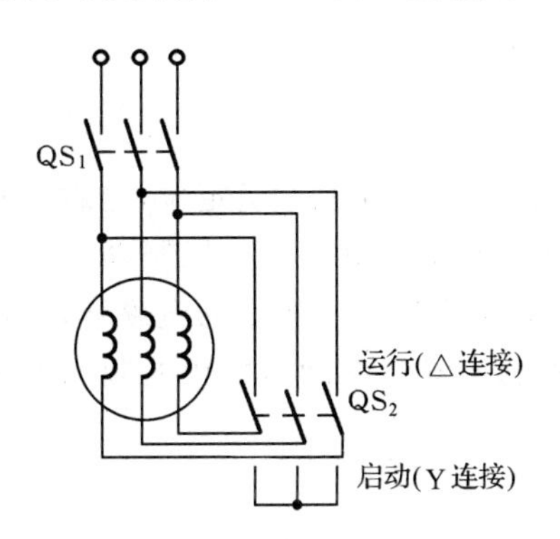

图3.28 Y/△启动电路

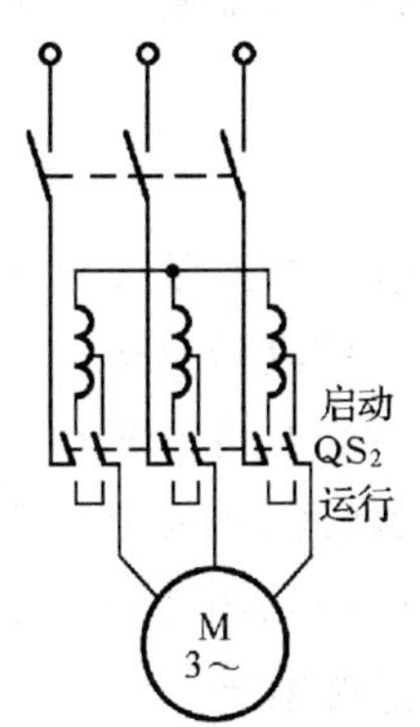

图3.29 自耦变压器降压启动电路

2）自耦变压器启动法

自耦变压器启动方法是用三相自耦变压器来降低启动时加在定子绕组上的电压，如图3.29所示。启动前先将QS_2扳至“启动”位置，电源电压经自耦变压器降压后送到定子绕组上。启动完毕，将QS_2扳至“运行”位置，自耦变压器被切除，三相电源直接接在电动机定子绕组上，在额定电压下正常运行。

用自耦变压器启动法启动时，有

$$\left.\begin{aligned} I'_{\mathrm{st}} &= \frac{1}{K_{\mathrm{a}}^{2}} I_{\mathrm{st}} \\ T'_{\mathrm{st}} &= \frac{1}{K_{\mathrm{a}}^{2}} T_{\mathrm{st}} \end{aligned}\right\} \tag{3.42}$$

式中：I_{st}、T_{st}分别为直接启动的启动电流和启动转矩；I'_{st}、T'_{st}分别为自耦变压器启动时的启动电流和启动转矩；K_{a}为自耦变压器的变比。

自耦变压器常备有3个抽头，其输出电压分别为电源电压的80%、60%和40%，可以根据对启动转矩的不同要求选用不同的输出电压。

3）绕线式异步电动机的启动

绕线式异步电动机可以在转子电路中串接电阻启动，图3.30所示为原理接线图。启动

时，转子绕组电路中接入外接电阻，在启动过程中逐步切除启动电阻，启动完毕后将外接电阻全部短接，电动机进入正常运行状态。

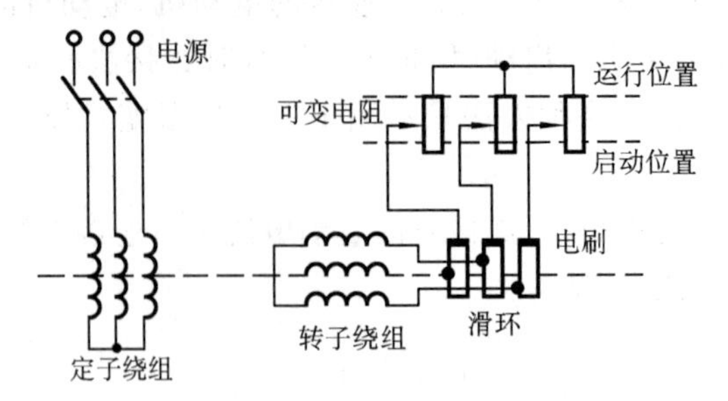

图 3.30　绕线式异步电动机启动电路

转子电路接入电阻以后，减小了启动电流，同时，转子电路电阻的增加，可使启动转矩增大，可见其启动性能优于鼠笼式异步电动机的启动性能，故常用于启动频繁及启动转矩要求较大的生产机械上(如起重机械等)。

3.4.4　三相异步电动机的制动

在生产实际中，经常要求电动机能够在很短的时间内停止运转或准确定位，这就要对电动机进行制动，使其转速迅速下降。制动可分为机械制动和电气制动。机械制动一般为电磁铁操作抱闸制动；电气制动就是在转子上加上一个与转子旋转方向相反的电磁转矩，这个转矩称为制动转矩，可使电动机的转速迅速下降。三相交流异步电动机常用的制动方法有电源反接制动、能耗制动和发电反馈制动。

1. 电源反接制动

如图 3.31 所示，异步电动机在稳定运行时，将定子电源线中的任意两相反接，电动机三相电源的相序突然转变，旋转磁场也立即随之反向，转子由于惯性仍在原来的方向上旋转，此时旋转磁场转动的方向同转子转动的方向刚好相反。转子导条切割旋转磁场的方向也与原来相反，所以产生的感应电流的方向也相反，由感应电流产生的电磁转矩也与转子的转向相反，对转子产生强烈制动作用，电动机转速迅速下降为零，使被拖动的负载快速刹车。这时，需及时切断电源，否则电动机将反向启动旋转。

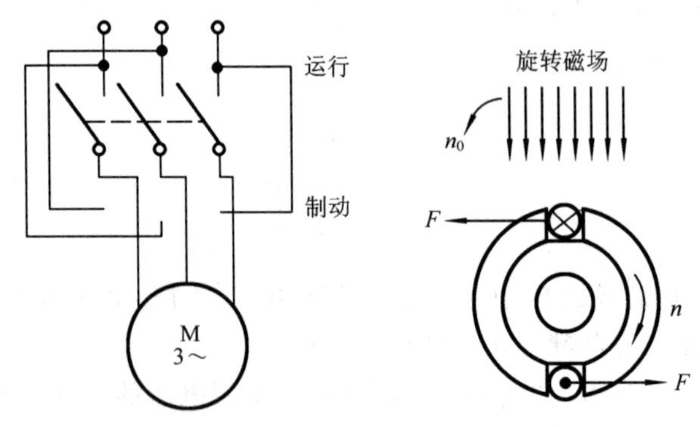

图 3.31　三相异步电动机的电源反接制动

这种制动的特点是：在制动时，转子回路产生很大的冲击电流，从而也对电源产生冲击。

为了限制电流，在制动时，常在鼠笼式电动机定子电路中串接电阻限流。在电源反接制动下，电动机不仅从电源吸取能量，而且还从机械轴上吸收机械能(由机械系统降速时释放的动能转换而来)并转换为电能，这两部分能量都消耗在转子电阻上。这种制动方法的优点是，制动强度大，制动速度快；其缺点是能量损耗大，对电动机和电源产生的冲击大，也不易实现准确停车。

2. 能耗制动

使用异步电动机电源反接制动的方法来实现准确停车有一定困难，因为它容易造成反转，能耗制动则能较好地解决这个问题。如图 3.32 所示，能耗制动就是在电动机切断三相电源的同时，将一直流电源接到电动机三相绕组中的任意两相上，使电动机内产生一恒定磁场。由于异步电动机及所带负载有一定的转动惯量，电动机仍在旋转，转子导条切割恒定磁场产生感应电动势和电流与磁场作用产生的电磁转矩，其方向与转子旋转方向相反，从而对转子起制动作用。在它的作用下，电动机转速迅速下降，此时机械系统储存的机械能转换成电能后消耗在转子电路的电阻上，所以称为能耗制动。

这种制动方式的特点是：通过调节励磁直流电流的大小，来对制动转矩的大小进行调节，从而实现准确停车。当转速等于零时，转子不再切割磁场，制动转矩也随之为零。

3. 发电反馈制动

异步电动机的发电反馈制动主要用于起重机械。当重物快速下放时，由于受重物拖动，转子转速 n 将会超过同步转速 n_0，且转子导体切割旋转磁场的磁力线所产生的感应电动势、感应电流和电磁转矩的方向将与原来相反，如图 3.33 所示。也就是说，电磁转矩变为制动转矩，使重物不至于下降过快。此时重物的位能已转换为电能反馈到电网中去了，电动机也转入了发电运行状态，因此，这种制动方式称为发电反馈制动。

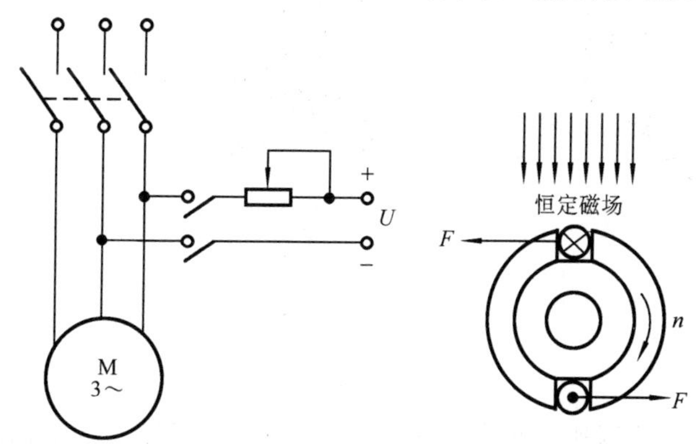

图 3.32　三相异步电动机的能耗制动

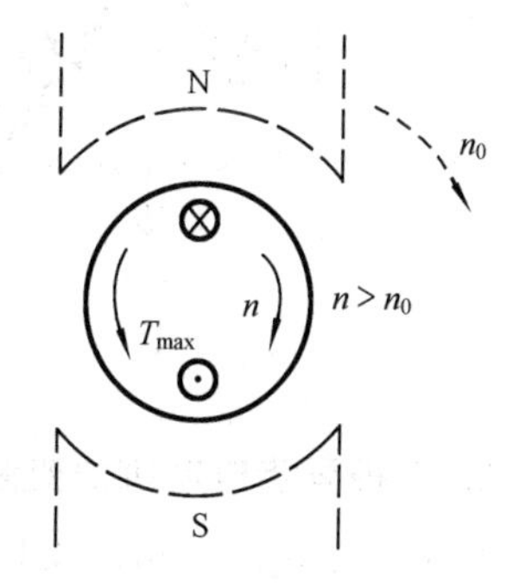

图 3.33　三相异步电动机的发电反馈制动

3.4.5　三相异步电动机的调速

调速就是电动机在同一负载下得到不同的转速，以满足生产过程的需要。有些生产机械，如一些机床，为了达到加工精度要求，需要精确调整转速。另外，像鼓风机、水泵等流体机械，根据所需流量调节其速度，可以节省大量电能。所以，三相异步电动机的速度调节是其一个非常重要的应用方面。

由式(3.1)和式(3.2),可导出三相异步电动机的转速公式为

$$n=(1-s)n_0=(1-s)\frac{60f_1}{p} \tag{3.43}$$

由式(3.43)可知,异步电动机可以通过三种方式进行调速:①改变电动机旋转磁场的磁极对数 p;②改变供电电源的频率 f_1;③改变转差率 s。

1. 三相异步电动机的变极调速

变极调速就是改变电动机旋转磁场的磁极对数 p,从而使电动机的同步转速发生变化而实现电动机的调速,通常通过改变电动机定子绕组的连接实现。这种方法的优点是操作设备简单,缺点是只能进行有级调速,调速的级数不可能多,因此只适用于不要求平滑调速的场合。改变绕组的连接可以有多种方法,可以在定子上安装一套能变换为不同磁极对数的绕组,也可以在定子上安装两套不同磁极对数的单独绕组,还可以混合使用这两种方法以得到更多的转速。

应当指出的是,变极调速只适用于鼠笼式异步电动机,因为笼形转子的磁极对数能自动随定子绕组磁极对数的变化而变化。

采用改变定子绕组磁极对数的方法来调速的异步电动称为多速电动机,最常见的是双速电动机。图3.34所示为△/YY连接双速异步电动机定子绕组接线原理图。双速电动机的定子绕组的连接方式常有两种:一种是绕组从△改成双Y,如图3.34(a)所示的连接方式转换成如图3.34(c)所示的连接方式;另一种是绕组从单Y改成双Y,如图3.34(b)所示的连接方式转换成如图3.34(c)所示的连接方式,这两种接法都能使电动机产生的磁极对数减少一半,即电动机的转速提高一倍。

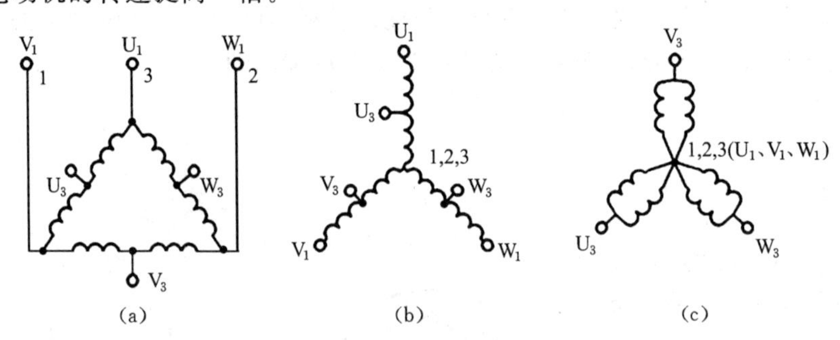

图3.34 双速电动机定子绕组接线

2. 三相异步电动机的变频调速

异步电动机的变频调速是一种很好的调速方法。由式(3.43)可知,三相异步电动机的转速正比于电源的频率 f_1,若连续调节电动机供电电源的频率,即可连续改变电动机的转速。随着电力电子技术的发展,很容易大范围且平滑地改变电源频率,因而可以得到平滑的无级调速,且调速范围较广,有较硬的机械特性。因此,这是一种比较理想的调速方法,是交流调速的发展方向。

在进行变频调速时,为了保证电动机的电磁转矩不变,就要保证电动机内旋转磁场的磁通量不变。由式(3.6)可知,为了改变频率 f_1 而保持磁通 Φ_m 不变,必须同时改变电源电压,使比值 U_1/f_1 保持不变。

工频电源频率是固定的50 Hz,所以要改变电源频率 f_1 来调速,需要一套变频装置。目前

变频装置有两种：一种是交-直变频装置，它的原理是先用可控硅整流装置将交流电转换成直流电，再采用逆变器将直流电变换成频率可调、电压值可调的交流电供给电动机；另一种是交-交变频装置，它用两套极性相反的晶闸管整流电路向三相异步电动机供电，交替以低于电源频率切换正、反两组整流电路的工作状态，使电动机绕组得到相应频率的交变电压。

图3.35所示为晶闸管变频装置。它由晶闸管整流器和晶闸管逆变器组成。整流器先将50 Hz的交流电变换为直流电，再由逆变器变换为频率可调且比值U_1/f_1保持不变的三相交流电，供给鼠笼式异步电动机，连续改变电源频率可以实现大范围的无级调速，而且电动机的机械特性的硬度基本不变，是一种比较理想的调速方法，近年来发展很快，正得到越来越多的应用。

3. 三相异步电动机的变转差率调速

变转差率调速是在不改变同步转速n_0条件下的调速，包括改变电压调速、绕线式电动机转子串电阻调速和串级调速。变转差率调速使用最多的是绕线式电动机转子串电阻调速，只用于绕线式电动机。

转子串电阻调速是通过转子电路串接调速电阻（与启动电阻一样接入）来实现的，其原理如图3.36所示。设负载转矩为T_L，当转子电路的电阻为R_a时，电动机稳定运行在a点，转速为n_a，若T_L不变，转子电路的电阻增大为R_b，则电动机机械特性变软，转差率s增大，工作点由a点移至b点，于是转速降低为n_b。转子电路串接的电阻越大，则转速越低。

转子串电阻调速方法简单，调速平滑，但由于一部分功率消耗在变阻器上，使电动机的效率降低，且转速太低时机械特性很软，运行不稳定。这种调速方法在起重设备上使用较多。

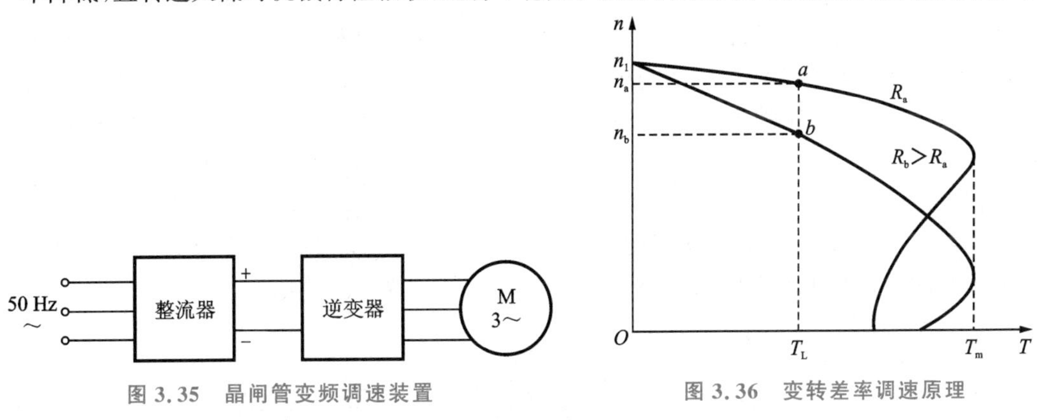

图3.35 晶闸管变频调速装置

图3.36 变转差率调速原理

3.5 单相异步电动机

单相异步电动机是利用单相交流电源供电的一种小容量交流电动机。由于它结构简单、成本低廉、运行可靠、维修方便，并可以直接在单相220 V交流电源上使用，因此被广泛用于办公场所、家用电器和医疗器械等方面，与人们的工作、学习和生活有着极为密切的关系。

单相异步电动机与同容量的三相异步电动机相比较，其不足之处是：体积较大、运行性能较差且效率较低，因此一般只制成小型和微型系列，容量在几十瓦到几百瓦之间。

3.5.1 单相异步电动机的结构

单相异步电动机的结构原理与三相异步电动机的大体相似,即它的转子为笼形结构,定子采用在定子铁芯槽内嵌放单相定子绕组的结构,如图 3.37 所示。

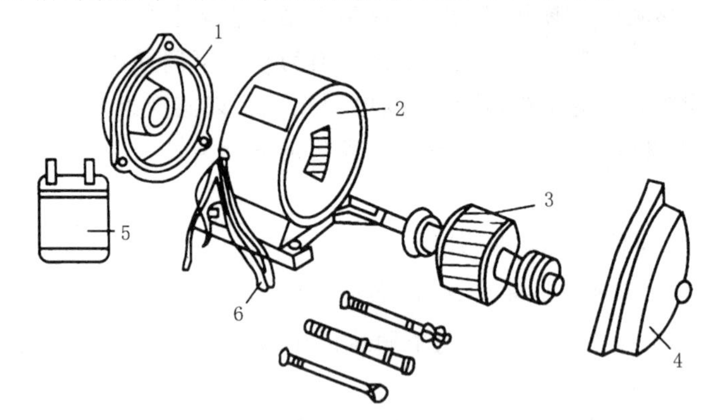

图 3.37 单相异步电动机的结构

1、4—端盖;2—定子;3—转子;5—电容器;6—电源接线

3.5.2 单相异步电动机的转动原理

1. 单相异步电动机的脉动磁场

如图 3.38(a)所示,单相交流电流是一个随时间按正弦规律变化的电流。假设在单相交流电流的正半周时,电流从单相定子绕组的左半侧流入,从右半侧流出,则电流产生的磁场如图 3.38(b)所示,磁感应强度随电流的大小而变化,方向则保持不变。当电流为零时,磁感应强度也为零。当电流变为负半周时,则产生的磁场方向也随之发生变化,如图 3.38(c)所示。由此可见,单相异步电动定子绕组通入单相电流后,产生的磁场大小和方向也随之不断变化,但是在任何时刻,磁场在空间的轴线并不移动,只是磁场的大小和方向与正弦电流一样,随着时间按正弦规律作周期性变化,所以这种磁场称为脉动磁场。

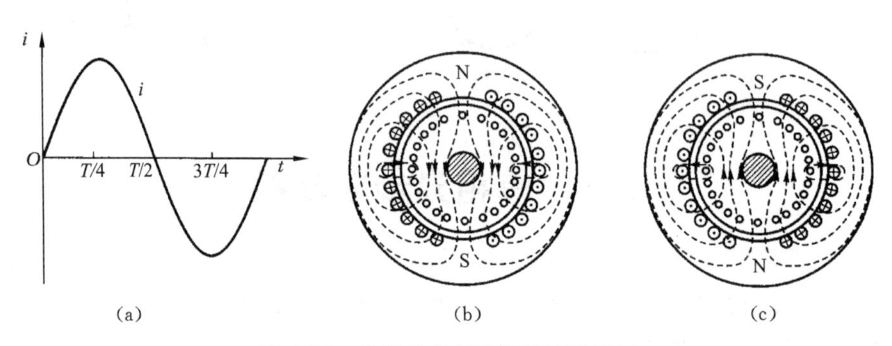

图 3.38 单相异步电动机的脉动磁场

为了便于分析问题,通常可以把这个脉动磁场分解成两个旋转磁场来看待。这两个磁场的旋转速度相等,但旋转方向相反。每个旋转磁场的磁感应强度的幅值等于脉动磁场的磁感应强度幅值的一半,任一瞬间脉动磁场的磁感应强度都等于这两个旋转磁场的磁感应

强度的向量和，如图 3.39 所示。

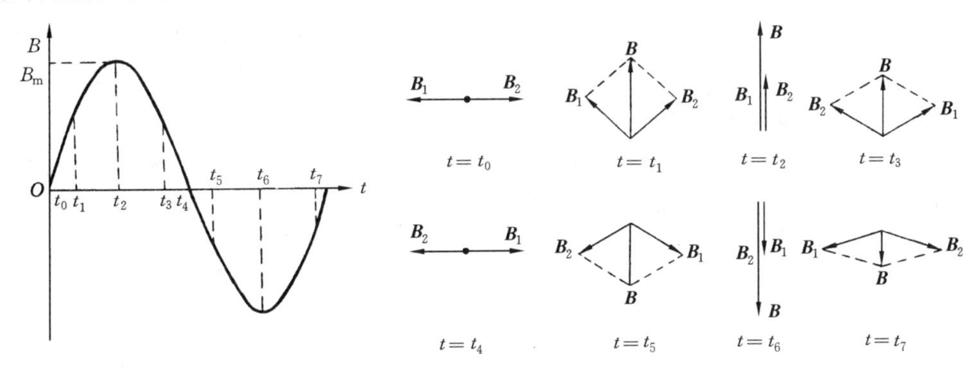

图 3.39 脉动磁场分解为两个旋转磁场

既然可以把一个单相的脉动磁场分解成两个磁感应强度幅值相等、转向相反的旋转磁场，当然也可以认为，单相异步电动机的电磁转矩也是分别由这两个旋转磁场所产生的合成转矩。当电动机静止时，由于两个旋转磁场的磁感应强度大小相等、转向相反，因而在转子绕组中感应产生的电动势和电流大小相等、方向相反。故两个电磁转矩的大小也相等、方向也相反，于是合成转矩等于零，电动机不能启动。也就是说，单相异步电动机的启动转矩为零，这既是它的一大优点，也是它的一大缺点。如果用外力使转子转动一下，则不管是朝正向旋转还是反向旋转，电磁转矩都将逐渐增加，电动机将按外力作用方向达到稳定转速。

2. 两相绕组的旋转磁场

单相绕组产生的是脉动磁场，其启动转矩等于零，不能自行启动。要应用单相异步电动机，首先必须解决它的启动问题。一般单相异步电动机（除集中式罩极电动机外）均采用两套绕组：一套为主绕组，也称工作绕组、运行绕组；另一套为辅助绕组，也称启动绕组、副绕组。主、辅助绕组在定子空间上相差 90°电角度，同时使两套绕组中的电流在时间上也不同相位，若要同相位，在辅助绕组中串联一个适当的电容器即可达到。这样一个相差 90°电角度的两相旋转磁场就使单相异步电动机转动起来。电动机转动起来后，启动装置适时地自动将辅助绕组从电源断开，仅剩下主绕组工作。

如图 3.40 所示，在单相异步电动机定子中放入在空间上相差 90°的两相定子绕组 U_1U_2 和 Z_1Z_2，向这两相定子绕组中通入在时间上相差 90°电角度的两相交流电流 i_Z 和 i_U，用产生三

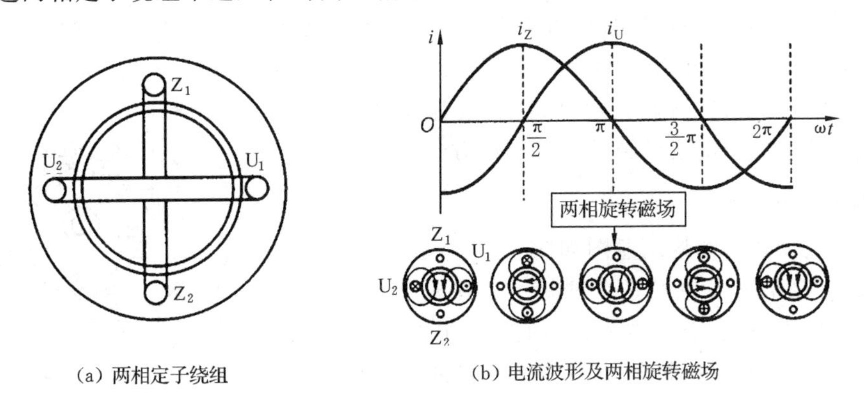

(a) 两相定子绕组　　(b) 电流波形及两相旋转磁场

图 3.40 两相绕组的旋转磁场

相异步电动机旋转磁场的分析方法进行分析，可知此时产生的磁场也是旋转磁场。由此可得出结论：只要将时间上相差90°的两个电流通入在空间上相差90°的定子绕组，就能使单相异步电动机产生一个两相旋转磁场。在它的作用下，转子得到启动转矩而转动起来。

3. 单相异步电动机的转矩特点

单相的脉动磁场可以分解成两个磁感应强度幅值相等、转向相反的旋转磁场。正、反转磁场同时分别在转子绕组中感应产生相应的电动势和电流，从而分别产生使电动机正转和反转的电磁转矩 T_{em+} 和 T_{em-}。正转电磁转矩若为拖动转矩，反转电磁转矩则为制动转矩。

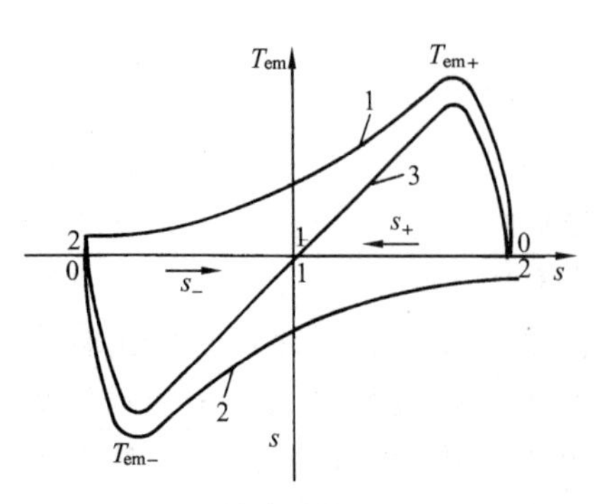

图 3.41 单相异步电动机的 T_{em}-s 曲线

正转电磁转矩 T_{em+} 与正转转差率 s_+ 的关系 $T_{em+}=f(s_+)$。它的曲线形状与三相异步电动机的类似，如图3.41中的曲线1所示。反转电磁转矩 T_{em-} 与反转转差率 s_- 的关系 $T_{em-}=f(s_-)$，它的曲线形状与 $T_{em+}=f(s_+)$ 的完全一样，只不过 T_{em+} 为正值，而 T_{em-} 为负值，并且两转差率之间有 $s_+ + s_- = 2$ 的关系，$T_{em-}=f(s_-)$ 如图3.41中的曲线2所示。曲线1和曲线2分别为正转和反转的 T_{em}-s 曲线，它们相对于原点对称。电动机的合成电磁转矩为 $T_{em}=T_{em+}+T_{em-}$。因此在单相电源供电下，单相异步电动机的 T_{em}-s 曲线为 $T_{em+}+T_{em-}=f(s)$，如图3.41中的曲线3所示。

从图3.41所示的 T_{em}-s 曲线可看出，单相异步电动机的转矩有两个特点。

(1)电动机不转时，$n=0$，即 $s_+=s_-=1$ 时，合成转矩 $T_{em+}+T_{em-}=0$，电动机无启动转矩。

(2)如果施加外力使电动机向正转或反转方向转动，即 s_+ 或 s_- 不为1时，这样合成电磁转矩不等于零，去掉外力，电动机会被加速到接近同步转速 n_0。换句话说，单相异步电动机虽无启动转矩，但一经启动，就会沿着启动的方向转动而不停止。

3.5.3 单相异步电动机的启动方法

从前面分析可以知道，单相异步电动机不能自行启动，而必须依靠外力来完成启动过程。单相异步电动机一旦启动，就可朝启动方向连续不断地运转下去。根据启动方式的不同，单相异步电动机可以分为许多不同的形式，常用的有：①罩极式电动机；②分相式电动机；③电容式电动机。下面将分别介绍这些电动机的特性及其启动方法等。

1. 罩极式电动机

罩极式电动机的结构示意图如图3.42所示，定子上有凸出的磁极，主绕组就安置在这个磁极上。在磁极表面约1/3处开有一个凹槽，将磁极分成大、小两部分，在磁极小的部分套着一个短路铜环，将磁极的一部分罩了起来，称为罩极，它相当于一个辅助绕组。当定子绕组中接入单相交流电源后，磁极中将产生交变磁通，穿过短路铜环的磁通，在铜环内产生

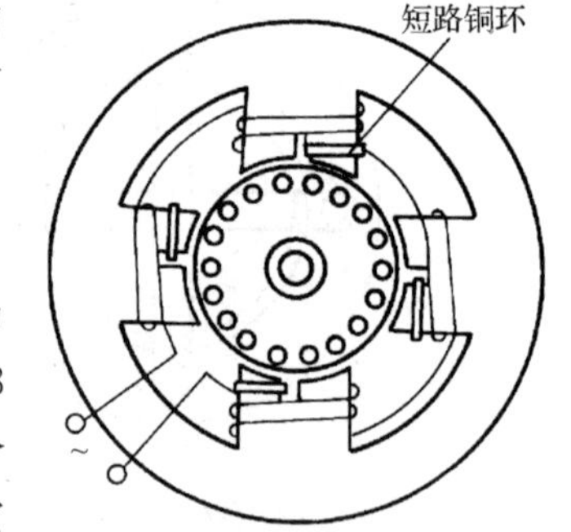

图 3.42 罩极电动机的结构示意图

一个相位上滞后的感应电流。由于这个感应电流的作用，磁极被罩部分的磁通不但在大小上与未罩部分不同，而且在相位上也滞后于未罩部分的磁通。这两个在空间位置不一致，且在时间上又有一定相位差的交变磁通，就在电动机气隙中构成脉动变化的近似旋转磁场。这个旋转磁场切割转子后，就使转子绕组中产生感应电流。载有电流的转子绕组与定子旋转磁场相互作用，转子得到启动转矩，从而使转子由磁极未罩部分向被罩部分的方向旋转。

罩极式电动机也有将定子铁芯做成隐极式的，槽内除主绕组外，还嵌有一个匝数较少，与主绕组错开一个电角度，且自行短路的辅助绕组。

罩极电动机具有结构简单、制造方便、价格低廉、使用可靠、故障率低的特点，其主要缺点是效率低、启动转矩小、反转困难等。罩极电动机多用于轻载启动的负荷。罩极电动机可分为凸极式集中绕组罩极电动机和隐极式分布绕组罩极电动机两种。凸极式集中绕组罩极电动机常用于电风扇、电唱机，隐极式分布绕组罩极电动机则用于小型鼓风机、油泵中。

2. 分相式电动机

单相分相式电动机又称为电阻启动异步电动机。它的结构简单，主要由定子、转子、离心开关三部分组成。转子为笼形结构，定子采用齿槽式，如图 3.43 所示。定子铁芯上面布置有两套绕组，运行用的主绕组使用较粗的导线绕制，启动用的辅助绕组用较细的导线绕制。一般主绕组占定子总槽数的 2/3，辅助绕组占定子总槽数的 1/3，这两套绕组在空间上相差 90°。辅助绕组只在启动过程中接入电路，当电动机达到额定转速的 70%～80%时，离心开关就将辅助绕组从电源电路断开，这时电动机进入正常运行状况。在启动时，为了使启动用的辅助绕组电流与运行用的主绕组电流在时间上产生相位差，通常用增大辅助绕组本身的电阻(如采用细导线)，或在辅助绕组回路中串联电阻的方法来达到，即电阻分相式。

由于这两套绕组中的电阻与电抗分量不同，故电阻大、电抗小的辅助绕组中的电流，比主绕组中的电流先期达到最大值，因而在两套绕组之间出现了一定的相位差，形成了两相电流。结果就建立起了一个旋转磁场，转子就因电磁感应作用而旋转。

从前面内容可以知道，单相分相式电动机的启动依赖于定子铁芯上相差 90°电角度的主、辅助绕组来完成。若要使主、辅助绕组间的相位差足够大，就要求辅助绕组选用细导线来增加电阻，因而辅助绕组导线的电流密度都比主绕组大，故辅助绕组只能短时工作。启动完毕后必须立即与电源切断，如超过一定时间，辅助绕组就可能因发热而烧毁。

单相分相式电动机的启动，可以用离心开关或多种类型的启动继电器去完成。图 3.44 所示为用离心开关启动的分相式电动机接线图。

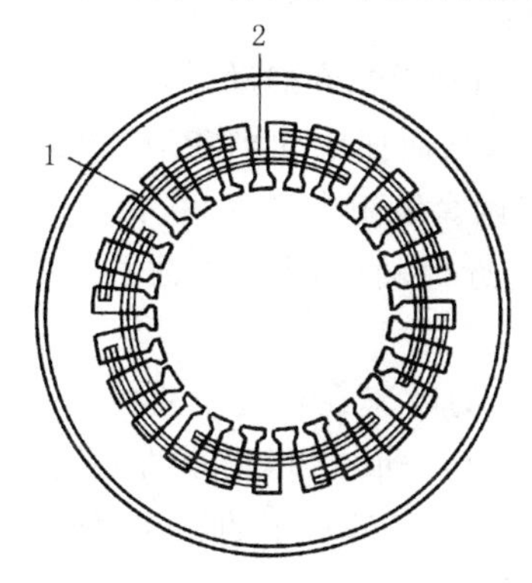

图 3.43 分相式电动机的定子示意图

1—主绕组；2—辅助绕组

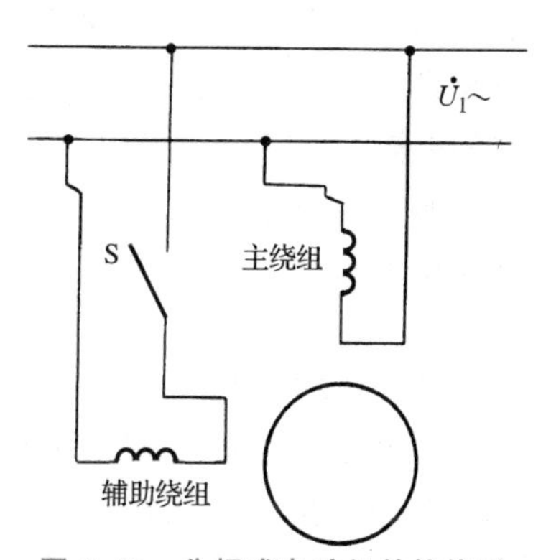

图 3.44 分相式电动机的接线图

图3.45所示为离心开关的结构示意图。离心开关包括旋转部分和固定部分,旋转部分装在转轴上,固定部分装在前端盖内。它利用一个随转轴一起转动的部件——离心块,当电动机转子达到额定转速的70%～80%时,离心块的离心力大于弹簧对动触点的压力,使动触点与静触点脱开,从而切断辅助绕组的电源,让电动机的主绕组单独留在电源上正常运行。

图3.46所示为启动继电器原理图。继电器的衔铁线圈KA串联在主绕组 U_1U_2 回路中,启动时,主绕组中电流很大,使启动继电器衔铁被吸合,则串联在辅助绕组 Z_1Z_2 回路中的动合触点闭合,接通辅助绕组电路,电动机处于两组绕组工作状态而开始启动。随着转子转速上升,主绕组中的电流不断下降,衔铁线圈的吸力也随之下降,当达到一定的转速时,电磁铁的吸力小于KA触点的反力弹簧的弹力,触点断开,电动机正常运行。

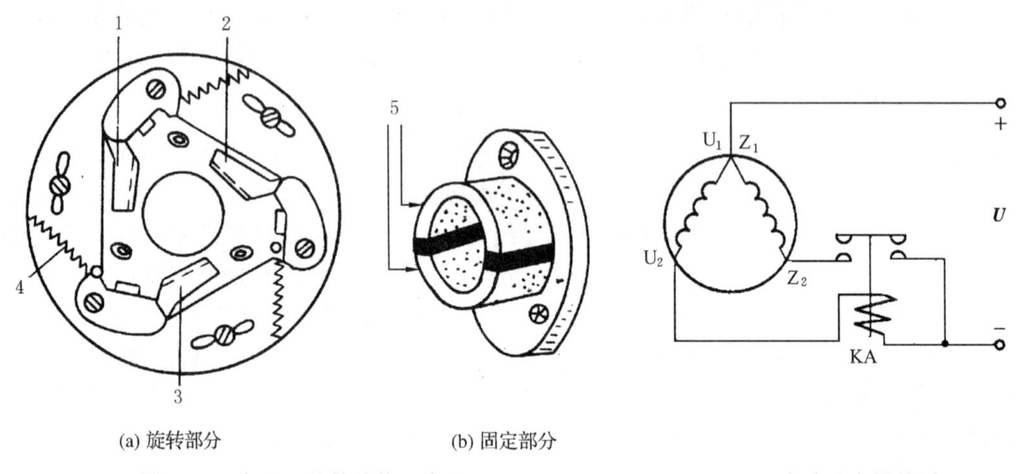

(a) 旋转部分　　(b) 固定部分

图3.45　离心开关的结构示意图

1、2、3—指形铜触片;4—弹簧;5—铜片

图3.46　启动继电器的原理图

分相电动机具有结构简单、价格低廉、故障率低、使用方便的特点。分相式电动机的启动转矩一般是满载转矩的两倍,因此它的应用范围很广,如小型车床、鼓风机、电冰箱、空调机的配套电动机等。

3. 电容式电动机

单相电容式电动机可分为电容启动式电动机、电容运行式电动机、电容启动与运行式电动机三种形式。电容式电动机与同样功率的分相式电动机,在外形尺寸、定子铁芯、转子铁芯、绕组、机械结构等方面都基本相同,只是添加了1～2个电容器而已。

分相式电动机的定子有两套绕组,且在空间上相差90°,在启动时,接入在时间上具有不同相位的电流后,产生了一个近似的两相旋转磁场,从而使电动机转动。但在实际应用中,每套绕组的电阻和电抗不可能完全减少为零,所以两套绕组中电流90°相位差是不可能获得的。从实用出发,只要相位差足够大时,就能产生近似的两相旋转磁场,从而使转子转动起来。

若在电动机的辅助绕组中串联一个电容器,它的电流在相位上就将比电路电压超前。将绕组和电容器容量适当设计,两套绕组相互就可以达到90°相位差的最佳状况,这样就改进了电动机的性能。但实际启动时,定子中的电流关系还随转子的转速而改变。因此,要使它们在这段时间内仍有90°的相位差,那么电容器电容量的大小就必须随转速和负载的改变而改变,显然这种办法是做不到的。由于这个原因,根据电动机所拖动负载的特性而将电动机进行适当设计,这样就有了三种形式的电容式电动机。

1) 电容启动式电动机

如图3.47所示,电容器经过离心开关S接到启动用的辅助绕组,主、辅助绕组的出线U_1、U_2、V_1、V_2接通电源,电动机开始运转。当转速达到额定转速的70%~80%时,离心开关动作,切断辅助绕组的电源。

在电容式电动机中,电容器一般装在机座顶上。由于电容器只在极短的几秒钟启动时间内才工作,故可采用电容量较大、价格较便宜的电解电容器,为加大启动转矩,其电容量可适当选大些。

2) 电容运行式电动机

如图3.48所示,电容器与启动用辅助绕组中没有串接启动装置,因此电容器与辅助绕组将和主绕组一起长期运行在电源电路上。在这类电动机中,要求电容器能长期耐较高的电压,故必须使用价格较贵的纸介质或油浸纸介质电容器,不能采用电解电容器。

电容运行式电动机省去了启动装置,从而简化了电动机的整体结构,降低了成本,提高了运行可靠性。同时,由于辅助绕组也参与运行,这样就实际增加了电动机的输出功率。

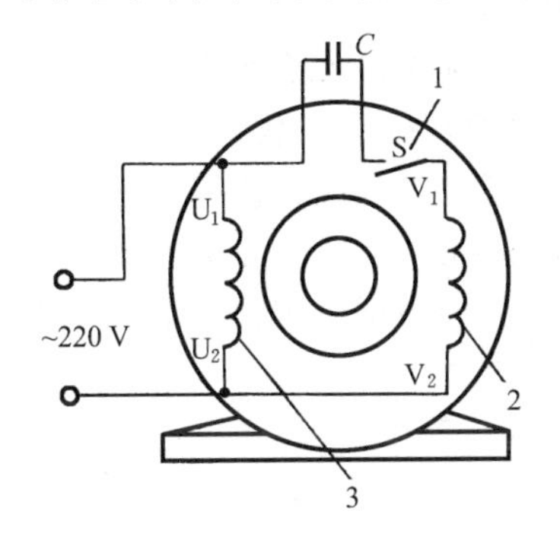

图3.47 单相电容启动式电动机接线图

1—离心开关;2—辅助绕组;3—主绕组

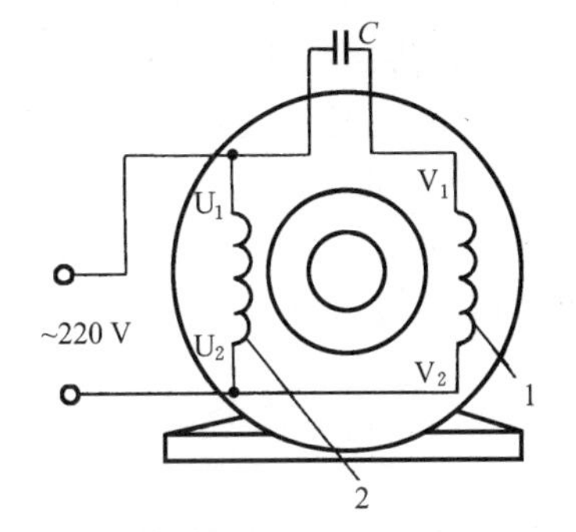

图3.48 单相电容运行式电动机接线图

1—辅助绕组;2—主绕组

3) 电容启动与运行式电动机

如图3.49所示,电容启动与运行式电动机兼有电容启动式电动机和电容运行式电动机两种电动机的特点。启动用辅助绕组经过运行电容C_1与电源接通,并经过离心开关S与容量较大的启动电容C_2并联。接通电源时,电容C_1和C_2都连接在启动用辅助绕组回路中。这时电动机开始启动,当转速达到额定转速的70%~80%时,离心开关S动作,将启动电容C_2从电源电路切除,而运行电容C_1仍留在电路中运行。

显然,这种电动机需要使用两个电容器,又要装启动装置,因而结构复杂,并且增加了成本。

在电容启动与运行式电动机中,也可以不用两个电容量不同的电容器,而用一个自耦变压器,如图3.50所示。启动时跨接电容器两端的电压增高,使电容器的有效容量比运转时大4~5倍。这种电动机用的离心开关S是双掷式的,电动机启动后,离心开关接至图示位置,降低了电容器的电压和等效电容量,以适应运行的需要。

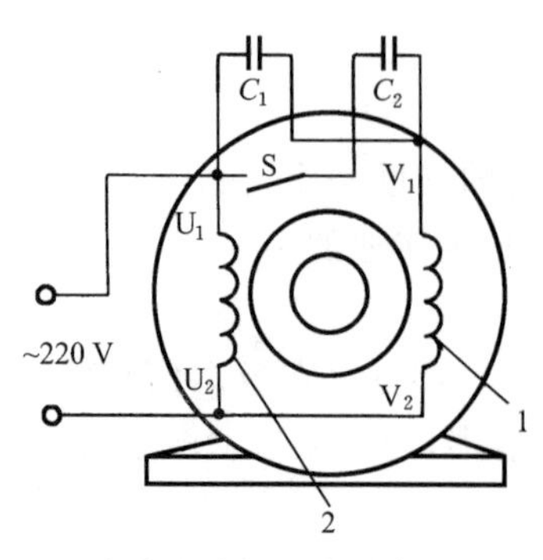

图 3.49　电容启动与运行式电动机接线图

1—辅助绕组;2—主绕组

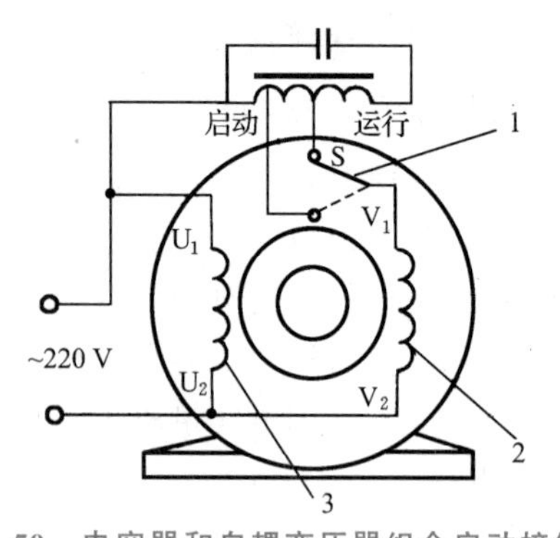

图 3.50　电容器和自耦变压器组合启动接线图

1—离心开关(双掷式);2—辅助绕组;3—主绕组

单相电容式电动机三种类型的特性及用途如下。

(1)单相电容启动式电动机具有较高的启动转矩,一般为满载转矩的3～5倍,故能适用于满载启动的场合。由于它的电容器和辅助绕组只在启动时接入电路,所以它的运转与同样大小并有相同设计的分相式电动机的基本相同。单相电容启动式电动机多用于电冰箱、水泵、小型空气压缩机及其他需要满载启动的电器和机械。

(2)单相电容运行式电动机的启动转矩较低,但功率因数和效率均比较高。它体积小、质量轻、运行平稳、振动与噪声小、可反转、能调速,适用于直接与负载连接的场合。如电风扇、通风机、录音机及各种空载或轻载启动的机械,但不适于空载或轻载运行的负载。

(3)单相电容启动与运行式电动机具有较好的启动性能,较高的功率因数、效率和过载能力,可以调速,适用于带负载启动和要求低噪声的场合,如小型机床、泵、家用电器等。

3.5.4　单相异步电动机的调速与反转

1. 单相异步电动机的调速

单相异步电动机与三相异步电动机一样,转速的调节也比较困难。如果采用变频调速,则设备复杂、成本高,因此一般只采用简单的降压调速。常用的调速方法有串电抗器调速、定子绕组抽头调速和晶闸管调速三种方式。

1)串电抗器调速

将电抗器与电动机定子绕组串联,利用电流在电抗器上产生的压降,使加到电动机定子绕组上的电压低于电源电压,从而达到降低电动机转速的目的。因此,用串电抗器调速时,电动机的转速只能由额定转速往低调。图3.51所示为吊扇串电抗器调速电路,改变电抗器的抽头连接可得到高低不同的转速。

2)定子绕组抽头调速

为了节约材料、降低成本,可把调速电抗器与定子绕组做成一体。由单相电容运行异步电动机组成的台扇和落地扇普遍采用定子绕组抽头调速的方法。这种电动机的定子铁芯槽中嵌放有工作绕组、启动绕组和调速绕组(中间绕组)。通过调速开关改变调速绕组与启动绕组及工作绕组的接线方法,从而改变电动机内部旋转磁场的强弱实现调速的目的。图3.52所示为台扇定子绕组抽头调速电路。这种调速方法的优点是不需要电抗器、节省材料、耗电少,缺点是绕组嵌线和接线比较复杂,电动机与调速开关之间的连线较多,所以不适合于吊扇。

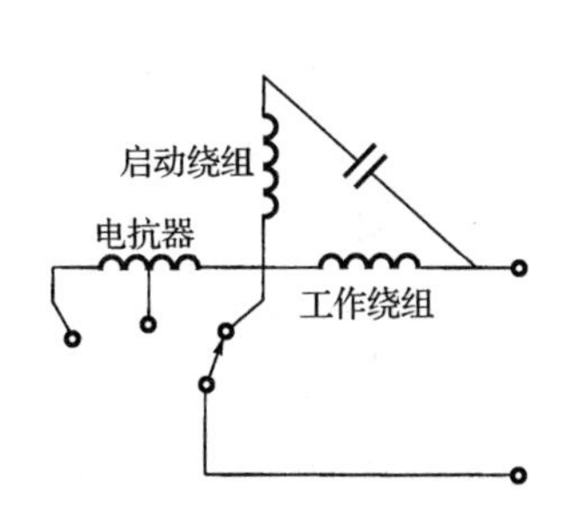

图 3.51　吊扇串电抗器调速电路

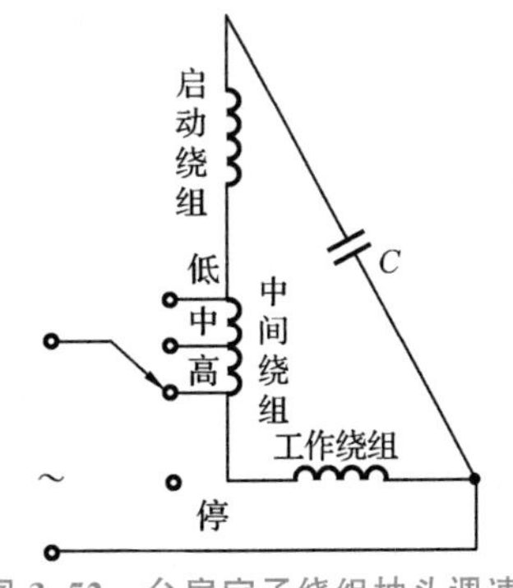

图 3.52　台扇定子绕组抽头调速

3）晶闸管调速

单相异步电动机还可采用双向晶闸管调速。调速时，旋转控制电路中的带开关电位器，就能改变双向晶闸管的控制角，使电动机得到不同的电压，达到调速的目的。图 3.53 所示为吊扇晶闸管调压调速电路。这种调速方法可以实现无级调速，控制简单，效率较高。其缺点是电压波形差，存在电磁干扰。目前这种调速方法常用于吊扇上。

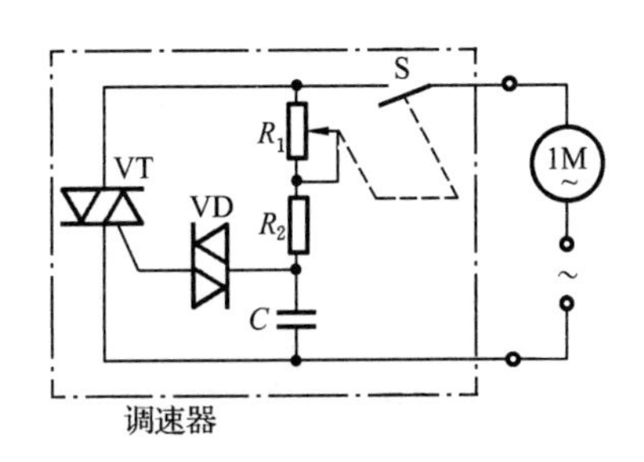

图 3.53　吊扇晶闸管调压调速电路

2. 单相异步电动机的反转

单相异步电动机的转向与旋转磁场的转向相同，要使单相异步电动机反转，就必须改变旋转磁场的转向。改变单相异步电动机旋转磁场的转向有两种方法：一种是把工作绕组或启动绕组的首端和末端与电源的接法对调；另一种是把电容器从一组绕组中改接到另一组绕组中，此法只适用于电容运行式单相异步电动机。

思政 e 站

电机“女匠人”施文美

20 世纪 90 年代的浙江，在外打工的施文美回到故土，进入湖州太平微特电机有限公司，成为车间里一名普通的嵌线工。工作中，施文美请教老师傅，对自己的产品精心雕琢。下班后还研究嵌线技术，改善自己的工艺。没过多久，嵌线工艺在她柔嫩的双手中得到了升华。对细节的完美追求，施文美把嵌线工艺发挥得淋漓尽致，并形成了一套独有的定子嵌线法。当时，国内一家研究所准备联合太平微特开发一款产品，但嵌线装置无法满足产品需求。于是，施文美撸起袖子就上阵，大胆结合自己实际工作经验绘图、调整，半夜里亮着台灯做测试，最终问题得到解决，同时还形成了一项发明专利。“技近乎道”，施文美用精益求精的“工匠精神”书写了电机行业的传奇。2006 年，在她的创导下，公司与中电科二十一所合作组建了自己的科研中心——“太平微特电机技术研究开发中心”，被列为 2011 年浙江省省级高新技术企业研发中心。以研发中心为平台，公司巩固健全了与上海大学、上海交通大学、上微所等各高校的长期合作研发战略关系。在她的多方引针牵线下,还培养了一批以硕士研究生为班底的研发队伍。多年来,她为湖州太平微特电机有限公司研发了上百种个性差异化特色产品;先后创造了10多项国家或省市重大科技成果、创造性的企业标准;主持申请了54项专利(含2项发明)。近几年,施文美更是致力于为国防现代化事业做出贡献。在推进公司体系建设的同时,主导主持与国家军工科研单位的对接合作,带领公司技术团队挑战技术高、难度大、质量精准的军工产品,目前已研发不同型号军品电机几十种,拓宽了公司在航空、航天领域的市场。在被问到如何做出这么多成绩时,她说:"作为电机研发的匠人,工作经常遇到困难,但我一直告诉自己,要用尽可能简单的心态去做好每一个细节,让自己研发的产品更完美,让客户更满意。要生产制造出优品、精品,就离不开'匠人精神'"。

思政元素:培养学生严谨认真的科学态度和求真务实的工作作风,弘扬大国工匠精神。

本章小结

(1) 电动机主要由定子和转子组成。三相异步电动机的定子铁芯槽中嵌放着对称的三相绕组,转子有鼠笼式和绕线式两种结构。

(2) 三相异步电动机的转动原理。

① 电生磁:在三相定子绕组中通入三相交流电流产生旋转磁场。②磁生电:旋转磁场切割转子绕组,在转子绕组中产生感应电动势(电流)。③电磁共生转矩:转子感应电流与旋转磁场相互作用产生电磁转矩,驱动电动机旋转。

(3) 旋转磁场的方向与转速。旋转磁场的方向与三相电流的相序一致。旋转磁场的转速,也称为同步转速,即

$$n_0=\frac{60f_1}{p}$$

(4) 转差率。

$$s=\frac{n_0-n}{n_0}\times 100\%$$

转子转速n恒小于同步转速n_0,即存在转速差是异步电动机旋转的必要条件;转子的转向与旋转磁场方向一致。

(5) 空载运行时,电动势平衡方程式为$U_1=E_1=4.4k_{w1}N_1f_1\Phi_m$,功率平衡方程式为$P_0=P_{Fe}+P_{Me}$,转矩平衡方程式为$T=T_0$。

(6) 负载运行时,定子每相绕组的电动势平衡方程式为$\dot{U}_1=-\dot{E}_1+Z_1\dot{I}_1$,转子每相绕组电动势平衡方程为$\dot{E}_{2s}=(R_2+jX_{2s})\dot{I}_2$,转子频率为$f_2=sf_1$,转子每相绕组功率因数为$\cos\varphi_2=\frac{R_2}{\sqrt{R_2^2+(sX_{20})^2}}$,功率平衡方程式为$P_2=P_1-P_{Cu}-P_{Fe}-P_{Me}$,转矩平衡方程式为$T_2=T-T_0$。

(7) 三相异步电动机的工作特性是指在额定电压和额定频率下,电动机转速n、输出转矩T_2、定子电流I_1、功率因数$\cos\varphi_1$、效率η等随输出功率P_2变化的关系曲线。

(8) 三相异步电动机的铭牌数据包括型号、额定功率、额定频率、额定电压、额定电流、功率因数、额定转速、接法、定额工作制、绝缘等级及温升、防护等级、LW 值等内容。

(9) 生产机械有三种典型的机械特性,分别是恒转矩型负载机械特性、恒功率型负载机械特性、通风机型负载机械特性。

(10) 电力拖动系统的稳定运行条件是 $T = T_L$,而且$\frac{dT}{dn}<\frac{dT_2}{dn}$。

(11) 电磁转矩。

$$T=KU_1^2\frac{sR_2}{R_2^2+(sX_{20})^2}$$

(12) 三个特征转矩。

① 额定转矩。

$$T_N=\frac{P_N\times 10^3}{\frac{2\pi n_N}{60}}=9\ 550\frac{P_N}{n_N}$$

② 最大转矩。

$$T_{max}=\lambda T_N$$

它是表示电动机所能产生的最大电磁转矩值。它的大小决定了异步电动机的过载能力。

③ 启动转矩。

$$T_{st}=K_{st}T_N$$

即 $n = 0$ 时的电磁转矩,它的大小反映了异步电动机的启动性能。

(13) 三相异步电动机的人为机械特性:定子电压降低时,临界转差率不变,而最大转矩和启动转矩随定子电压的降低而减小;转子电阻增加时,临界转差率 s_m 正比于转子电阻 R_2,最大转矩却与转子电阻 R_2 无关,在一定范围内增加转子电阻,可以增大电动机的启动转矩。

(14) 三相异步电动机的启动有直接启动和降压启动。直接启动的启动电流 I_{st} 是额定电流 I_N 的 5~7 倍。常用的降压启动方法有 Y/△换接法和自耦变压器启动法。

(15) 鼠笼式异步电动机的调速有变频调速和变极调速,变频调速是发展趋势。

(16) 三相异步电动机的制动有反接制动、能耗制动和发电反馈制动。

(17) 单相异步电动机是接单相交流电源运行的异步电动机。单相异步电动机采用普通鼠笼式转子。单相异步电动机的启动转矩为零,为了获得启动转矩,在定子上安装有两相绕组,在空间上互差 90°电角度:一相为主绕组,又称运行绕组;另一相为辅助绕组,又称启动绕组。一相单独通入交流电流时,产生的磁场为脉冲磁场。两相绕组同时通入相位不同的交流电流时,在电动机中产生椭圆旋转磁场,特殊情况下可为圆形旋转磁场。根据所采取的启动方法不同,单相异步电动机可分为分相式电动机和罩极式电动机。

课后练习

一、选择题

1. 额定频率 $f=50$Hz、四极的三相异步电动机,其同步转速为(　　)。

A. 900 r/min　　B. 1 500 r/min　　C. 1 800 r/min

2. 旋转磁场的旋转方向与三相电流的相序(　　)。

A. 一致　　B. 相反　　C. 无关

3. 三相异步电动机作电动机运行时,其转差率 s 的范围为(　　)。

A. $s<0$　　B. $0<s<1$　　C. $s>1$

4. 额定电压 $U_N=380$ V,△连接的三相异步电动机若要连接成 Y 连接运行,电源线电压应为(　　)。

A. 220 V　　B. 380 V　　C. 660 V

5. 额定转速 $n_N=1\ 460$ r/min 的三相异步电动机,其磁极对数为(　　)。

A. $p=1$　　B. $p=2$　　C. $p=3$

6. 三相异步电动机不希望空载和轻载运行的主要原因是(　　)。

A. 转速太高不安全　　B. 电流太大有危险　　C. 功率因数和效率低

7. 三相异步电动机在作电动机运行时,转子电流的频率 f_2 与定子电流的频率 f_1 之间的关系为(　　)。

A. $f_2<f_1$　　B. $f_2=f_1$　　C. $f_2>f_1$

8. 三相异步电动机额定功率是指(　　)。

A. 输入的视在功率　　B. 输入的有功功率　　C. 输出的机械功率

9. 三相异步电动机机械负载加重时,其定子电流将(　　)。

A. 增大　　B. 减小　　C. 不变

10. 三相异步电动机的旋转速度跟(　　)无关。

A. n_0　　B. f　　C. p　　D. U_N

11. 三相异步电动机长期运行时,电磁转矩的大小应为(　　)。

A. $T\leqslant T_s$　　B. $T\leqslant T_N$　　C. $T\leqslant T_{max}$

12. 三相异步电动机,当定子电压降低时,最大转矩 T_{max} 和启动转矩 T_{st} 变化情况是(　　)。

A. T_{max} 和 T_{st} 都减小　　B. T_{max} 减小,T_{st} 增大

C. T_{max} 增大,T_{st} 减小　　D. T_{max} 和 T_{st} 都增大

13. 三相异步电动机在稳定运行时,输出转矩 T_2 与负载转矩 T_L 之间的关系为(　　)。

A. $T_2<T_L$　　B. $T_2=T_L$　　C. $T_2>T_L$

14. 电力拖动系统稳定运行的条件是,电动机的机械特性和生产机械的负载特性有交点,而且在该交点处满足(　　)。

A. $\frac{\mathrm{d}T}{\mathrm{d}n}<\frac{\mathrm{d}T_L}{\mathrm{d}n}$　　B. $\frac{\mathrm{d}T}{\mathrm{d}n}=\frac{\mathrm{d}T_L}{\mathrm{d}n}$　　C. $\frac{\mathrm{d}T}{\mathrm{d}n}>\frac{\mathrm{d}T_L}{\mathrm{d}n}$

15. 三相鼠笼式异步电动机采用 Y/△降压启动,减小的电压是(　　)。

A. 减小定子线电压,也减小了相电压

B. 减小定子线电压,没有减小相电压

C. 减小定子相电压,没有减小线电压

16. 三相异步电动机采用自耦变压器降压启动时,减小的电压是(　　)。

A. 减小定子线电压,从而也减小了相电压

B. 减小定子线电压,没有减小相电压

C. 减小定子相电压,没有减小线电压

17. 电动机调速时,若生产机械要求电动机在转速低时允许输出的转矩大,转速高时允

许输出的转矩小。这种调速时的允许负载为(　　)。

A. 恒转矩型负载　　B. 恒功率型负载　　C. 通风机型负载

18. 绕线式三相异步电动机转子电路的电阻增加时,其转速(　　)。

A. 增加　　B. 不变　　C. 减小

19. 三相异步电动机采用能耗制动和反接制动使电力拖动系统迅速停机,当转速降至0时,若不及时断开电源,系统中(　　)。

A. 两者都不会自动启动　　B. 前者不会自动启动,后者会反向启动

C. 前者会反向启动,后者不会　　D. 两者都会自动启动

20. 同一台三相异步电动机,采用反接制动和回馈制动稳定放下重物,它们的下放速度为(　　)。

A. 反接制动快　　B. 两者速度相同　　C. 回馈制动快

21. 单相交流电通入单相绕组产生的磁场是(　　)。

A. 旋转磁场　　B. 恒定磁场　　C. 脉动磁场

22. 电容器如果串入单相异步电动机工作绕组中会发生的现象是(　　)。

A. 电动机反转　　B. 电动机立即烧毁

C. 电动机正常运行　　D. 电动机转向不变,但转速增大

23. 改变单相电容启动式异步电动机的转向,只要将(　　)。

A. 主、副绕组对换　　B. 主、副绕组中任意一组首尾端对调

C. 电源的相线与零线对调

24. 单相罩极式异步电动机的转动方向(　　)。

A. 总是由磁极的未罩部分转向被罩部分

B. 总是由磁极的被罩部分转向未罩部分

C. 取决于定子绕组首、尾端的接线关系

二、问答题

1. 三相交流异步电动机定子和转子分别包括哪几部分?具有什么作用?

2. 异步电动机“异步”的含义是什么?异步电动机为什么又称感应电动机?

3. 三相交流异步电动机的转子是如何转动起来的?

4. 三相交流异步电动机产生旋转磁场的条件是什么?

5. 三相交流异步电动机的转子转向由什么决定?怎样改变其转向?

6. 三相交流异步电动机空载运行时,为什么功率因数很低?

7. 三相交流异步电动机在一定负载下运行时,如果电源电压降低,电动机的转矩、定子电流和转速有何变化?

8. 一台三相交流异步电动机的额定转速为1 460 r/min,当负载转矩为额定转矩的1/2时,电动机的转速如何变化?

9. 一台额定频率为60 Hz的三相异步电动机,用在频率为50 Hz的电源上(电压大小不变),问电动机的最大转矩和启动转矩有何变化?

10. 三相异步电动机直接启动时,为什么启动电流很大,而启动转矩却不大?

11. 三相鼠笼式异步电动机在什么条件下可以直接启动?不能启动时采用什么方法启动?

12. 三相异步电动机采用自耦变压器降压启动时,启动电流和启动转矩与自耦变压器的变比有什么关系?

13. 为使三相异步电动机快速停车,可采用哪几种制动方法?如何改变制动的强弱?试用机械特性说明其制动过程。

14. 三相绕线式异步电动机转子串接电阻调速时,为什么低速时的机械特性变软?为什么轻载时的高速范围不大?

15. 单相异步电动机的工作原理是什么?

16. 如何用万用表来判别吊扇电动机的工作绕组和启动绕组?

17. 改变单相异步电动机的转向有几种方法?分别是如何实现的?

三、计算题

1. 有一台三相异步电动机,其额定转速 $n_N=975$ r/min,试求电动机的磁极对数和在额定负载下的转差率(电源频率 $f=50$ Hz)。

2. 一台三相异步电动机,$P_N=4.5$ kW,Y/△连接,380 V/220 V,$\cos\varphi=0.8$,$\eta_N=0.8$,$n_N=1\ 450$ r/min,试求:(1)接成Y连接及△连接时的额定电流;(2)同步转速及磁极对数;(3)带额定负载时的转差率。

3. 有一台四极三相异步电动机,电源电压频率为50 Hz,满载时电动机的转差率为0.022,求电动机的同步转速、转子转速和转子电流频率。

4. 有Y112M-2型和Y160M1-8型异步电动机各一台,其额定功率都是4 kW,但前者额定转速为2 890 r/min,后者为720 r/min,试比较它们的额定转矩,并由此来说明电动机的极对数、转速和转矩之间的关系。

5. 三相异步电动机的铭牌数据为:220 V/380 V,△/Y连接,$P_N=3$ kW,$n_N=2\ 960$ r/min,$\lambda_N=0.88$,$\eta_N=0.86\%$。试回答下列问题:

(1) 若电源的线电压为220 V时,定子绕组应如何连接?I_N、T_N应各为多少?

(2) 若电源的线电压为380 V时,定子绕组应如何连接?I_N、T_N应各为多少?

6. 一台三相异步电动机的铭牌数据为:$P_N=22$ kW,$I_N=42.5$ A,$n_N=1\ 470$ r/min,$f_N=50$ Hz,$\lambda_N=0.86$,$\eta_N=91.5\%$,$K_I=7.0$,$K_{st}=2.0$,$T_{max}/T_N=2.2$,求:(1)额定转差率;(2)额定转矩;(3)额定输入功率;(4)最大转矩;(5)启动转矩;(6)启动电流。

7. 某三相异步电动机,$P_N=15$ kW,$n_N=970$ r/min,$f=50$ Hz,$T_{max}=295.36$ N·m,试求电动机的过载系数。

8. 一台Y225M-4型三相异步电动机,其额定数据如下表所示。试求:(1)额定电流 I_N;(2)额定转差率 s_N;(3)额定转矩 T_N、最大转矩 T_{max} 和启动转矩 T_{st}。

P_N	n_N	U_N	f	η_N	λ_N	I_{st}/I_N	T_{st}/T_N	T_{max}/T_N
45 kW	1 480 r/min	380 V	50 Hz	92.3%	0.88	7.0	1.9	2.2

9. 在第8题中,①如果负载转矩为510.2 N·m,试问在 $U=U_N$ 和 $U=0.9U_N$ 两种情况下电动机能否启动?②采用Y/△变换启动时,求启动电流和启动转矩;③当负载转矩为额定转矩 T_N 的80%和50%时,电动机能否启动?

10. 某三相异步电动机,$U_N=380$ V,$I_N=15.4$ A,$K_I=7.0$,已知电源电压为380 V,要求将电压降低到220 V启动,试求:(1)采用定子电路串联电阻降压启动,电动机从电源取用的电流是多少?(2)采用自耦变压器降压启动,电动机从电源取用的电流是多少?

第3章即测即评测试题

第4章

三相异步电动机的控制

三相交流异步电动机是现代工农业生产中使用得最多的电动机，它的控制方法有继电器-接触器控制法、单片机控制法和可编程控制法等，其中继电器-接触器控制法是最基本、应用最广泛的方法，也是其他控制方法的基础。

本章主要介绍常用低压电器、三相交流异步电动机继电器-接触器控制基本电路。

带熔断器刀开关

按钮工作原理

行程开关

交流接触器工作原理

热继电器工作原理

通电延时继电器工作原理

断电延时继电器工作原理

速度继电器工作原理

三相异步电动机工作原理

低压断路器手动控制电路

多地控制电路

三相异步电动机正、反转控制电路

星形-三角形降压启动控制电路

星形-三角形转换电路

自动往返控制电路

4.1 常用低压电器

4.1.1 低压电器的基本知识

低压电器通常指工作在交流1 200 V、直流1 500 V以下电路中，起通断、保护、控制或调节作用的器件，以及利用电能来控制、保护和调节非电过程和非电装置的用电装备。

1. 低压电器的分类

低压电器种类繁多，构造各异，用途广泛。它的分类方法很多，常用的分类方法有以下几类。

1) 按操作方式分类

(1)手动电器:这类电器的动作由操作人员手工操控，包括刀开关、转换开关、按钮等。

(2)自动电器:这类电器的动作按照指令或物理量(如电流、电压、时间、速度等)的变化而自动动作，包括接触器、继电器等。

2) 按工作原理分类

(1)电磁式电器:这类电器是依据电磁感应原理来工作的电器，包括交直流接触器、各种电磁式继电器、电磁阀等。

(2)非电量控制电器:这类电器是指靠外力或某种非电物理量的变化而动作的电器，包括行程开关、按钮、时间继电器、温度继电器、压力继电器等。

3) 按用途分类

(1)配电电器:这类电器主要用于配电系统中，对其的技术要求是分断能力强，限流效果好，动稳定和热稳定值高，包括断路器、熔断器、刀开关等。

(2)控制电器:这类电器主要用于生产机械和设备的电气控制系统，包括接触器、控制继电器、主令电器、控制器等。

低压电器按用途分类如表4.1所示。

表4.1 低压电器按用途分类

分类	名称	主要品种	用途
配电电器	断路器	塑料外断路器	主要用于不频繁接通和分断电路，并起线路过载、短路、漏电和欠压的保护作用
		框架式断路器	
	熔断器	有填料熔断器	主要用于线路和设备的短路和严重过载保护
		无填料熔断器	
		半封闭插入式熔断器	
	刀开关	负荷开关	主要用于电气隔离，也能接通和分断额定电流

续表

分　类	名　称	主 要 品 种	用　途
控制电器	接触器	交流接触器	主要用于远距离频繁启动或停止交、直流电动机，以及接通和分断正常工作的主电路和控制电路
		直流接触器	
	控制继电器	电压继电器	主要用于控制系统中控制其他电器或作主电路的保护电器
		电流继电器	
		中间继电器	
		时间继电器	
		热继电器	
		压力继电器	
		速度继电器	
		固态继电器	
	主令电器	按钮	用来闭合和分断控制电路以发布命令
		限位开关	
		微动开关	
		万能转换开关	
		接近开关	
		光电开关	
	控制器	凸轮控制器	转换主回路和励磁回路的接法，以达到电动机的启动、换向和调速的目的
		平面控制器	

2. 低压电器的性能参数

1）额定绝缘电压

额定绝缘电压是一个由电器结构、材料、耐压等因素决定的名义电压值。额定绝缘电压为电器最大的额定工作电压。

2）额定工作电压

额定工作电压指低压电器在规定条件下长期工作时，能保证电器正常工作的电压值，通常是指主触点的额定电压。有电磁机构控制的电器还规定了吸引线圈的额定电压。

3）额定发热电流

额定发热电流指在规定条件下，电器长时间工作，各部分的温度不超过极限值时所能承受的最大电流值。

4）额定工作电流

额定工作电流是在具体的使用条件下，能保证电器正常工作时的电流值。它与规定的使用条件（如电压等级、电网频率、工作制、使用类别等）有关，同一个电器在不同的使用条件下有不同的额定电流等级。

5) 通断能力

通断能力指低压电器在规定的条件下,能可靠接通和分断的最大电流。通断能力与电器的额定电压、负载性质、灭弧方法等有很大关系。

6) 电气寿命

电气寿命指低压电器在规定条件下,在不需修理或更换零件时的负载操作循环次数。

7) 机械寿命

机械寿命指低压电器在需要修理或更换机械零件前所能承受的负载操作次数。

此外,低压电器的性能参数还有线圈的额定参数及辅助触点的额定参数等。

3. 低压电器的基本结构

尽管低压电器种类繁多,工作原理和结构形式五花八门,但低压电器一般都有两个基本部分,即感受部分和执行部分。感受部分感受外界信号,并通过转换、放大和判断,作出有规律的反应。在手动电器中,它的感受部分有操作手柄、顶杆等多种形式。在有触点的自动电器中,感受部分大多是电磁机构。执行部分根据感受部分的指令,对电路执行“开”、“关”任务。有的低压电器具有把感受和执行两部分联系起来的中间传递部分,使它们协调一致,按一定规律动作,如低压断路器就是如此。

低压电器中大部分为电磁式电器,各类电磁式电器的工作原理基本相同,由电磁机构、触点系统和灭弧系统三部分组成。

1) 电磁机构

电磁机构是电磁式电器的信号感测部分。它的主要作用是将电磁能量转换为机械能量并带动触头动作,完成电路的接通或分断。

(1)电磁机构的结构和工作原理。

电磁机构由铁芯、衔铁和线圈等部分组成,电磁机构常用的形式如图4.1所示。电磁机构工作原理是:当线圈中有电流通过时,产生电磁吸力,电磁吸力克服弹簧的反作用力,使衔铁与铁芯闭合,衔铁带动连接机构运动,从而带动相应触点动作,完成通、断电路的控制作用。

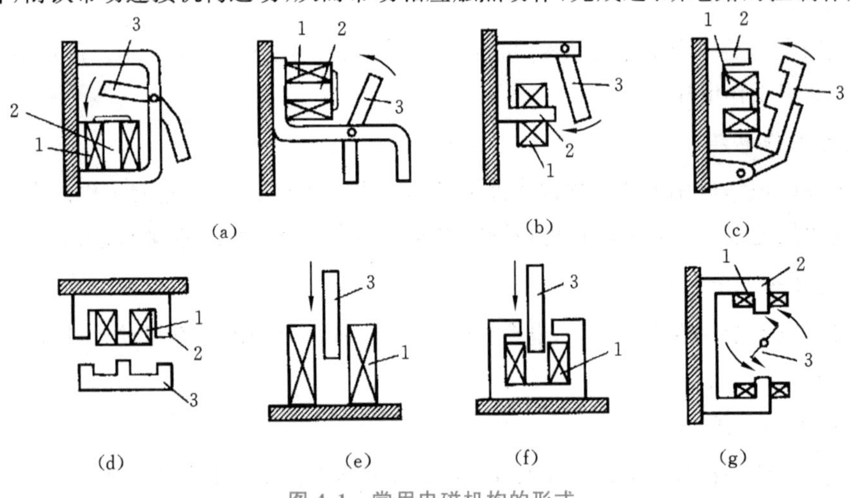

图4.1 常用电磁机构的形式

1—线圈;2—铁芯;3—衔铁

电磁式电器分为直流与交流两大类:直流电磁铁的铁芯由整块铸铁制成,而交流电磁铁的铁芯则用硅钢片叠成,以减小铁损(磁滞损耗和涡流损耗)。

吸引线圈的作用是将电能转化为磁场能。按通入线圈的电流性质不同,分为直流线圈和交流线圈两种。

实际应用中,由于直流电磁铁仅有线圈发热,所以线圈匝数多,导线细,可制成细长形,且不设线圈骨架,线圈与铁芯直接接触,利于线圈的散热。而交流电磁铁由于铁芯和线圈均发热,所以线圈匝数少,导线粗,可制成短粗形,且吸引线圈设有骨架,以便铁芯与线圈隔离,利于铁芯和线圈散热。

(2)交流电磁铁的短路环。

由于交流电磁铁的磁通是交变的,线圈磁场对衔铁的吸引力也是交变的。当交流电流为零时,线圈磁通为零,对衔铁的吸引力也为零,衔铁在复位弹簧作用下将产生释放运动,这就使得铁芯、衔铁之间的吸引力随着交流电的变化而变化,从而产生振动和噪声,加速铁芯、衔铁接触面间的磨损,引起结合不良,严重时还会使触点烧蚀。为了消除这一弊端,通常在交流电磁铁的铁芯端面上开一个槽,在槽内安置一个铜制的短路环(又称分磁环),短路环包围铁芯端面约2/3的面积,如图4.2所示。

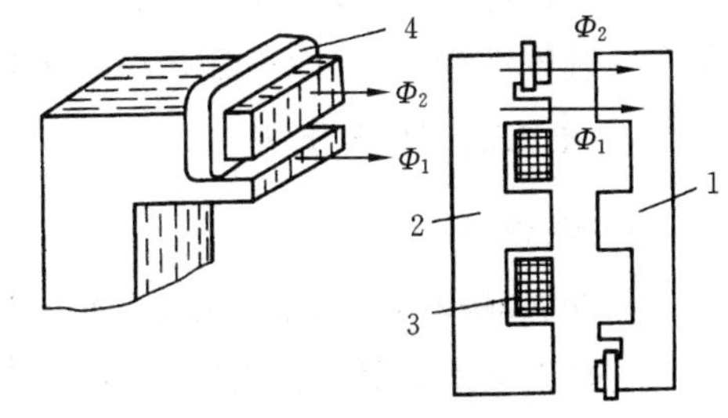

图4.2 交流电磁铁的短路环

1—衔铁;2—铁芯;3—线圈;4—短路环

在铁芯端面装设短路环后,气隙磁通 Φ 分为两部分,即不穿过短路环的 Φ_1 和穿过短路环的 Φ_2,根据电磁感应定律,磁通 Φ_2 在相位上滞后 Φ_1,而且它们的幅值也不一样。由于相位接近 90°,并且没有短路环端面的吸力 F_1 与有短路环端面的吸力 F_2 近似相等,因此合成电磁吸力就会比较平稳,只要最小合成电磁吸力大于反力,那么衔铁就会牢牢地被吸住,不会产生振动和噪声。

2)触点系统

触点是低压电器的执行机构,起接通和断开被控制电路的作用。

触点按其控制的电路可分为主触点和辅助触点。主触点用于接通或断开主电路,允许通过较大的电流;辅助触点用于接通或断开控制电路,只能通过较小电流。

触点按其平常状态分为常开触点和常闭触点,如图4.3所示。平常状态时(即触点没动作时)断开,动作(包括手动让其动作或电磁铁通电让其动作)后闭合的触点称为常开触点,也称为动合触点;平常状态时(即触点没动作时)闭合,动作(包括手动让其动作或电磁铁通电让其动作)后断开的触点称为常闭触点,也称为动断触点。

触点按其结构形式可分为桥式触点和指形触点,如图4.4所示。

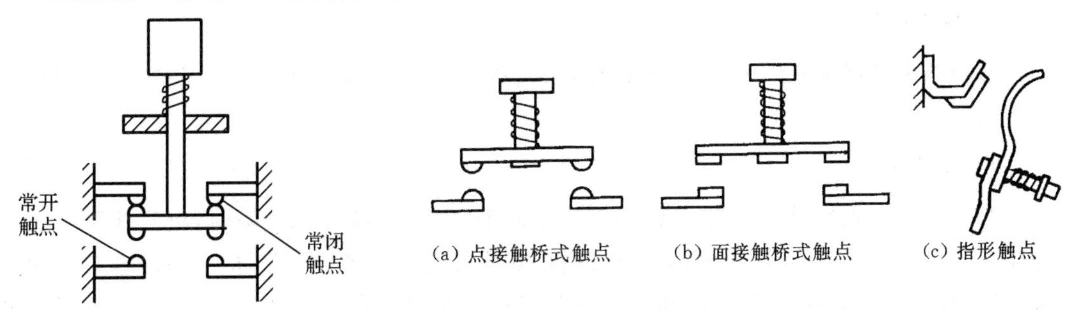

图4.3 常开触点和常闭触点

图4.4 触点的结构形式

图4.4(a)、(b)所示为桥式触点,其中图4.4(a)为点接触式触点,图4.4(b)为面接触式触点。点接触式触点适用于电流不大且触点压力小的场合;面接触式触点适用于电流较大的场合。

图4.4(c)所示为指形触点,其接触区为一直线,触点在接通与分断时产生滚动摩擦,可以去掉氧化膜,特别适合于触点分合次数多、电流大的场合。

为使触点具有良好的接触性能,触点通常采用铜质材料制成。在使用中,铜的表面容易氧化生成一层氧化铜,使触点接触电阻增大,引起触点过热,影响电器的使用寿命,因此对于电流较小的电器(如接触器、继电器等),常采用银质材料作为触点材料,因为银的氧化膜电阻率与纯银的相似,从而避免触点氧化膜电阻率增加而造成触点接触不良。

4. 电弧的产生与熄灭

1) 电弧的产生

当动、静触点分开瞬间,两触点间距极小,电场强度极大,在高热及强电场的作用下,金属内部的自由电子从阴极表面逸出,奔向阳极,这些自由电子在电场中运动时撞击中性气体分子,使之激励和游离,产生正离子和电子,这些电子在强电场的作用下继续向阳极移动,同时撞击其他中性气体分子,在触点间隙中产生大量的带电粒子,使气体导电,形成炽热的电子流即电弧。所以,电弧实际上是触点间的气体在强电场作用下产生的电离放电现象,是一种炽热的电子流。

电弧产生高温并有强光,可将触点烧损,并使电路的切断时间延长,严重时可引起事故和火灾。因此,在电器使用中应采取适当的措施熄灭电弧。

电弧分为直流电弧和交流电弧,交流电弧有自然过零点,故其电弧较易熄灭。

2) 灭弧的方法

(1)机械灭弧:通过机械装置将电弧拉长,用于开关电路。

(2)磁吹灭弧:在一个与触点串联的磁吹电线圈产生的磁力作用下,电弧被拉长且被吹入由固体介质构成的灭弧罩内,电弧冷却熄灭。

(3)窄缝灭弧:在电弧形成的磁场、电场力的作用下,电弧被拉入灭弧罩的窄缝中,分成数段并迅速熄灭。

(4)栅片灭弧:当触头分开时,产生的电弧在电场力的作用下被推入一组金属栅片中而分成数段,彼此绝缘的金属片相当于电极,因而就有许多阴阳极压降,对交流电弧而言,在电弧过零时电弧无法维持而熄灭。

5. 电气保护

常用的电气保护有以下几种:短路保护、过载保护、过电流保护、欠压保护、失压保护以及欠电流保护等。

1) 短路保护

当电动机绕组和导线的绝缘部分损坏或控制电器及线路发生故障时,电气线路将出现短路现象,产生很大的短路电流,导致电动机、导线等电气设备严重损坏。因此,在发生短路故障时,保护电器必须立即动作,迅速将电源切断。常用的短路保护电器是熔断器和低压断路器。

2）过载保护

当电动机负载过大、启动操作频繁或缺相运行时，会使电动机的工作电流长时间超过其额定电流，电动机绕组过热，温升超过其允许值，导致电动机的绝缘材料变脆，寿命缩短，严重时会使电动机损坏。因此，当电动机过载时，保护电器应立即动作，切断电源，使电动机停转，避免电动机在过载下运行。常用的过载保护电器是热继电器。

3）欠压和失压（零压）保护

当电网电压降低时，电动机便在欠压下运行。由于电动机负载没有改变，所以欠压下的电动机转速下降，定子绕组的电流增大。因为电流增大的幅度尚不足以使熔断器和热继电器动作，所以这两种电器起不到保护作用。如不采取保护措施，时间一长将会使电动机过热损坏。欠压将引起一些电器释放，使线路不能正常工作，也可能导致事故。另外，由于某种原因而发生电网突然停电，这时电源电压下降为零，电动机停转，生产机械的运动部件也随之停止运转。如果停电后突然来电，电动机自动进入启动运行状态，也可能导致事故。因此，当电源电压低于一定值或下降为零时，保护电器应立即动作，切断电源，使电动机和控制电器停止工作，并保证电压正常后电动机和控制电器也不能自动进入工作状态。实现欠压保护的电器是接触器、中间继电器和电磁式电压继电器。

4）欠电流保护

直流电动机的启动电流和转速与磁场（激磁电流）成反比，当磁场减弱时电动机的转速增加。所以直流电动机的励磁电流必须大于某一数值，当小于这一数值时称为欠励（磁）或欠电流。欠电流时，将使电动机的启动电流很大，电动机的转速会超过电动机的额定转速，造成飞车事故。常用的欠电流保护电器是欠电流继电器，发生欠电流故障时，如果电动机还未启动，则不允许启动，如果电动机已运行，则应立即切断主电路，停止电动机运行。

5）过电流保护

过电流运行是指电动机或电器元件在超过其额定电流的状态下运行。过电流一般比短路电流小，在额定电流 6 倍以内。电气线路中发生过电流的可能性大于短路，特别是在电动机频繁启动和频繁正反转时。在过电流情况下，若能在达到最大允许温升之前电流值恢复正常，电器元件仍能正常工作，但是过电流造成的冲击电流会损坏电动机，所产生的瞬时电磁大转矩会损坏机械传动部件，因此要及时切断电源。常用的过电流保护电器是过电流继电器。将过电流继电器线圈串接在被保护线路中，当电流达到其整定值时，过电流继电器动作，其常闭触头串接在接触器线圈所在的支路中，使接触器线圈断电，再通过主电路中接触器的主触头断开，及时切断电动机电源。

4.1.2 配电电器

配电电器是指正常或事故状态下接通或断开用电设备和供电电网所用的电器。它主要有刀开关、断路器和熔断器三种。

1. 刀开关

刀开关又称为闸刀开关，是低压配电电器中结构最简单、应用最广泛的电器。刀开关主要用在低压成套装置中，作为不频繁手动接通和分断交、直流电路或隔离开关用，有时也用来控制小容量电动机的直接启动与停机。根据不同的工作原理、使用条件和结构形式，刀开关及其与熔断器组合的产品有刀开关和刀形转换开关、开启式负荷开关、封闭式负荷开关、组合开关等几种。

1）刀开关和刀形转换开关

(1)结构和符号。

刀开关的典型结构如图4.5所示，它由静触座、手柄、动触刀、铰链支座和绝缘底板组成。

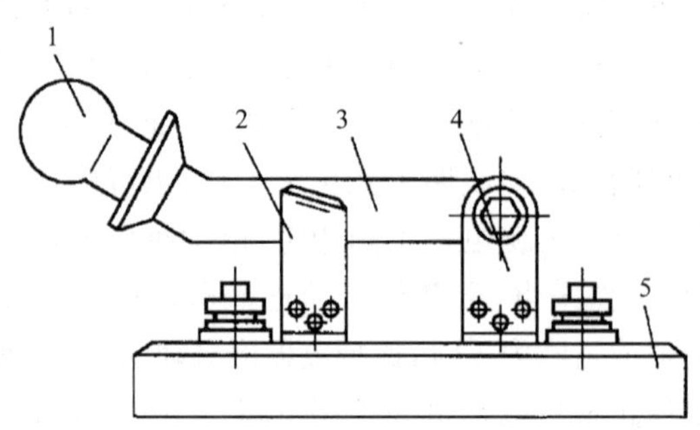

图4.5　刀开关的典型结构

1—手柄；2—静触座；3—动触刀；4—铰链支座；5—绝缘底板

刀开关按极数，分为单极、双极和三极三种；按操作方式，分为直接手柄操作式、杠杆操作式和电动操作式三种；按刀开关转换方向，分为单投和双投两种。

刀开关的图形符号及文字符号如图4.6所示。

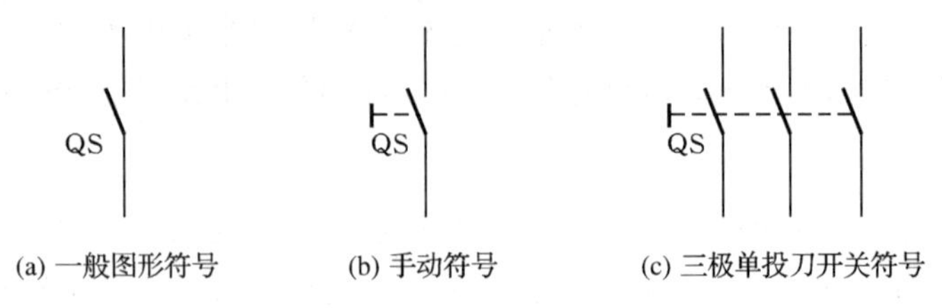

图4.6　HD系列刀开关的符号

(2)型号和主要参数。

目前常用的刀开关型号有单投(HD)和双投(HS)等系列。HD系列刀开关主要用于交流380 V、50 Hz电力网络中作电源隔离或电路转换，是电力网络中必不可少的电器元件，常用于低压配电柜、配电箱、照明箱中。电路首先连接的是刀开关，之后再接熔断器、断路器、接触器等其他电器元件，以满足各种配电柜、配电箱的功能要求。当刀开关后面的电器元件或电路出现故障时，切断电源就靠它来实现，以便对设备、电器元件进行修理更换。HS系列刀开关主要用于转换电源，即当一路电源不能供电，需要另一路电源供电时，它便用来进行电路转换，转换开关处于中间位置，就可以起隔离作用。

(3)刀开关在使用中的注意事项。

①当刀开关当作隔离开关使用时，合闸顺序是：先合上刀开关，再合上其他用于控制负载的开关电器。分闸顺序则相反，控制负载的开关电器要先分闸。

②严格按照产品说明书规定的分断能力来分断负载，若是无灭弧罩的产品，一般不允许分断负载；否则，有可能导致稳定持续燃弧，并因之造成电源短路。

③若是多极开关，则应保证各极动作的同步，并且接触良好；否则，当负载是笼形异步电动机时，电动机便有可能发生因单相运转而烧坏的事故。

④如果刀开关不是安装在封闭的箱内，则应经常检查，防止因积尘过多而发生相间闪络现象。

2）开启式负荷开关

开启式负荷开关又称胶盖瓷底刀开关，主要用作电气照明的控制开关和分支电路的配电开关。三极开启式负荷开关还可用于小容量鼠笼式异步电动机非频繁启动控制开关。

(1)结构和符号。

开启式负荷开关的外形如图 4.7(a)所示，结构如图 4.7(b)所示，图形符号和文字符号如图 4.7(c)所示。开启式负荷开关一般都由刀开关和熔断器两部分组成。

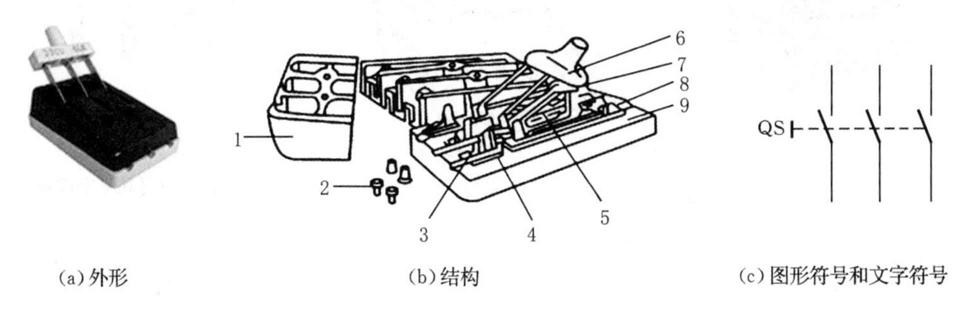

(a)外形　　(b)结构　　(c)图形符号和文字符号

图 4.7　开启式负荷开关的外形、结构和符号

1—胶盖；2—胶盖紧固螺钉；3—进线座；4—静触点；5—熔丝；6—瓷柄；7—动触点；8—出线座；9—瓷底

(2)型号和主要参数。

开启式负荷开关型号的表示方法及含义如下：

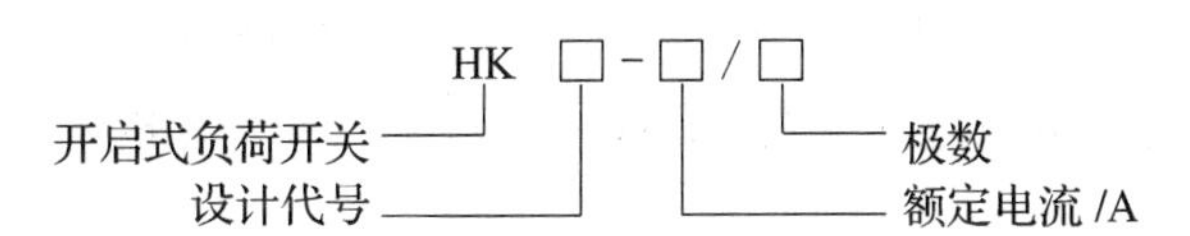

开启式负荷开关的常用型号有 HK1、HK2、HK4 和 HK8 等系列。

(3)使用安装及操作注意事项。

对于普通负载，开启式负荷开关可以根据其额定电流来选择。当用它来控制 6.5 kW 以下的电动机时，若电动机直接启动，开启式负荷开关的额定电流应当是电动机额定电流的 3 倍。

安装开启式负荷开关时，电源线应接在静触点上，负荷线应接在与闸刀相连的端子上，也就是接在闸刀下侧熔断丝的另一端，以确保刀开关切断电源后闸刀和熔断丝不带电。垂直安装时，手柄向上合为接通电源，向下拉为断开电源，不能反装；否则，会因闸刀松动自然落下而误将电源接通。

开启式负荷开关操作时要迅速，一次合闸到位。

3）封闭式负荷开关

封闭式负荷开关又称铁壳开关，主要用于配电电路，用作电源开关、隔离开关和应急开关。在控制电路中，也可用于不频繁启动的 28 kW 以下的三相异步电动机。

(1)结构和符号。

封闭式负荷开关的外形如图 4.8(a)所示,结构如图 4.8(b)所示,图形符号和文字符号如图 4.8(c)所示。常用的 HH 系列封闭式负荷开关的 3 个动触点装在与手柄相连的转动杆上,熔断器有瓷插式或无填料封闭管式,操作机构上装有速断弹簧和机械连锁装置,速断弹簧使电弧快速熄灭,降低刀片的磨损,机械连锁装置确保箱盖打开时开关不能闭合,开关闭合后箱盖不能打开,确保使用安全。

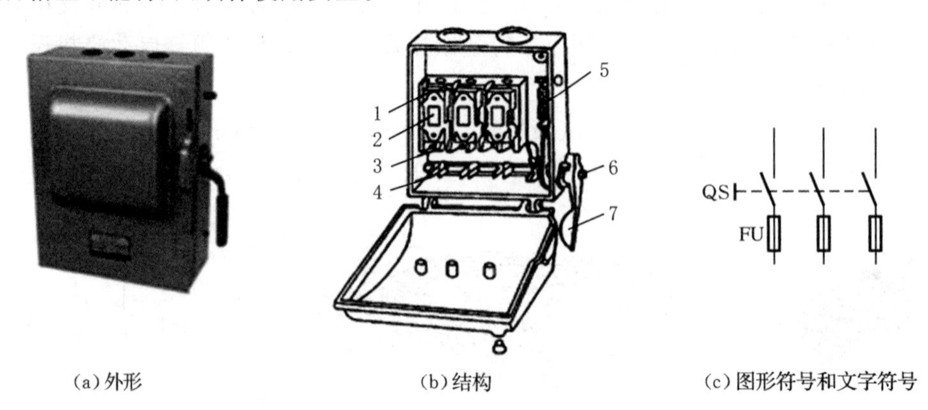

(a)外形　　(b)结构　　(c)图形符号和文字符号

图 4.8　封闭开启式负荷开关的外形、结构和符号

1—灭弧机构;2—熔断器;3—静触点(插座);4—动触点(触刀);5—速断弹簧;6—操作机构;7—手柄

(2)型号和主要参数。

封闭式负荷开关型号的表示方法及含义如下:

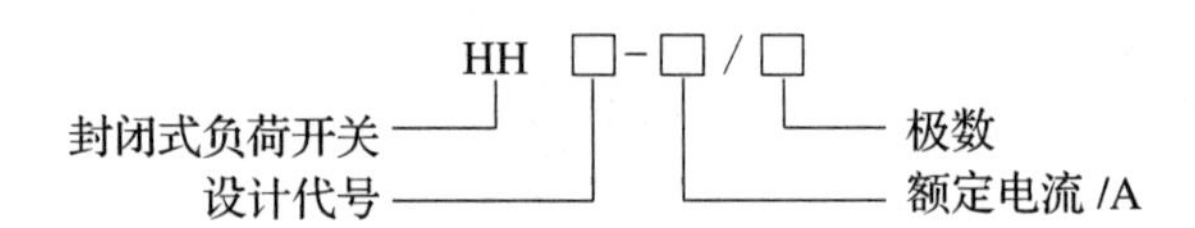

封闭式负荷开关的常用型号有 HH3、HH4、HH10、HH11 等系列。

4) 组合开关

组合开关又称转换开关,是刀开关的另一种形式,不同之处在于它的操作手柄不是上下操作,而是左右旋转的。在设备自动控制系统中,一般用作电源引入开关或电路功能切换开关,也可直接用于控制小容量交流电动机的不频繁操作。

(1)结构和符号。

组合开关的外形如图 4.9(a)所示,结构如图 4.9(b)所示,图形符号和文字符号如图 4.9(c)所示。组合开关有单极、双极和三极之分,由若干个动触点及静触点分别装在数层绝缘层内组成。动触点随手柄旋转而改变其通断位置,顶盖部分由凸轮、扭簧及手柄等零件构成操作机构,由于该机构采用了扭簧储能结构,从而能快速闭合及分断开关,使开关闭合和分断的速度与手动操作无关,提高了产品的通断能力。

(2)型号和主要参数。

组合开关型号的表示方法及含义如下:

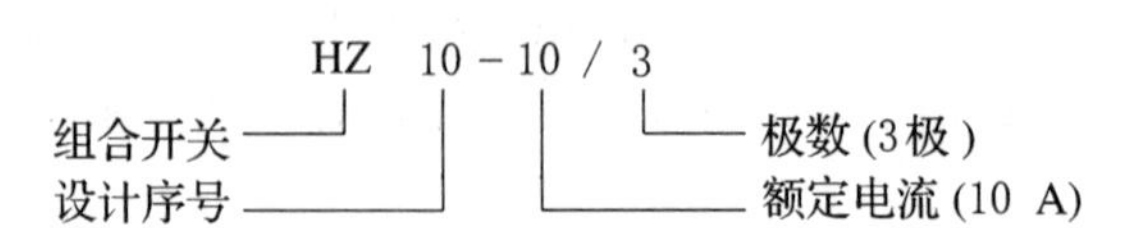

(a)外形

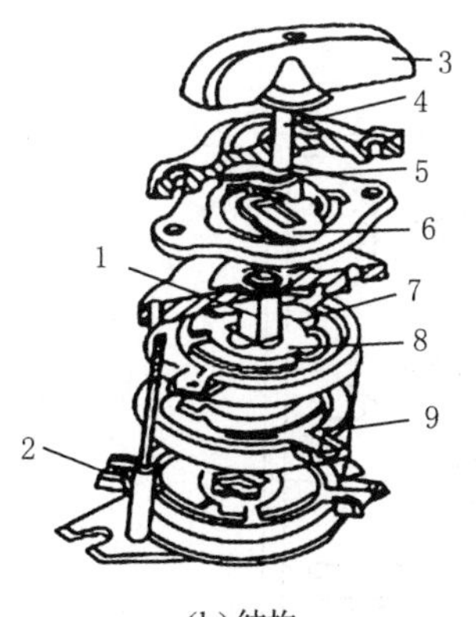

(b)结构

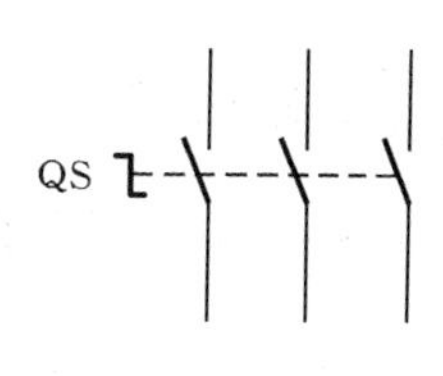

(c)图形符号和文字符号

图 4.9 组合开关的外形、结构和符号

1—绝缘杆;2—接线柱;3—手柄;4—转轴;5—扭簧;6—凸轮;7—绝缘垫板;8—动触片;9—静触片

常用的组合开关型号有 HZ5、HZ10 和 HZ15 等系列。

2. 低压断路器

低压断路器有两种形式:一种是不带漏电保护的,即普通低压断路器;另一种是带漏电保护的,通常称为漏电保护器。

1) 普通低压断路器

普通低压断路器俗称自动开关或空气开关,用于低压配电电路中不频繁的通断控制。在电路发生短路、过载或欠电压等故障时能自动分断故障电路,是一种控制兼保护电器。

普通低压断路器的种类繁多,按其用途和结构特点,可分为 DW 型框架式断路器、DZ 型塑料外壳式断路器、DS 型直流快速断路器,以及 DWX 型、DWZ 型限流式断路器等。框架式断路器主要用作配电线路的保护开关,而塑料外壳式断路器除可用作配电线路的保护开关外,还可用作电动机、照明电路的控制开关。图 4.10 所示为普通低压断路器的外形图。

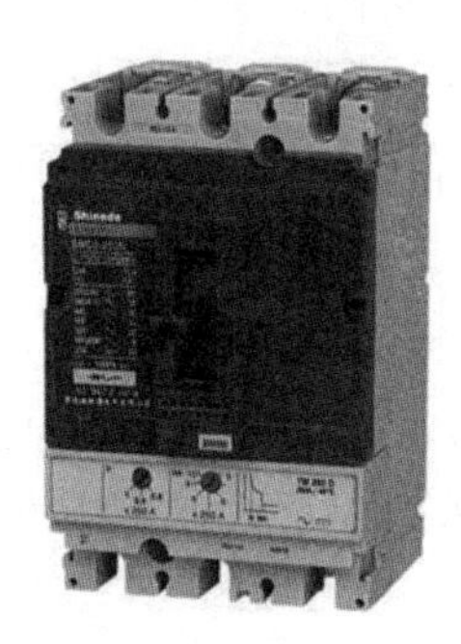

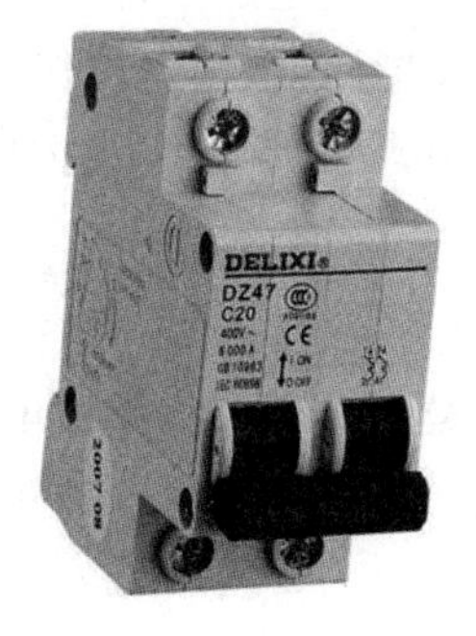

图 4.10 普通低压断路器的外形

下面以塑壳断路器为例,简单介绍普通低压断路器的结构、工作原理、使用与选用方法。

普通低压断路器主要由三个基本部分组成,即触头、灭弧系统和各种脱扣器,包括过电流脱扣器、失压(欠电压)脱扣器、过载脱扣器、分励脱扣器。图 4.11(a)所示为普通低压断路器的工作原理示意图,图 4.11(b)所示为普通低压断路器的一般图形符号,图 4.11(c)所示为普通低压断路器的图形符号和文字符号。

普通低压断路器开关是靠操作机构手动或电动合闸的,触头闭合后,锁扣机构将触头锁

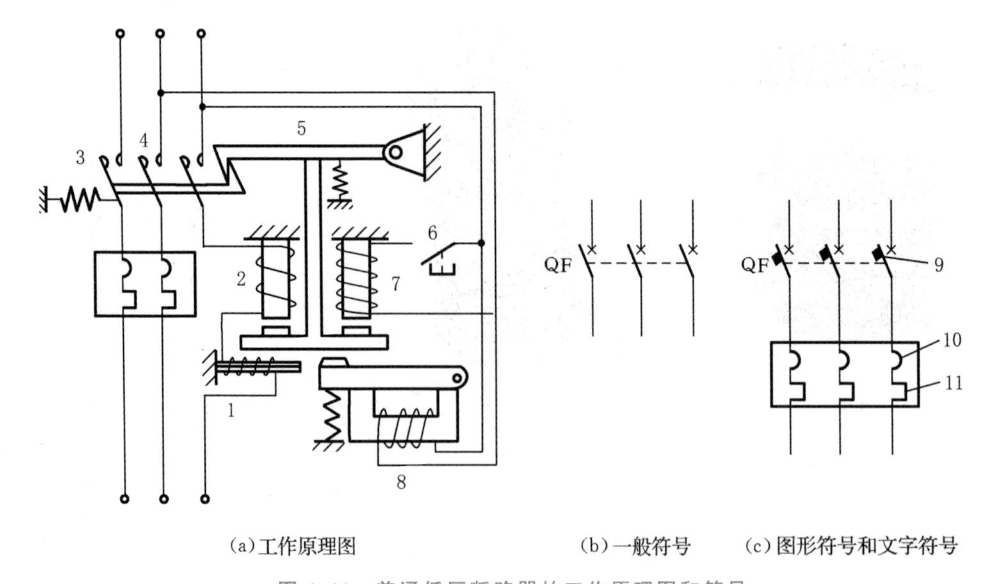

(a)工作原理图　　(b)一般符号　　(c)图形符号和文字符号

图 4.11　普通低压断路器的工作原理图和符号

1—过载脱扣器;2—过电流脱扣器;3—分闸弹簧;4—主触点;5—锁扣;6—远控按钮;
7—分励脱扣器;8—失压脱扣器;9—失压保护;10—过流保护;11—过载保护

在合闸位置上。当电路发生故障时,各自的脱扣器使锁扣机构动作,自动跳闸以实现保护作用。过电流脱扣器用于线路的短路和过流保护,当线路的电流大于整定的电流值时,过电流脱扣器所产生的电磁力使挂钩脱扣,动触点在弹簧的拉力下迅速断开,实现断路器的跳闸功能。过载脱扣器用于线路的过负荷保护,工作原理与热继电器的相同。失压(欠电压)脱扣器用于失压保护,失压脱扣器的线圈直接接在电源上,处于吸合状态,低压断路器可以正常合闸;当停电或电压很低时,失压脱扣器的吸力小于弹簧的反力,弹簧使动铁芯向上使挂钩脱扣,实现低压断路器的跳闸功能。分励脱扣器用于远距离跳闸,当在远距离按下按钮时,分励脱扣器得电产生电磁力,使其脱扣跳闸。

不同的低压断路器,其保护作用是不同的,使用时应根据需要选用。在图形符号中也可以标注其保护方式,如图 4.11(c)所示。低压断路器详细图形符号中,标注了失压、过载、过流三种保护方式。

2) 漏电保护器

漏电保护器是一种安全保护电器,在电路中作为触电和漏电保护之用。在线路或设备出现对地漏电或人身触电时,漏电保护器能迅速自动断开电路,有效地保障人身和线路安全。

电气设备漏电时,将呈现异常的电流或电压信号,漏电保护器通过检测、处理此异常电流或电压信号,促使执行机构动作。根据故障电流动作的漏电保护器称为电流型漏电保护器,根据故障电压动作的漏电保护器称为电压型漏电保护器。由于电压型漏电保护器结构复杂,受外界干扰动作稳定性差,制造成本高,现已基本淘汰。国内外漏电保护器的研究和应用均以电流型漏电保护器为主导地位。图 4.12 所示为漏电保护器的外形图。

(1)漏电保护器的工作原理。

如图 4.13 所示,被保护的相线、零线穿过环形铁芯,构成了零序电流互感器的原绕组线圈 N_1,缠绕在环形铁芯上的绕组构成了互感器的副绕组线圈 N_2,如果没有漏电发生,则流

图 4.12 漏电保护器的外形

过相线、零线的电流相量和等于零，因此在 N_2 上也不能产生相应的感应电动势，开关保持闭合状态。如果发生了漏电，相线、零线的电流相量和不等于零，就会在 N_2 上产生感应电动势，这个信号会被送到电子开关输入端，促使电子开关导通，磁力线圈通电产生吸力断开电源，完成人身触电或漏电的保护。

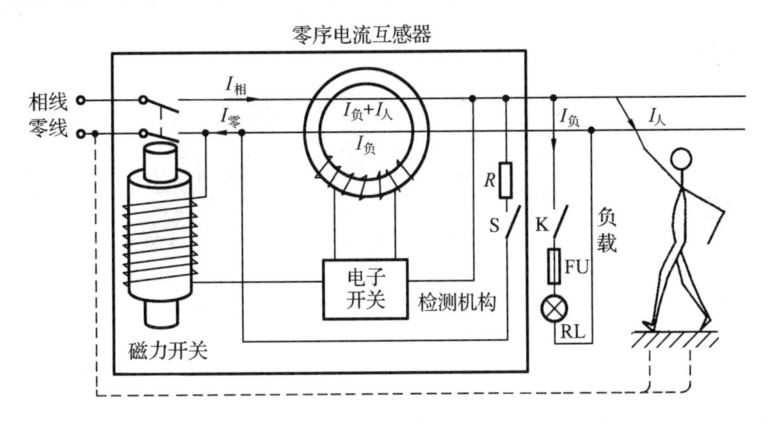

图 4.13 漏电保护器的工作原理示意图

(2)漏电保护器的结构及动作参数。

电流型漏电保护器主要由电子线路、零序电流互感器、漏电脱扣器、触头、试验按钮、操作机构及外壳等组成。漏电保护器的额定漏电动作电流为 30～100 mA，漏电脱扣器的动作时间小于 0.1 s。

(3)漏电保护器的使用方法。

漏电保护器在电路中，应接在电流表和熔断器后面，安装时应按开关上规定的标志接线。接线完毕后应按动试验按钮，检查漏电保护器是否可靠动作。漏电保护器投入正常运行后，应定期检验，一般每月需在合闸通电状态下按动试验按钮一次，检查漏电保护器是否正常工作，以确保其安全性。

3. 熔断器

熔断器是一种在电流超过额定值一定时间后，以它本身产生的热量使熔体熔化而分断电路的电器。熔断器广泛应用于低压配电系统及用电设备中作断路和过电流保护。

1) 熔断器的工作原理

熔体是熔断器的主要部分，根据熔点的高低，熔断器一般可分为低熔点熔断器和高熔点熔断器两类。低熔点熔断器由铅、锡及其合金制成，高熔点熔断器由银、铜和铝等制成。熔体切断故障电流有时会产生电弧，在要求切断能力较强的场合，可以采用充有石英砂填料的封闭式熔断管。它在用陶瓷制成的熔断管内装上熔体和石英砂,当切断故障电流产生电弧时,颗粒石英砂与电弧接触后,能吸收电弧产生的热量,使之快速冷却而熄灭电弧。另外,有一种管式熔断器,它把熔体装在空心的有机纤维管中,熔体熔断时电弧所产生的高温可使有机纤维管放出大量绝缘气体,从而熄灭电弧。

2) 熔断器的分类

按结构分,常用的熔断器有瓷插式熔断器、螺旋式熔断器、无填料封闭管式熔断器和有填料封闭管式熔断器等。典型产品有:RL6、RL7、RL96、RLS2 系列螺旋式熔断器,RL1B 系列带断相保护螺旋式熔断器,RT18 系列熔断器以及 RT14 系列有填料密封管式熔断器。还有引进技术生产的 NT 系列有填料密闭式刀型触头熔断器与 NGT 系列半导体器件保护用熔断器等。

图 4.14(a)所示为瓷插式熔断器,图 4.14(b)所示为螺旋式熔断器,图 4.14(c)所示为无填料封闭管式熔断器,图 4.14(d)所示为有填料封闭管式熔断器,图 4.14(e)所示为熔断器的图形符号和文字符号。

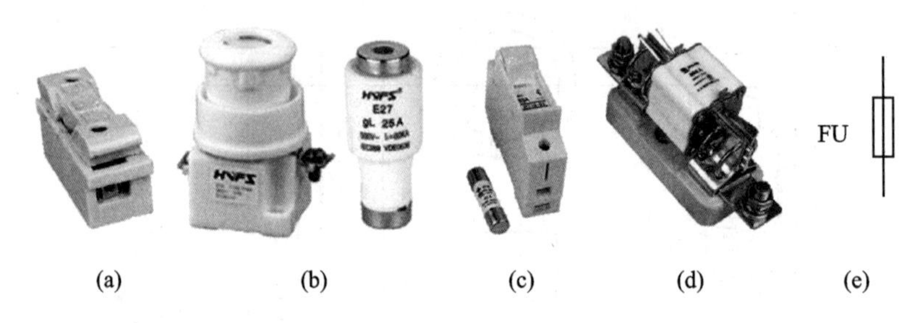

图 4.14 熔断器的外形和符号

3) 熔断器的选用

熔断器的选用要注意以下两点:熔断器的额定电压 U_N 应不小于线路的工作电压 U_L,熔断器的额定电流 I_N 应不小于所装熔体的额定电流 I_{RN}。

选择熔体额定电流的方法如下。

(1) 作为电灯支线的熔体,应使熔体的额定电流不小于支线上所有电灯的工作电流之和。

(2) 作为一台电动机的熔体,应使熔体额定电流不小于电动机的启动电流的 4.2 倍;如果电动机启动频繁,应使熔体额定电流不小于电动机的启动电流 1.6~2 倍。

(3) 作为几台电动机合用的总熔体,应使熔体的额定电流等于 (1.2~4.2)×容量最大的电动机的额定电流加上其余电动机的额定电流之和。

4.1.3 主令电器

电器控制系统中用于发送控制指令的电器称为主令电器。常用的主令电器有控制按钮、行程开关、接近开关、万能转换开关、凸轮控制器、主令控制器等。

1. 控制按钮

控制按钮是发出控制指令和信号的电器开关,是一种手动且一般能自动复位的主令电器。控制按钮主要用于远距离操作继电器、接触器接通或断开,从而控制电动机或其他电气设备的运行。

控制按钮的结构、外形、图形符号和文字符号如图 4.15 所示，它由按钮帽、复位弹簧、接触元件、支持件和外壳等部件组成。该控制按钮只有一组动断(常闭)静触点和一组动合(常开)静触点。控制按钮帽有红、黄、绿、黑等几种颜色，可供操作人员根据颜色来辨别和操作，一般红色按钮表示停止，绿色按钮表示启动，黑色按钮表示点动，黄色按钮表示急停。

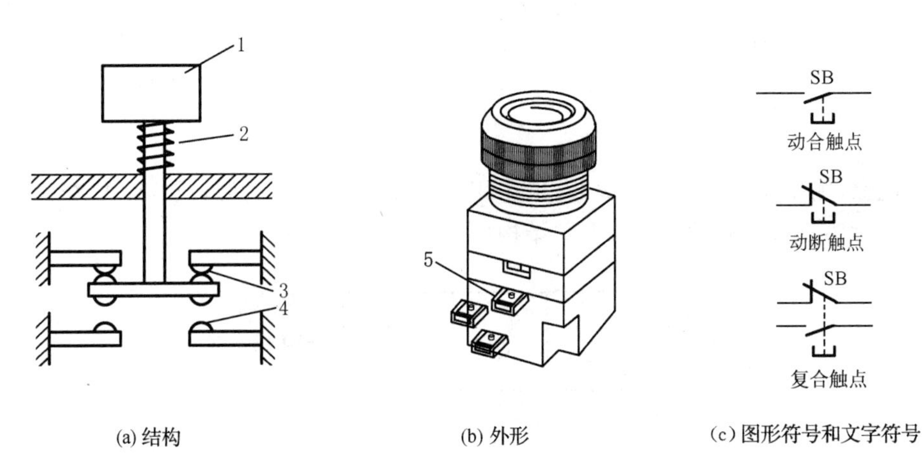

(a) 结构　　(b) 外形　　(c) 图形符号和文字符号

图 4.15　控制按钮的结构、外形和符号

1—按钮帽；2—复位弹簧；3—常闭触点；4—常开触点；5—接线柱

控制按钮的触点分常闭(动断)触点和常开(动合)触点两种。常闭触点是按钮未按下时闭合、按下后断开的触点。常开触点是按钮未按下时断开、按下后闭合的触点。复合触点按钮按下时，常闭触点先断开，然后常开触点闭合；松开后，依靠复位弹簧使触点恢复到原来的位置。按钮内的触点对数及类型可根据需要组合，最少具有一对常闭触点或常开触点。

按钮触点的接触面积小，其额定电流一般只有 2 A。

2. 行程开关

行程开关也称为限位开关，主要用于将机械位移变为电信号，以实现对机械运动的电气控制。行程开关外形、图形符号和文字符号如图 4.16 所示。

当机械的运动部件撞击触杆时，触杆下移使常闭触点断开，常开触点闭合；当运动部件离开后，在复位弹簧的作用下，触杆回复到原来位置，各触点恢复常态。根据操作部分运动的特点，行程开关可分为直动式、滚轮式、微动式等。常用的行程开关有 LX5、LX10、LX19、LX23、LX29、LX33、LXW2 等系列。

3. 接近开关

接近开关是一种无接触式物体检测装置，也就是某一物体接近某一信号机构时，信号机构发出动作指令的开关。它可以代替有触头行程开关来完成行程控制和限位保护。另外，接近开关还可用作高频计数、测速、液位控制、零件尺寸检测、加工程序的自动衔接等的非接触式开关。由于它具有非接触式触发、动作速度快、可在不同的检测距离内动作、发出的信号稳定无脉动、工作稳定可靠、使用寿命长、重复定位精度高以及能适应恶劣的工作环境等特点，所以接近开关在机床、纺织、印刷、塑料等工业生产中应用广泛。

接近开关分为有源型和无源型两种，多数无触点行程开关为有源型，主要包括检测元

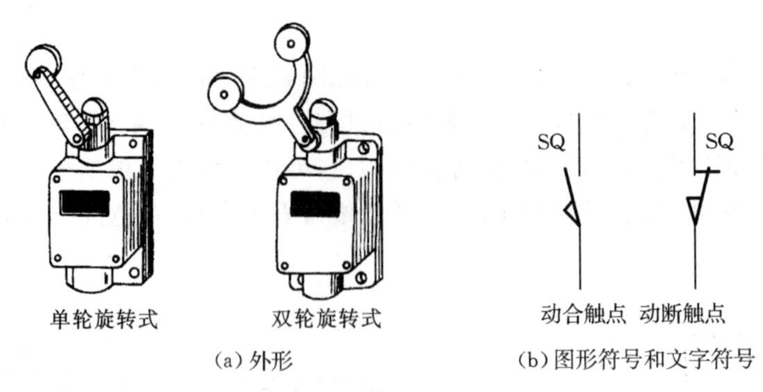

(a) 外形　　(b) 图形符号和文字符号

图 4.16　行程开关的外形和符号

件、放大电路、输出驱动电路三部分,一般采用 2～24 V 的直流电源,或 220 V 交流电源等。图 4.17 所示为三线式有源型接近开关结构框图。

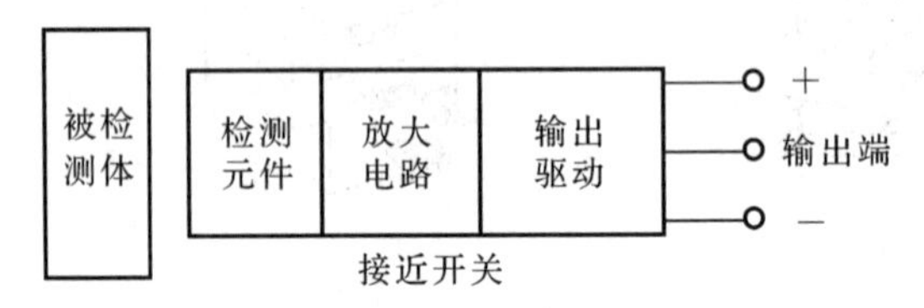

图 4.17　有源型接近开关结构框图

接近开关按检测元件工作原理可分为高频振荡型、超声波型、电容型、电磁感应型、永磁型、霍尔元件型与磁敏元件型等。不同形式的接近开关所检测的被检测体不同。

接近开关的主要系列产品有 LJ2、LJ6、LXJ0、LXJ6、LXJ9、LXJ12 和 3SG 等系列。接近开关的主要技术参数有工作电压、输出电流、动作距离、重复精度等。

接近开关的外形如图 4.18(a)所示,它的图形符号和文字符号如图 4.18(b)所示。

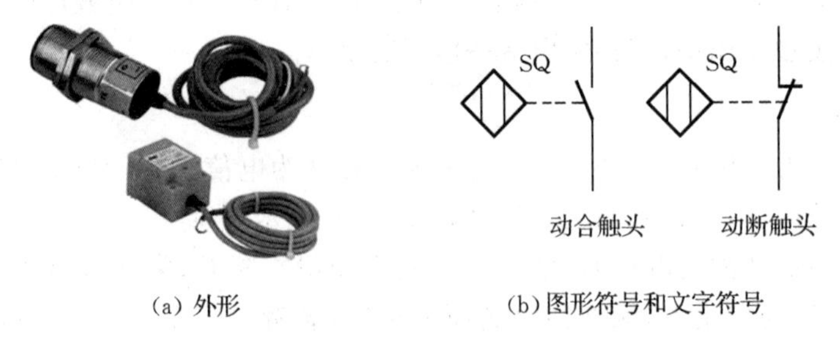

(a) 外形　　(b) 图形符号和文字符号

图 4.18　接近开关的外形和符号

4. 万能转换开关

万能转换开关是一种多操作位置、可以控制多个回路的主令电器,常用于控制电路发布控制指令或用于远距离控制,也可作为电压表、电流表的换相开关,或作为小容量电动机的启动、调速和换向控制。专门用于小容量电动机正反向控制的转换开关又称为倒顺开关。由于转换开关换接电路多,用途广泛,故又称为万能转换开关。其外形如图 4.19(a)所示。

万能转换开关是由多组相同结构的触点组件叠装而成的多回路控制电器。它由面板、操作机构、定位装置、触点、接触系统、转轴、手柄等部件组成。万能转换开关的单层结构原理如图 4.19(b)所示,每层基底座均可装三对触点,并由基底座中间的凸轮进行控制。

(a) 外形

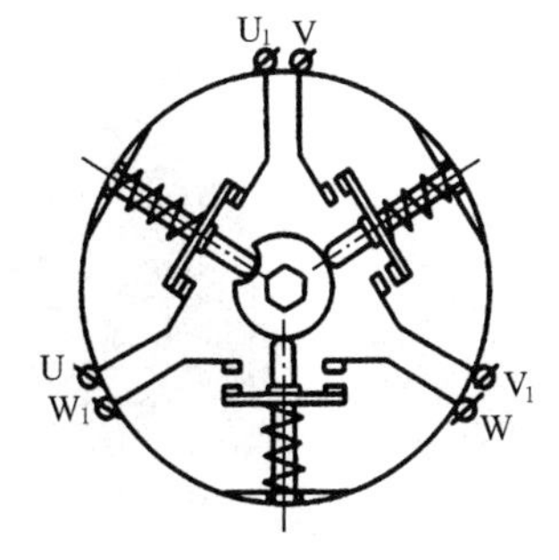

(b) 单层结构原理

图 4.19 万能转换开关的外形和单层结构原理

触点在绝缘基座内，为双断点触头桥式结构，动触点设计成自动调整式以保证通断时的同步性，静触点装在触点座内。使用时依靠凸轮和支架进行操作，控制触点的闭合和断开。

目前，常用的万能转换开关有 LW5、LW6、LW8、LW9、LW12 和 LW15 等系列(其中，LW9、LW12 符合国际 IEC 标准)。

万能转换开关各挡位电路通断状况表示有两种方法：一种是图形表示法，另一种是表格表示法。图 4.20(a)所示为万能转换开关的图形符号和文字符号。图形符号中每一横线代表一路触点，而用竖的虚线代表手柄的位置。哪一路接通就在代表该位置的虚线下面用黑点表示。触点通断也可用通断表来表示，如图 4.20(b)所示。当手柄置于“1”时，触点“1”、“3”接通，其他触点断开；当手柄置于“2”时，触点“2”、“4”、“5”、“6”接通，其他触点断开；当手柄置于“0”时，所有触点均接通。

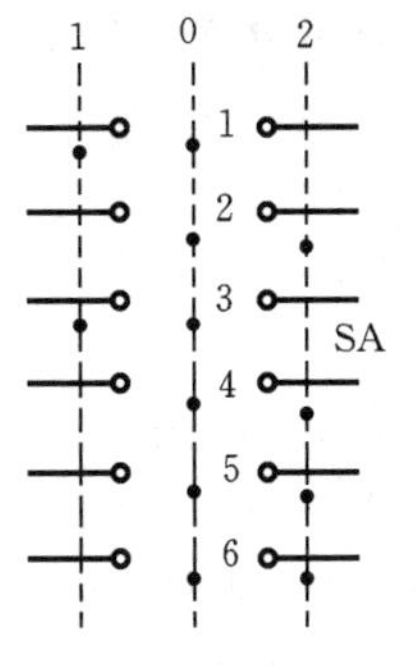

(a) 图形符号和文字符号

触头号	1	0	2
1	+	+	
2		+	+
3	+	+	
4		+	+
5		+	+
6		+	+

(b) 通断表

图 4.20 万能转换开关的符号和通断表

5. 主令控制器和凸轮控制器

1) 主令控制器

主令控制器可用来频繁地按预定顺序切换多个控制电路。主令控制器是按照预定程序控制电路的主令电器，主要用于按照预定程序分合触头，向控制系统发出指令，通过接触器控制电动机的启动、调速、制动及反接制动等，同时也可以实现控制电路的连锁。它通过触头接通或断开接触器线圈电源，并不直接控制电动机。

(1)主令控制器的结构与工作原理。

图 4.21(a)所示为主令控制器的外形，图 4.21(b)所示为主令控制器某一层的结构示意图。

当转动方轴时，凸轮块随之转动，当凸轮块的凸起部分转到与小轮接触时，推动支架向外张开，使动触点离开静触点，将被控回路断开。当凸轮块的凹陷部分与小轮接触时，支架在复位弹簧作用下复位，使动触点闭合，从而接通被控回路。安装一串不同形状的凸轮块，可使触头按一定顺序闭合与断开，以获得按一定顺序进行控制的电路。

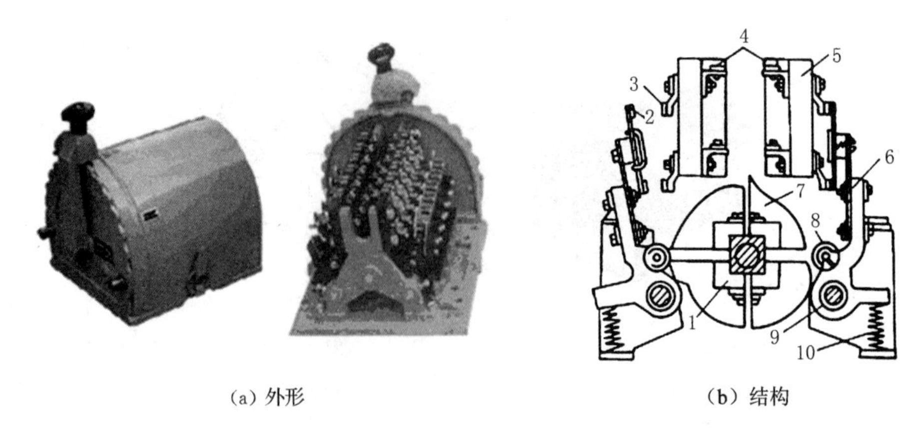

(a) 外形　　(b) 结构

图 4.21　主令控制器的外形和结构

1—方形转轴;2—动触头;3—静触头;4—接线柱;5—绝缘板;
6—支架;7—凸轮块;8—小轮;9—转动轴;10—复位弹簧

(2)主令控制器的型号与符号。

主令控制器型号的表示方法及含义如下:

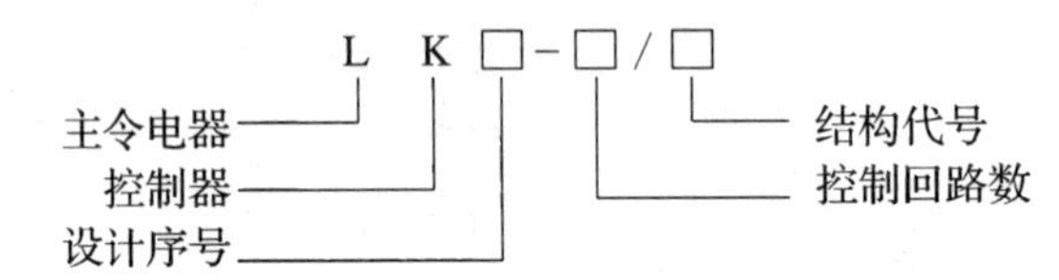

主令控制器的主要产品有LK1、LK4、LK5、LK14、LK15、LK16等系列,LK14系列主令控制器的额定电压为380 V,额定电流为15A,控制电路数达12个。LK14系列属于调整式主令控制器,闭合顺序可根据实际情况调整。

主令控制器图形符号及触头在各挡位通断状态的表示方法与万能转换开关的类似,文字符号也用SA表示。

2) 凸轮控制器

凸轮控制器是一种大型的手动控制器,主要用于起重设备中直接控制中小型绕线式异步电动机的启动、停止、调速、反转和制动,也适用于有相同要求的其他电力拖动场合。

(1)凸轮控制器的结构与工作原理。

凸轮控制器的外形如图4.22(a)所示,结构如图4.22(b)所示。凸轮控制器主要由触头、转轴、凸轮、杠杆、手柄、灭弧罩及定位机构等组成。其工作原理与主令控制器的基本相同。由于凸轮控制器可直接控制电动机工作,所以其触头容量大并有灭弧装置。这是它与主令控制器的主要区别。

凸轮控制的优点是控制电路简单、开关元件少、维修方便等,缺点是体积较大、操作笨重、不能实现远距离控制。

(2)凸轮控制器的型号与符号。

主令控制器型号的表示方法及含义如下:

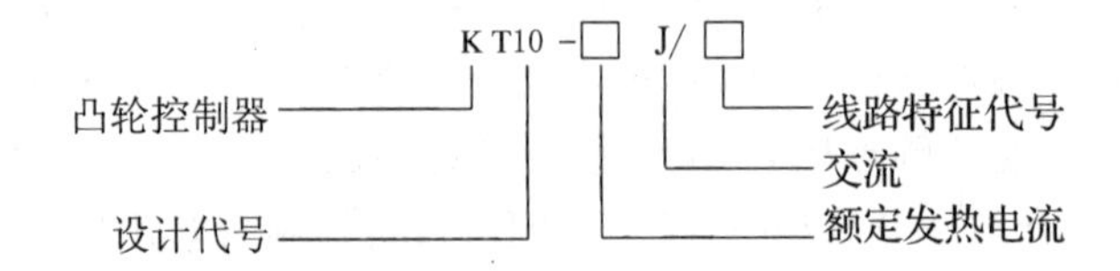

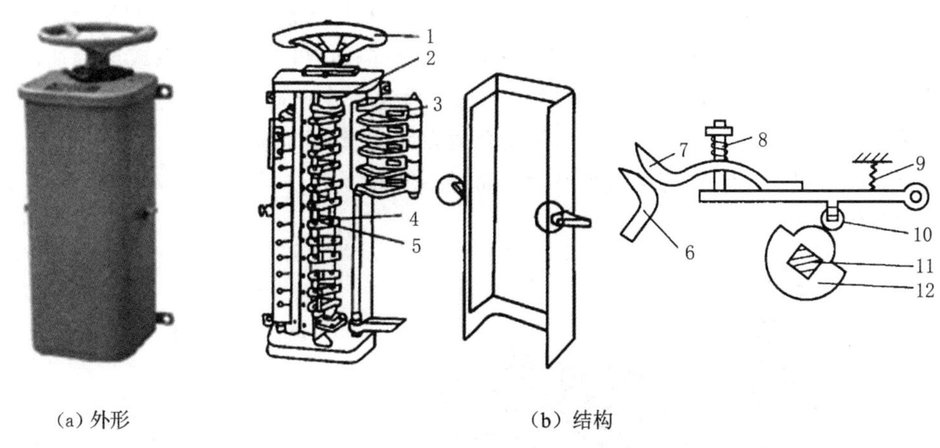

(a) 外形　　　　(b) 结构

图 4.22 凸轮控制器的外形和结构

1—手轮；2、11—转轴；3—灭弧罩；4、7—动触头；5、6—静触头；
8—触头弹簧；9—弹簧；10—滚轮；12—凸轮

常用的国产凸轮控制器主要有 KT10、KT12、KT14 及 KT16 等系列，以及 KTJ1-50/5、KTJ1-80/1 等型号。

凸轮控制器图形符号及触头在各挡位通断状态的表示方法与万能转换开关的类似，文字符号也用 SA 表示。

4.1.4 接触器

接触器是一种适用于远距离频繁接通和切断交流、直流主电路和控制电路的自动电器。其主要控制对象是电动机，也可用于其他电力负载，如电炉、电焊机等。接触器具有欠电压保护、零电压保护、控制容量大、工作可靠、使用寿命长等优点，它是自动控制系统中应用最多的一种电器。接触器按主触点通过电流的种类，可分为交流接触器和直流接触器两种；按其主触点系统的驱动方式，可分为电磁式接触器、气动式接触器和液压式接触器等多种，其中以电磁式接触器应用最广泛。图 4.23 所示为接触器的外形。

图 4.23 接触器的外形

1. 交流接触器

1) 交流接触器的结构与工作原理

交流接触器是一种依靠电磁力作用来接通和切断带有负载的主电路或大容量控制电路的自动切换电器，它与按钮配合使用，可以对电动机进行远距离自动控制。另外，交流接触器还具有欠电压保护和零电压保护功能。

交流接触器的结构和符号如图 4.24 所示，工作原理如图 4.25 所示。交流接触器主要由触点、电磁操作机构和灭弧装置三部分组成。触点用来接通、切断电路，它由动触点、静触点和弹簧组成。触点一般分为主触点和辅助触点。主触点用于通断电流较大的主电路，体积较大,一般由三对动合触点组成。辅助触点用于通断电流较小的控制电路,体积较小,通常有动合和动断各两对触点。主触点断开瞬间会产生电弧,可能灼伤触点或造成切断时间延长,故触点位置有灭弧装置。电磁操作机构实际上就是一个电磁铁,它包括吸引线圈、静铁芯和动铁芯。当线圈通电,动铁芯被吸下,使动合触点闭合、动断触点断开。为了减小涡流、磁滞损耗,以免铁芯过度发热,铁芯由硅钢片叠铆而成。同时为了减小机械振动和噪声,在静铁芯极面上要装短路环。

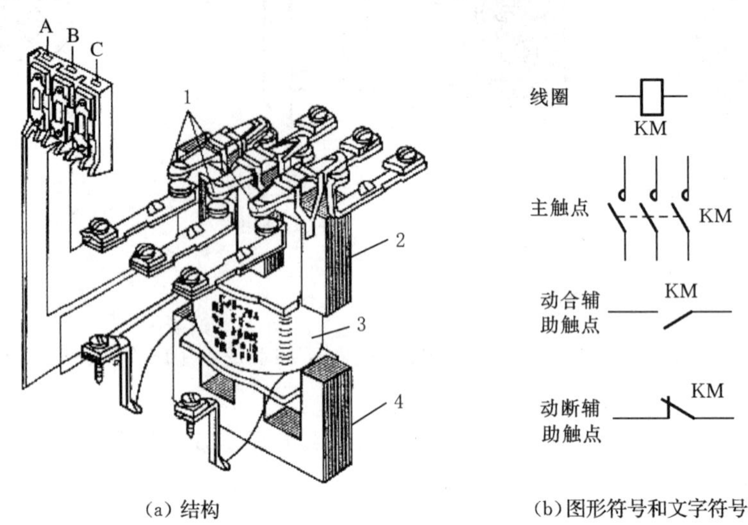

(a) 结构　　(b)图形符号和文字符号

图 4.24　交流接触器的结构和符号

1—主触点;2—上铁芯;3—线圈;4—下铁芯

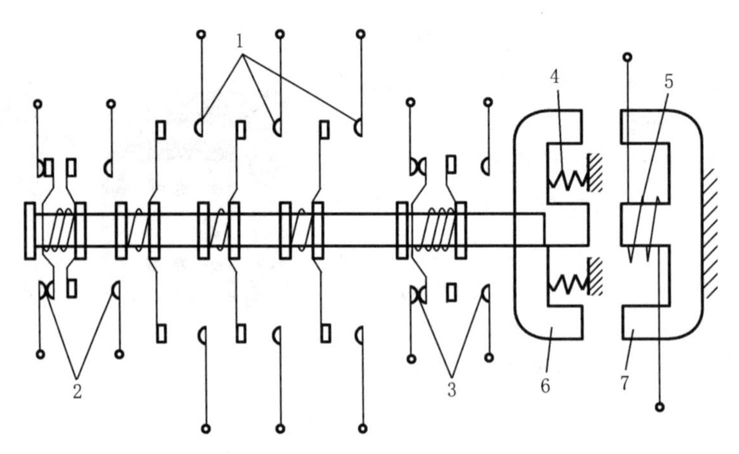

图 4.25　交流接触器的工作原理

1—主触点;2、3—辅助触点;4—反力弹簧;5—线圈;6—衔铁;7—固定铁芯

接触器是电力拖动中最主要的控制电器之一。在设计它的触点时已考虑到接通负荷时的启动电流问题,因此,选用接触器时主要应根据负荷的额定电流来确定。如一台 Y112M-4 三相异步电动机,额定功率 4 kW,额定电流为 8.8 A,选用主触点额定电流为 10 A 的交流接触器即可。除电流之外,还应满足接触器的额定电压不小于主电路额定电压。

2）常用的交流接触器

交流接触器常用于远距离接通和分断电压至660 V、电流至660 A的交流电路，以及频繁启动和控制交流电动机的场合，所以交流接触器应用广泛，品种规格繁多。常用的有CJ20、CJ40、CJ12、CJ10、CJX1、CJX2、B、3TB等系列交流接触器，其中CJ20系列为我国20世纪80年代完成的更新换代产品；CJX1、CJX2、B、3TB系列为同期引进国外技术制造的产品。CJ40系列为在CJ20系列基础上自行开发、设计、试制的产品，主要技术参数达到甚至超过国外产品。

2. 直流接触器

1）直流接触器的结构与工作原理

直流接触器的结构和工作原理与交流接触器的基本相同，但是因为它主要用于控制直流用电设备，所以具体结构与交流接触器有一些差别。图4.26所示为直流接触器的结构示意图。

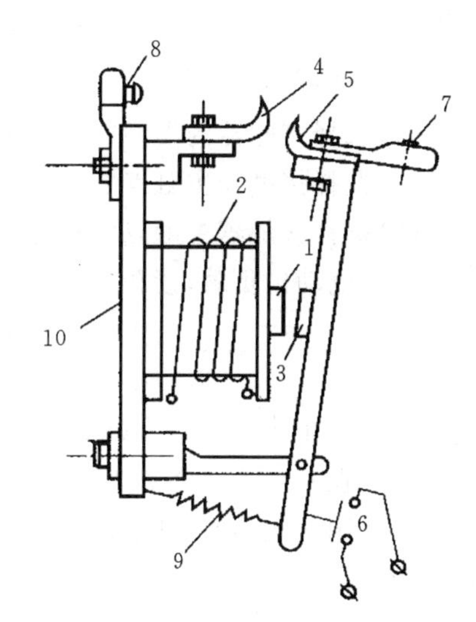

图4.26 直流接触器的结构

1—铁芯；2—线圈；3—衔铁；4—静触点；5—动触点；6—辅助触点；7、8—接线柱；9—反力弹簧；10—底板

直流接触器的触头系统一般做成单极或双极，多采用滚动接触的指形触头。电磁系统线圈通过直流电，铁芯中不会产生涡流，没有铁损耗，铁芯不发热，所以铁芯可用整块铸铁或铸钢制成。铁芯不需装短路环。大容量的直流接触器一般采用磁吹灭弧装置灭弧。

2）常用的直流接触器

直流接触器常用于远距离接通和分断直流电压至440 V、直流电流至1 600 A的电力线路，并适用于直流电动机的频繁启动、停止、反转与反接制动。常用的有CZ0、CZ18、CZ21、CZ22系列直流接触器。

CZ0系列直流接触器，其主触头额定电流有40 A、100 A、150 A、250 A、400 A及600 A六个等级。从结构上看，150 A及以下的接触器为立体布置整体式结构，它有沿棱角转动的拍合式电磁机构，主触头采用双断点桥式结构，触头上镶有银块，主触头采用串联磁吹线圈和横隔板式陶土灭弧罩的灭弧装置。组合式的辅助触头固定在主触头绝缘基座一端的两侧，并用透明的罩盖来防尘。额定电流为250A及以上的直流接触器采用平面布置整体结构。主触头采用单断点的指形触头，主触头的灭弧装置由串联磁吹线圈和纵隔板陶土灭弧罩组成。组合式的桥式双断口辅助触头固定在磁轭背上，并有透明罩盖。

3. 接触器的主要技术参数与选用

1）接触器的主要技术参数

(1)额定电压，指主触头的额定工作电压。交流接触器额定电压有36 V、127 V、220 V、380 V等；直流接触器额定电压有24 V、48 V、110 V、220 V、440 V等。

吸引线圈的额定电压，直流线圈额定电压有24 V、48 V、110 V、220 V、440 V等；交流线圈额定电压有36 V、127 V、220 V、380 V等。

(2)额定电流，指主触头的额定工作电流。它是指在一定条件下(额定电压、使用类别和操作频率等)下规定的,目前常用的电流等级为10～800 A。

(3)机械寿命和电气寿命,接触器是频繁操作电器,应有较长的机械寿命和电气寿命。目前好的接触器的机械寿命已达1 000万次以上,电气寿命已达100万次以上。

(4)操作频率,指每小时允许操作的次数,一般为300次/时、600次/时、1 200次/时等。

(5)动作值,是指吸合电压和释放电压的值。规定接触器的吸合电压大于线圈额定电压的85%时应可靠地吸合,释放电压不高于线圈额定电压的70%。

(6)接通与分断能力,是指接触器的主触点在规定的条件下,能可靠地接通和分断的电流值。在此电流值下,接通时,主触点不应发生熔焊;分断时,主触点不应发生长时间燃焊。

2) 接触器的选用

(1)选择接触器的类型。根据负载性质选择接触器的类型。

(2)选择接触器主触点的额定电压。额定电压应不小于主电路的工作电压。

(3)选择接触器主触点的额定电流。额定电流应不小于被控电路的额定电流。

对于电动机负载,接触器主触点的额定电流为

$$I_N = \frac{P_N \times 10^3}{\sqrt{3} U_N \cos\varphi \ \eta} \tag{4.1}$$

式中:P_N为电动机的功率(kW);U_N为电动机的额定电压(V);$\cos\varphi$为电动机的功率因数,其值一般在0.85～0.9;η为电动机的效率。

在选用接触器时,其额定电流应大于计算值。在实际应用研究中,接触器主触点的额定电流为

$$I_N = \frac{P_N \times 10^3}{K U_N} \tag{4.2}$$

式中:K为经验系数常数,一般取1～1.4。

(4)选择接触器吸引线圈的额定电压。

交流接触器吸引线圈的额定电压一般直接选用与交流控制电路相一致的380 V和220 V。但如果控制电路复杂,使用的电器又比较多,为了安全起见,线圈的额定电压可选低一些。例如,可选用127 V或36 V等。

直流接触器吸引线圈的额定电压应视回路的情况而定。同一系列、同一容量等级的接触器,其线圈的额定电压有几种,可以选择线圈的额定电压与直流控制电路的电压一致。

直流接触器的线圈加的是直流电压,交流接触器的线圈一般加交流电压。有时为了提高接触器的最大操作频率,交流接触器也有采用直流电压的。

4.1.5 继电器

继电器是一种根据电量(电压、电流)或非电量(热量、时间、转速、压力等)的变化使触点动作,接通或断开控制电路,以实现自动控制和保护电气设备的电器。其种类很多,有电磁式继电器、热继电器、时间继电器、速度继电器等类型。

1. 电磁式继电器

电磁式继电器是以电磁力为驱动力的继电器,是控制电路中用得最多的继电器。电磁式继电器具有结构简单、价格低廉、使用维护方便、触点容量小(一般在2 A以下)、触点数量多且无主辅之分、无灭弧装置、体积小、动作迅速准确、控制灵敏可靠等特点,广泛应用于低

压控制系统中。常用的电磁式继电器有电流继电器、电压继电器、中间继电器以及各种小型通用继电器等。

电磁式继电器的结构与接触器的大体相似，它也由电磁机构和触头系统两个主要部分组成，如图4.27所示。电磁机构由线圈、铁芯、衔铁组成。触头系统的触头接在控制电路中，且电流小，故没有灭弧装置。触头一般为桥式触头，有常开和常闭两种形式。

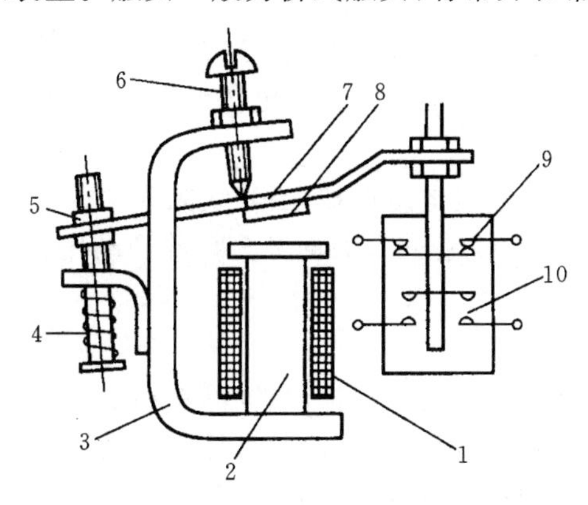

图4.27 电磁式继电器的典型结构

1—线圈；2—铁芯；3—磁轭；4—弹簧；5—调节螺母；6—调节螺钉；7—衔铁；8—非磁性垫片；9—常闭触点；10—常开触点

尽管电磁式继电器与接触器都是用来自动接通和断开电路的，但也有不同之处。继电器可对多种输入量的变化作出反应，而接触器只有在一定的电压信号下动作；继电器用于切换小电流的控制电路和保护电路，而接触器用于来控制大电流的主电路；继电器没有灭弧装置也无主辅触点之分。

电磁式继电器型号的表示方法及含义如下：

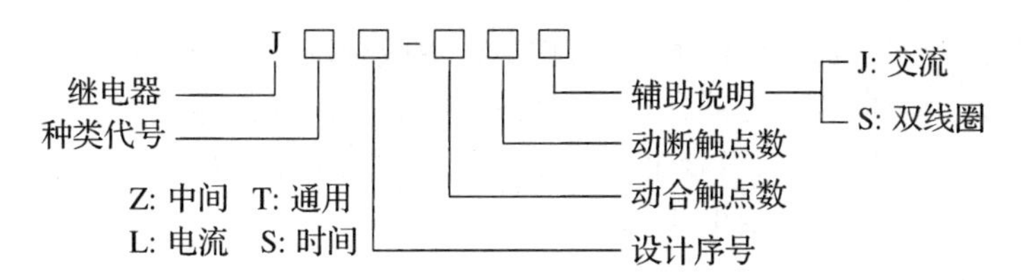

电磁式继电器的图形符号和文字符号如图4.28所示。

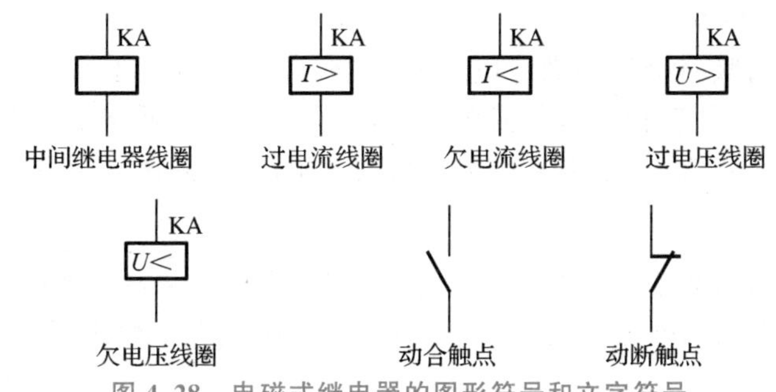

图4.28 电磁式继电器的图形符号和文字符号

1）中间继电器

中间继电器实质上是一种电压继电器，通常用来传递信号和同时控制多个电路，也可用来直接控制小容量电动机或其他电气执行元件。中间继电器的结构和工作原理与交流接触器的基本相同,与交流接触器的主要区别是触点数目多,且触点容量小,只允许通过小电流。在选用中间继电器时,主要考虑电压等级和触点数目。常用的中间继电器有JZ7、JZ14、JZ15、JZ17、JZC1、JZC4、JTX、3TH等系列。

2) 电压继电器

电压继电器的动作与线圈所加电压大小有关,使用时与负载并联。电压继电器的线圈匝数多、导线细、阻抗大。电压继电器又分为过电压继电器、欠电压继电器和零电压继电器。

(1)过电压继电器。

过电压继电器在电路中用于过电压保护,当其线圈为额定电压值时,衔铁不产生吸合动作,只有当电压高于额定电压105%~115%时才产生吸合动作,当电压降低到释放电压时触点复位。

(2)欠电压继电器。

欠电压继电器在电路中用于欠电压保护,当线圈在额定电压下工作时,欠电压继电器的衔铁处于吸合状态。如果电路出现电压降低,并且低于欠电压继电器的线圈释放电压,则其衔铁打开,触点复位,从而控制接触器及时切断电气设备的电源。

(3)零电压继电器。

通常,欠电压继电器吸合电压的整定范围是额定电压的30%~50%,释放电压的整定范围是额定电压的10%~35%。

零电压继电器实质就是欠电压继电器,不同的是释放电压值更低。

3) 电流继电器

电流继电器的动作与线圈通过电流的大小有关,使用时与负载串联。电流继电器的线圈匝数少、导线粗、阻抗小。电流继电器又分为过电流继电器和欠电流继电器。

(1)过电流继电器。

过电流继电器线圈在额定电流值时,衔铁不产生吸合动作,只有当负载电流超过一定值时才产生吸合动作。过电流继电器常用于电力拖动系统,起保护作用。

通常,交流过电流继电器的吸合电流整定范围为额定电流的1.1~4倍,直流过电流继电器的吸合电流整定范围为额定电流的0.7~3.5倍。

(2)欠电流继电器。

欠电流继电器是当线圈电流低于整定值时动作的一种继电器。欠电流继电器一般将动合触点串接到接触器的线圈电路中。

欠电流继电器的吸引电流为额定电流的30%~65%,释放电流为额定电流的10%~20%。因此,在电路正常工作时,衔铁是吸合的,只有当电流降低到某一整定值时,继电器释放,输出信号去控制接触器失电,从而控制设备脱离电源,起到保护作用。

2. 热继电器

热继电器是利用感温元件受热而动作的一种继电器,它主要用来保护电动机或其他负载免于过载。热继电器的外形如图4.29(a)所示,结构如图4.29(b)所示,图形符号和文字符号如图4.29(c)所示。

热元件用镍铬合金丝等电阻材料做成,直接串联在被保护的电动机主电路内,它随电流的大小和时间的长短而发出不同的热量,这些热量加热双金属片。双金属片由两种膨胀系数不同的金属片碾压而成,右层采用高膨胀系数的材料,如铜或铜镍合金,左层采用低膨胀

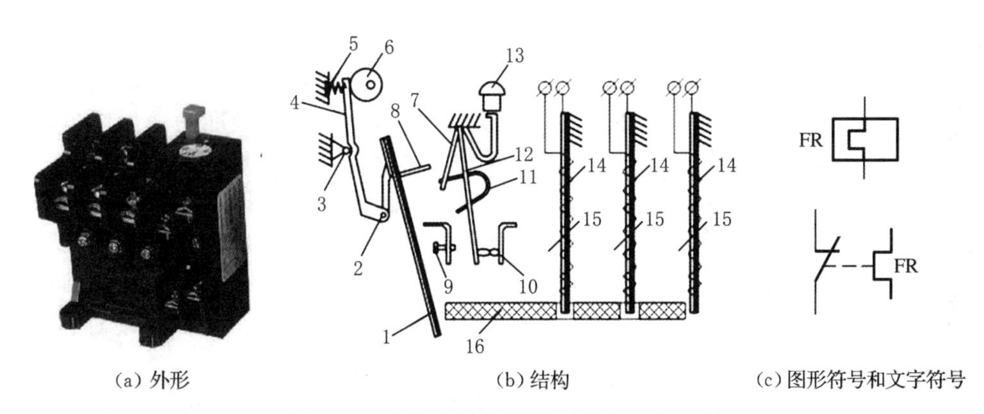

(a) 外形 (b) 结构 (c) 图形符号和文字符号

图 4.29 热继电器的外形、结构原理和符号

1—补偿双金属片；2—轴 1；3—轴 2；4—杠杆；5—压簧；6—凸轮；7、12—簧片；8—推杆；9—复位调节螺母；10—动断触点；11—弓形弹簧片；13—手动复位按钮；14—双金属片；15—热元件；16—绝缘导板

系数的材料，如因瓦合金。双金属片的一端为固定端，另一端为自由端。当电动机正常运行时，热元件产生的热量使双金属片略有弯曲，并与周围环境保持热交换平衡。当电动机过载运行时，热元件产生的热量来不及与周围环境进行热交换，使双金属片进一步弯曲，推动导板向左移动，并推动补偿双金属片绕轴顺时针转动，推杆向右推动片簧到一定位置时，弓形弹簧片作用力方向发生改变，使簧片向左运动，动断触点断开，从而断开电动机的控制电路，从而使电动机得到保护。主电路断电后，随着温度的下降，双金属片恢复原位。可使用手动复位按钮使触点复位。借助凸轮和杠杆可以在额定电流的 66%～100%范围内调节动作电流。

缺相运行是三相交流电动机烧坏的主要原因之一。热继电器是串联在电动机主电路中的，所以其通过的电流就是线电流。对于 Y 接法，当电路发生缺相运行时，另两相电流明显增大，流过热继电器的电流等于电动机的相(绕组)电流，热继电器可以起到保护作用。而对于△接法，线电流是相电流的 1.73 倍，当电源一相断路时，流过三相绕组的电流是不平衡的。其中两相做串联接法的绕组中的电流是另一相的一半，这时线电流仅是另一相绕组中电流的 1.5 倍左右，如果此时处于严重过载状态，热继电器热元件产生的热量不足以使触点动作，则时间一长，电动机就可能被烧毁。可见若电动机为△接法，一般的热继电器无法实现断相后电动机的过载保护。这时必须采用带有断相保护的热继电器。

带断相保护的热继电器是三相热继电器，即有三个热元件，分别接于三相电路中，导板采用差动式断相保护机构，如图 4.30 所示。差动式断相保护机构由上导板 1、下导板 2 及装有顶头 4 的杠杆 3 组成，其间均用转轴连接。图 4.30 (a)所示为通电前机构各部件的位置。图 4.30(b)所示为小于整定电流下工作时，三相双金属片均匀受热同时向左弯曲，上、下导板同时向左平行移动一小段距离，但顶头 4 尚未碰到补偿双金属片，继电器不动作。图 4.30 (c)所示为三相同时均匀过载，此时，三相双金属片同时向左弯曲，推动下导板，也同时带动上导板左移，顶头碰到补偿双金属片端部，使常闭触头动作。图 4.30 (d) 所示为 W 相发生短路时的情况，此时 W 相的双金属片逐渐冷却，W 相双金属片的端部推动上导板右移，而另外两相双金属片在电流作用下向左弯曲，带动下导板左移，由于上、下导板一右一左地移动，产生了差动作用，再通过杠杆放大，迅速推动补偿双金属片，使常闭触头断开，起断相保护作用。

使用热继电器时要注意以下几个问题。

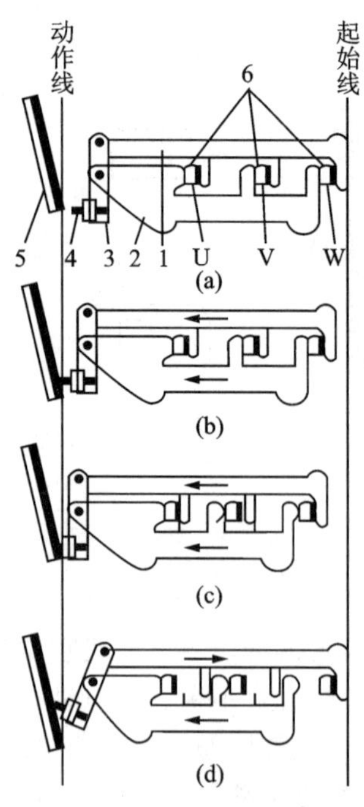

图 4.30 差动式断相保护机构的工作原理

1—上导板;2—下导板;3—杠杆 2;4—顶头;5—补偿双金属片;6—主双金属片

(1)为了正确地反映电动机的发热,在选择热继电器时应采用适当的热元件,若热元件的额定电流与电动机的额定电流值相等,则继电器便能准确地反映电动机的发热。同一种热继电器有许多种规模的热元件。

(2)注意热继电器所处的周围环境温度,应保证它与电动机有相同的散热条件,特别是有温度补偿装置的热继电器。

(3)由于热继电器有热惯性,大电流出现时它不能立即动作,故热继电器不能用于短路保护。

(4)用热继电器保护三相异步电动机时,至少需要采用有两个热元件的热继电器,以便在不正常的工作状态下,也可对电动机进行过载保护,例如,电动机单相运行时,至少有一个热元件能起作用。当然,最好采用有三个热元件带缺相保护的热继电器。

热继电器主要的产品型号有 JRS1、JR0、JR10、JR14 和 JR15 等系列;引进产品有 T 系列、3UA 系列和 LR1-D 系列等。JR15 系列为两相结构,其余大多为三相结构,并可带断相保护装置。JR20 系列为更新换代产品,用来与 CJ20 系列交流接触器配套使用。

3. 时间继电器

时间继电器是电路中控制动作时间的设备,它利用电磁原理或机械动作原理来实现触头的延时接通和断开。按其动作原理与构造不同,时间继电器可分为电磁式、空气阻尼式、电动式和电子式等时间继电器。图 4.31 所示为时间继电器的外形,图 4.32 所示的时间继电器的符号。

(a)空气阻尼式时间继电器

(b)电子式时间继电器

(c)直流电磁式时间继电器

图 4.31 时间继电器的外形

1)空气阻尼式时间继电器

图 4.33 所示为空气阻尼式时间继电器的结构示意图,它分为通电延时型和断电延时型两种类型。图 4.33(a)所示为通电延时型时间继电器。在线圈通电后,铁芯将衔铁吸合,同时推板使微动开关立即动作。活塞杆在塔形弹簧的作用下,带动活塞及橡皮膜向上移动,由于橡皮膜下方气室的空气稀薄,形成负压,因此活塞杆不能迅速上移。当空气由进气孔进入

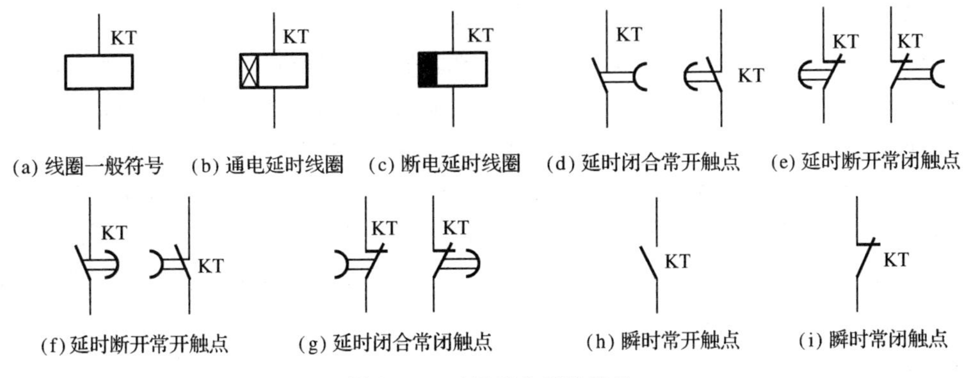

图 4.32 时间继电器的符号

时，活塞杆才逐渐上移。移到最上端时，杠杆才使微动开关动作。延时时间即为自电磁铁吸引线圈通电时刻到微动开关动作的这段时间。通过调节螺杆来改变进气孔的大小，就可以调节延时时间。当线圈断电时，衔铁在复位弹簧的作用下将活塞推向最下端。因活塞被往下推时，橡皮膜下方气室内的空气，都通过橡皮膜、弱弹簧和活塞所形成的单向阀，经上气室缝隙顺利排掉，因此，延时与不延时的微动开关都能迅速复位。

将电磁机构翻转 180°安装，可得到图 4.33(b)所示的断电延时型时间继电器。它的工作原理与通电延时型时间继电器的相似，微动开关是在吸引线圈断电后延时动作的。

空气阻尼式时间继电器的优点是结构简单、寿命长、价格低，还附有不延时的触点，所以应用较为广泛；缺点是准确度低，延时误差大(±10%～±20%)，在要求延时精度高的场合不宜采用。空气阻尼式时间继电器主要型号有 JS7、JS16 和 JS23 等系列。

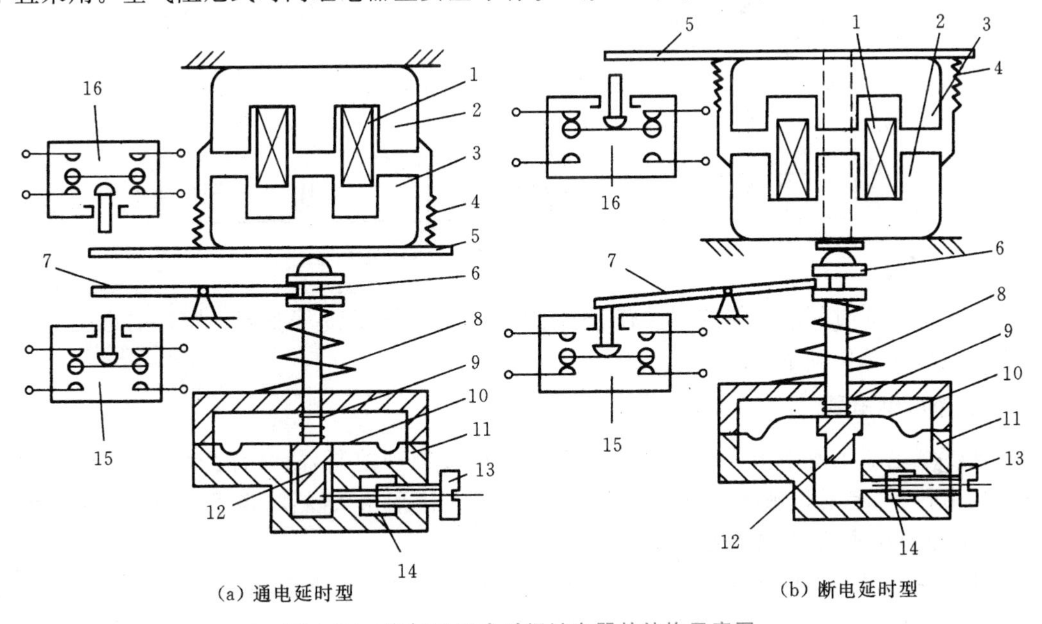

图 4.33 空气阻尼式时间继电器的结构示意图

1—线圈；2—铁芯；3—衔铁；4—复位弹簧；5—推板；6—活塞杆；7—杠杆；8—塔形弹簧；9—弱弹簧；10—橡皮膜；11—空气室壁；12—活塞；13—调节螺杆；14—进气孔；15、16—微动开关

2）电子式时间继电器

电子式时间继电器的种类很多，最基本的有延时吸合型和延时释放型两种。它们大多利用电容充放电原理来达到延时目的。JS20系列电子式时间继电器具有延时长、电路简单、延时调节方便、性能稳定、延时误差小、触点容量较大等优点，得到广泛的应用。

图4.34所示为JS20系列电子式时间继电器原理图。刚接通电源时，电容器C_2尚未充电，此时$U_G=0$，场效应晶体管VT_1的栅极与源极之间电压$U_{GS}=-U_S$，此后直流电源经电阻R_{10}、R_{P1}、R_2向C_2充电，电容C_2上电压逐渐上升，直至U_G上升至$|U_G-U_S|<|U_P|$（U_P为场效应晶体管的夹断电压）时，VT_1开始导通。由于I_D在R_3上产生压降，D点电位开始下降，一旦D点电压降到VT_2的发射极电位以下时，VT_2开始导通，VT_2的集电极电流I_C在R_4上产生压降，使场效应晶体管的U_S降低。R_4起正反馈作用，VT_2迅速地由截止变为导通，并触发晶闸管VT导通，继电器KA动作。由上可知，从时间继电器接通电源开始至C_2被充电到KA动作为止的这段时间为通电延时动作时间。KA动作后，C_2经KA常开触点对电阻R_9放电，同时氖泡Ne起辉，并使场效应晶体管VT_1和晶体管VT_2都截止，为下次工作做准备。此时晶闸管VT仍保持导通，除非切断电源，使电路恢复到初始状态，继电器KA才释放。

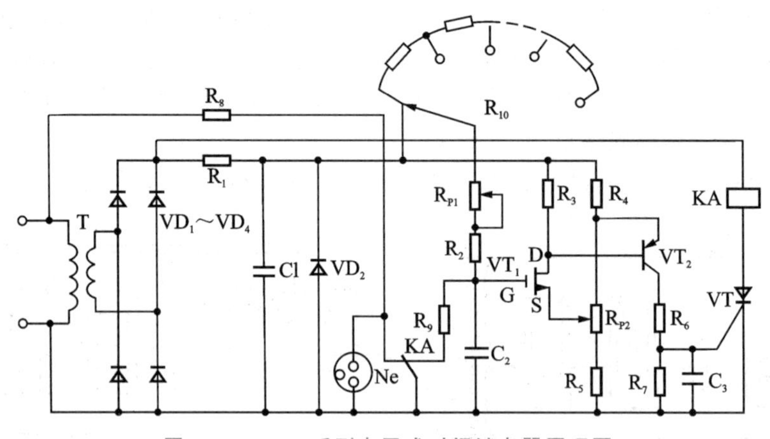

图4.34　JS20系列电子式时间继电器原理图

常用电子式时间继电器的型号有JS20、JS13、JS14和JS15等系列。国外引进生产的产品有ST、HH、AR等系列。

4. 速度继电器

速度继电器主要用于鼠笼式异步电动机的反接制动控制，故又称为反接制动继电器。它主要由转子、定子和触点三部分组成。转子是一个圆形永久磁铁，定子是一个鼠笼式空心圆杯，由硅钢片叠成，并装有鼠笼式绕组。

速度继电器的外形如图4.35(a)所示，结构如图4.35(b)所示，图形符号和文字符号如图4.35(c)所示。工作时，速度继电器转子的轴与被控制电动机的轴相连接，当电动机转动时，速度继电器的转子随之转动，在空间上产生旋转磁场，切割定子绕组并产生感应电流。当达到一定转速时，定子在感应电流和力矩的作用下跟随转动，转到一定角度时，装在定子轴上的摆锤推动簧片(动触片)动作，使常闭触头分断、常开触头闭合。当电动机转速低于某一数值时，定子产生的转矩减小，所有触头在簧片作用下复位。

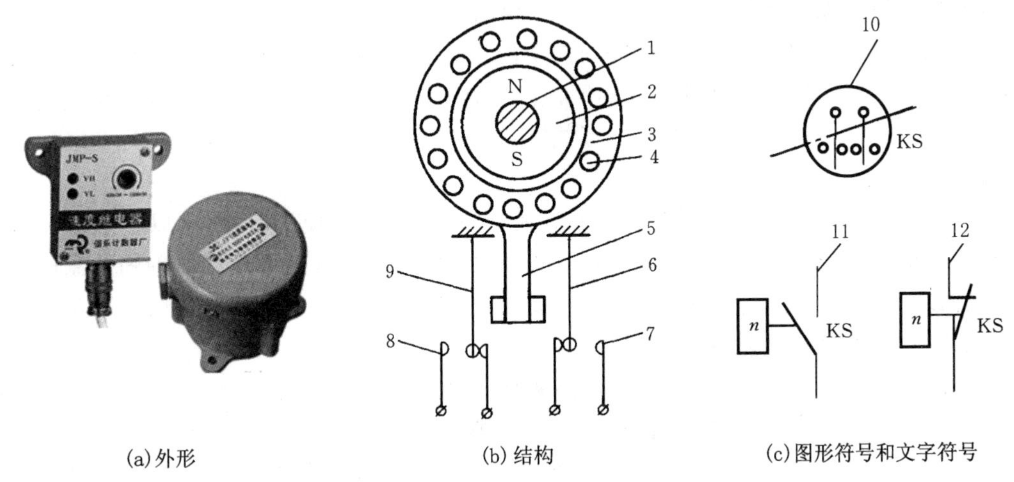

(a)外形　　(b)结构　　(c)图形符号和文字符号

图 4.35　速度继电器的外形、结构和符号

1—转轴;2—转子;3—定子;4—定子绕组;5—摆锤;6、9—簧片;
7、8—静触点;10—转子符号;11—常开触点符号;12—常闭触点符号

常用的速度继电器有 YJ1 系列和 JF20 系列。JF20 系列有两对动合、动断触头。通常速度继电器转轴在转速为 120 r/min 以上即能动作,在转速 100 r/min 以下触点复位。

4.2　电气控制系统图的绘制

将电气控制系统中的各电器元件用一定的图形符号和文字符号表达出来,再将其连接情况用一定的图形反映出来,这种图形就是电气控制系统图。常用的电气控制系统图有电气原理图、电气安装接线图与电器元件布置图。

4.2.1　电气原理图的绘制

(1)电气原理图应按国家标准规定的图形符号和文字符号绘制。

(2)电源电路应绘成水平线,三相交流电源相序 L_1、L_2、L_3 由上而下排列,中线 N 和保护地线 PE 画在相线之下。直流电源则正端在上、负端在下画出。

(3)主电路、控制电路和辅助电路从左到右依次绘出。主电路是指从电源到电动机的电路,是强电流通过的部分。主电路画在电气原理图的左边,动力装置及控制、保护电路元件应垂直于电源电路。控制电路是指实现需要的控制功能的电路,是弱电流通过的部分。控制电路画在电气原理图的中间,垂直地画在两条水平电源线之间。辅助电路画在电气原理图的右边。

(4)电气原理图中,同一电器的不同部件常常不画在一起,而是画在不同地方,且同一电器的不同部件都用相同的文字符号标明。同一种电器一般用相同的字母表示,但在字母后边应加上数码或其他字母下标以示区别,如两个接触器分别用 KM_1 和 KM_2 表示。

(5)全部触点都按常态给出,对接触器或各种继电器,常态是指未通电时的状态;对按钮、行程开关,常态则是指未受外力作用时的状态。当电气触头的图形符号垂直放置时,以

“左开右闭”绘制;水平放置时,以“下开上闭”绘制。

(6)为了便于读图和检索,将电气图按功能划分成若干图区,通常是一条回路或一条支路划分为一个图区,并在图区的上方标明该区电路的功能,在下方用阿拉伯数字从左到右标注在图区栏中。如图纸下方的1、2、3等数字是图区编号,图区上方的电源开关等字样表明对应图区的功能。

(7)由于同一电器的不同部件分别画在不同的图区,为了便于阅读,可以在字母符号的下方标出同一元件的触头或线圈所在的图区。对继电器和接触器可以在原理图控制电路的下面,标出“符号位置索引”。如在继电器、接触器线圈下方列出触点表以说明线圈和触点的从属关系及位置,即相应触点所在图区。

KM		
2	4	×
2	×	×
2		

KA	
9	×
13	×
×	×
×	×

图4.36 符号位置索引示例

如图4.36所示,KM有三对主触点在图区2,一个常开辅助触点在图区4,一个常开辅助触点和2点常闭辅助触点没有用到。KA有两个常开辅助触点分别在图区9和图区13,两个常开辅助触点和4点常闭辅助触点没有用到。

(8)与电气控制有关的机械、液压、气动等装置应用符号给出简图,以表示其关系。

(9)电气原理图上各电气连接点应编排线号,以便检查与接线。

图4.37所示为按照上述电气原理图绘制规则绘制的CW6132车床电气原理图。

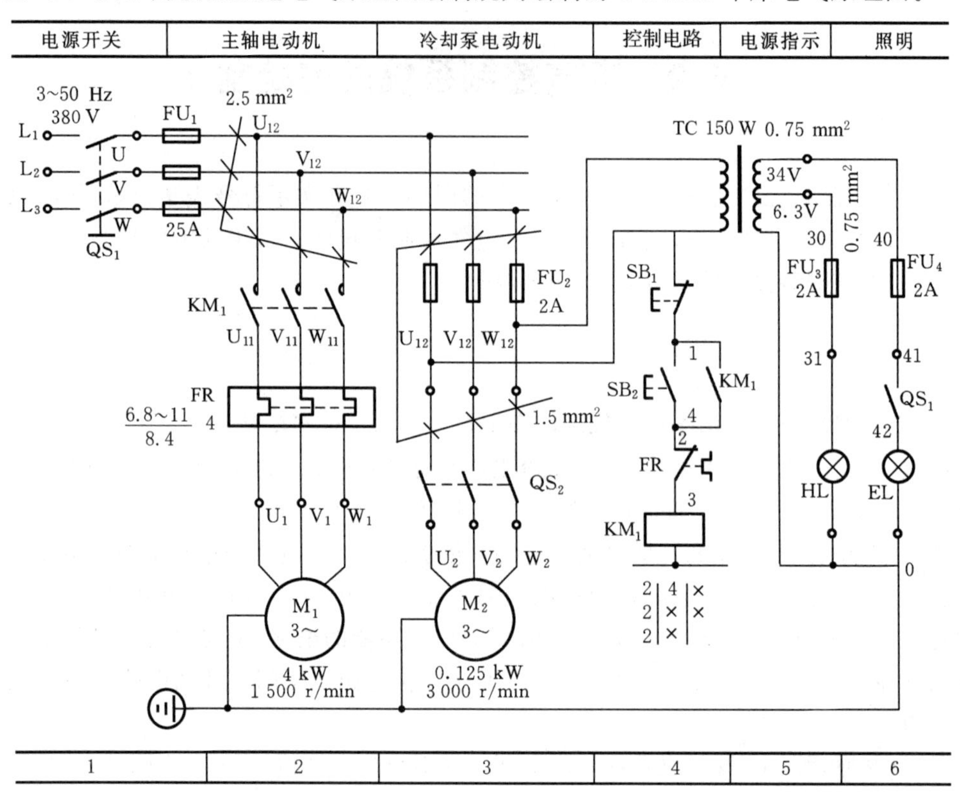

图4.37 CW6132车床电气原理图

4.2.2 电气安装接线图的绘制

电气安装接线图用来表明电气设备或装置之间的接线关系，清楚地表明电气设备外部元件的相对位置及它们之间的电气连接，是实际布线的依据。电气安装接线主要用于电器元件的安装接线、线路检查、线路维修和故障处理。通常接线图、电气原理图和元件布置图一起使用。

(1)各电器元件均按实际安装位置绘出，元件所占图面大小应按实际尺寸以统一比例绘制，尽可能符合电器的实际情况。

(2)各电器元件中所有的带电部件均画在一起，并用点画线框起来，即采用集中表示法。

(3)各电器元件的图形符号和文字符号必须与电气原理图一致，并符合国家标准。

(4)各电器元件上凡是需接线的部件端子都应给出，并予以编号，各接线端子的编号必须与电气原理图上的导线编号一致。

(5)绘制安装接线图时，走向相同的相邻导线可以绘成一股线。

图4.38所示为按电气安装接线图绘制规则绘制的CW6132车床电气安装接线图。

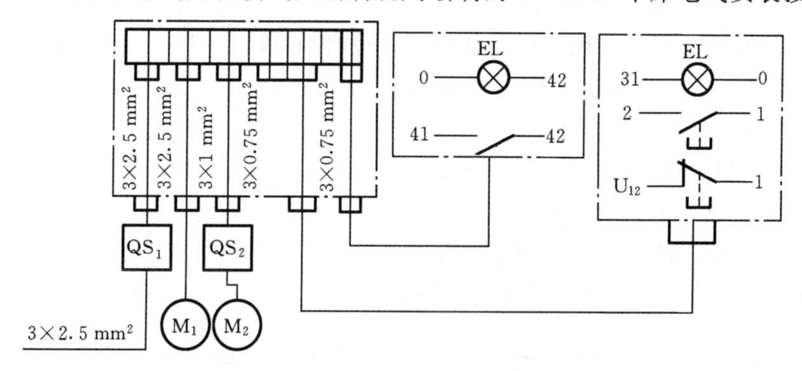

图4.38 CW6132车床电气安装接线图

4.2.3 电器元件布置图的绘制

电器元件布置图是用来详细表明电气原理图中各电气设备、元器件的实际安装位置，为电器控制设备的安装、调试及维修提供必要的资料。可根据电气控制系统复杂程度采取集中绘制和单独绘制。图4.39所示为CW6132车床电器元件布置图。

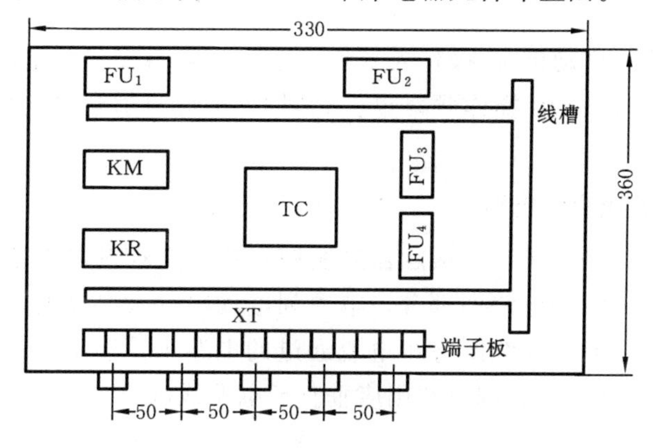

图4.39 CW6132车床电器元件布置图

4.3 三相异步电动机启动控制电路

电动机从静态接通电源后逐渐加速到稳定运行状态的过程称为电动机的启动。电动机的启动分为直接启动和降压启动两种。直接启动是指启动时加在电动机定子绕组上的线电压为额定电压。直接启动的线路简单,安装维护方便。当电动机容量较小时,应优先采用直接启动。一般规定,在现代电网容量较大的情况下,电动机功率在 10 kW 以下的,允许直接启动;超过 10 kW 的电动机应采用降压启动。

4.3.1 三相异步电动机的直接启动控制电路

1. 手动控制直接启动电路

手动控制是指用手动电器进行电动机直接启动操作的控制方式。可以使用的手动电器有刀开关、低压断路器、转换开关等。

图 4.40 所示为三相异步电动机手动控制直接启动电路。图 4.40(a)所示为刀开关控制电路。当采用开启式负荷开关控制时,电动机的最大功率不要超过 5.5 kW;若采用封闭式负荷开关控制,则电动机的功率可达 28 kW。

用刀开关控制电动机时,无法利用热继电器进行过载保护,只能利用熔断器进行短路和过载保护,同时电路不能失电压和欠电压保护,这一点使用时要注意。

图 4.40(b)所示为断路器控制电路,断路器除手动操作功能外,还具有自动跳闸保护功能。断路器的过电流脱扣器和热脱扣器可以用来对电动机进行短路和过载保护。

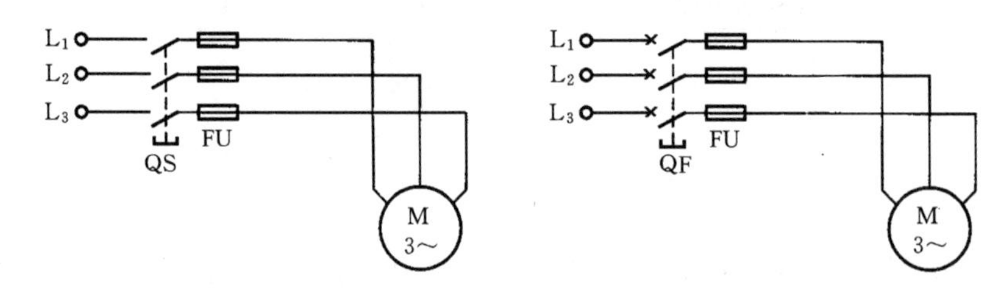

(a) 刀开关控制电动机启动　　(b) 断路器控制电动机启动

图 4.40　三相异步电动机手动控制直接启动电路

手动控制直接启动电动机时,操作人员通过手动电器直接对主电路进行接通和断开操作,安全性能和保护性能较差,操作频率也受到限制,因此只适合电动机容量较小和操作不是很频繁的场合。

2. 接触器控制直接启动电路

接触器控制指的是利用按钮和接触器来实施对主电路控制的方法。在画电路图时,一般将电路分为主电路和控制电路两部分。电源到电动机等大电流通过的电路称为主电路,一般画在左侧,按钮、各种电器线圈等小电流通过的电路为控制电路,一般画在右侧。动力线一般绘成水平线,主电路和控制电路则应垂直于电源线画出。

1）三相异步电动机点动控制电路

点动控制电路如图4.41所示。图4.41中左侧为主电路，三相电源经刀开关QS、熔断器FU_1和接触器KM的三对主触点，接到电动机M的定子绕组上，主电路中流过的电流是电动机的工作电流，电流值较大。右侧部分为控制电路，由熔断器FU_2、按钮SB和接触器线圈KM串联而成，控制电流较小。

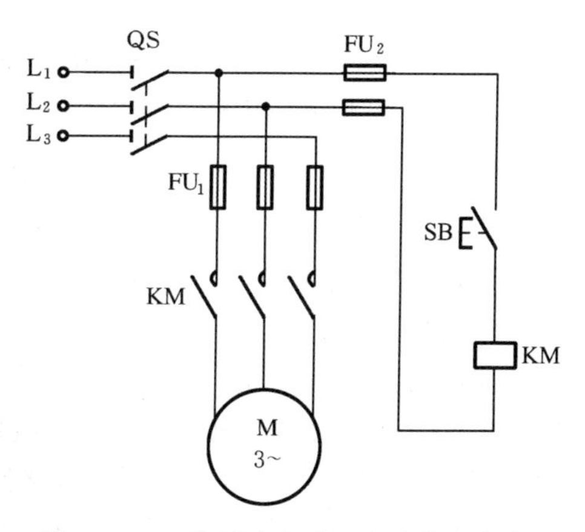

图4.41 三相异步电动机点动控制电路

点动控制电路的工作过程如下：合上电源开关QS，因没有按下点动按钮SB，接触器KM没有通电，KM的主触点断开，电动机M不通电；按下点动按钮SB后，控制电路中接触器KM线圈通电，其主回路的常开触点闭合，电动机通电运行；松开按钮SB，按钮在复位弹簧作用下自动复位，控制电路接触器KM线圈断电，主电路中KM触点恢复原来的断开状态，电动机停止转动。

这个控制电路中，QS也称隔离开关，它不能直接给电动机M供电，只起到隔离电源的作用。主电路熔断器FU_1起短路保护的作用，如发生三相电路的任意两相电路短路，或是一相电路发生对地短路，短路电流将使熔断器迅速熔断，从而切断主电路电源，实现对电动机的过流保护。控制电路的FU_2对控制电路实现短路保护的作用。

2）三相异步电动机单向连续运行控制电路

连续运行是相对于点动控制而言的，它是指在按下启动按钮启动电动机后，若松开按钮，电动机仍能得电连续运转。只要对点动控制电路进行一些改进，就可以使电动机在不按着按钮的情况下连续运行。三相异步电动机单向连续运转控制电路如图4.42所示。

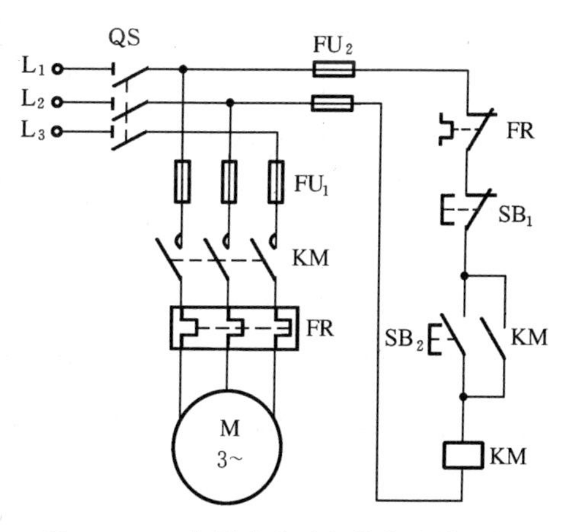

图4.42 三相异步电动机单向连续运行控制电路

主电路由三相电源、刀开关QS、熔断器FU_1、交流接触器KM主触点、热继电器FR、电动机等组成。

控制电路由电源、熔断器FU_2、热继电器常闭触点、停止按钮SB_1、启动按钮SB_2＋KM动合辅助触点、交流按触器KM吸引线圈等组成。

启动按钮SB_2两端的KM动合辅助触点起自锁作用，按下启动按钮SB_2，KM线圈通电，使辅助触点闭合，即使松开按钮后，仍保持线圈持续通电，电动机继续运转。若要电动机停止运转，只需按停止按钮SB_1使接触线圈断电，电动机停转，同时解除自锁。由于SB_1常态下是闭合的，故不影响启动和运转。此电路的启停过程如下。

启动：合上刀开关QS，接通电源。

按SB_2→KM线圈通电——→KM主触点闭合，电动机运转

└→KM 辅助触点闭合,自锁

停转:按 SB_1→KM 线圈失电——→ KM 主触点断开,电动机停转

└→KM 辅助触点断开,切除自锁

另外,此电路还可实现短路、过载和失电压保护。

短路保护靠熔断器 FU_1 实现,它串接在主电路中,当电路一旦发生短路故障,熔体熔断,使电动机脱离电源。

过载保护靠热继电器 FR 实现,电动机负载过大,电压过低或缺相运行,都将引起电动机电流过大,如长时间过电流会使热继电器的热元件发热,使其串接在控制电路的动断触点断开,接触器 KM 线圈断电,切断主电路使电动机停转。同时 KM 辅助触点也断开,解除自锁。故障排除后重新启动时,需先按下 FR 复位按钮,使 FR 的动断触点复位(闭合)。

失电压和欠电压保护靠交流接触器实现。当电压降至低于工作电压的 85%时,接触器吸引线圈的电磁吸力不足,衔铁自行释放,使主、辅触点自行复位,切断电源,电动机停转,同时解除自锁。

3) 三相异步电动机点动和单向连续运行控制电路

在生产过程中,经常需要电动机既能点动运行,又能连续运行。图 4.43 所示的几种电路既能控制电动机点动运行,又能控制电动机连续运行。图 4.43 所示的主电路与图 3.42 所示的电路完全一样,这里只绘出控制电路。

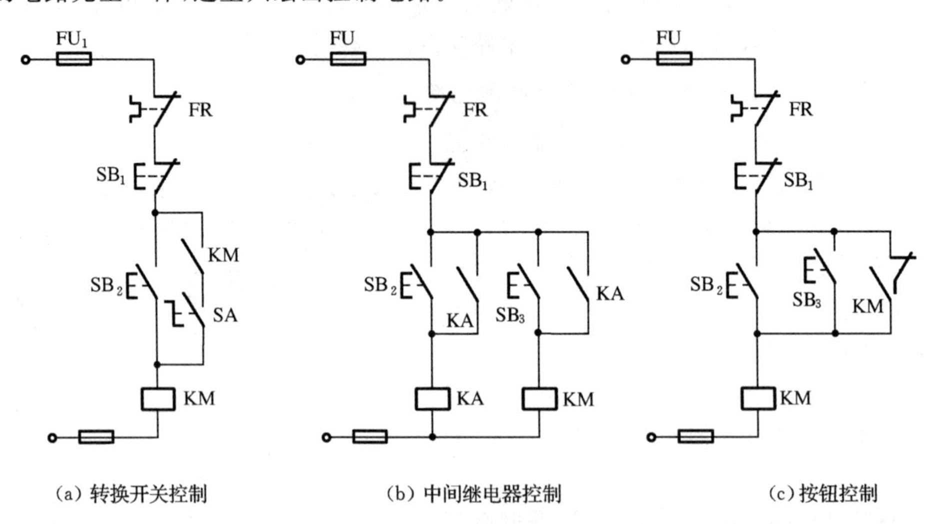

(a) 转换开关控制　　(b) 中间继电器控制　　(c) 按钮控制

图 4.43　三相异步电动机点动和单向连续运行控制电路

(1)转换开关控制。转换开关控制电路如图 4.43(a)所示。转换开关 SA 闭合为单向连续运行电路,SA 断开为点动控制电路。

(2)中间继电器控制。中间继电器控制电路如图 4.43(b)所示。按下 SB_2 为连续运行电路,按下 SB_3 为点动控制电路。

(3)按钮控制。按钮控制电路如图 4.43(c)所示。按下 SB_2 为连续运行电路,按下 SB_3 为点动控制电路。

4) 三相异步电动机多点控制电路

在两个或两个以上的地方实现电动机启动、停止的控制线路称为多点控制电路。它主

要用于大型机械设备,能在不同的位置对运动机构进行控制,例如,对驱动某一运动机构的电动机在多处进行启动和停止的控制。

图 4.44 所示为三相异步电动机单向连续运行多点控制电路,启动按钮是 SB_3、SB_4,停止按钮是 SB_1、SB_2。启动按钮全部并联在自锁触点两端,按下任何一个都可以启动电动机。停止按钮全部串联在接触器线圈电路上,按下任何一个都可以停止电动机的工作。

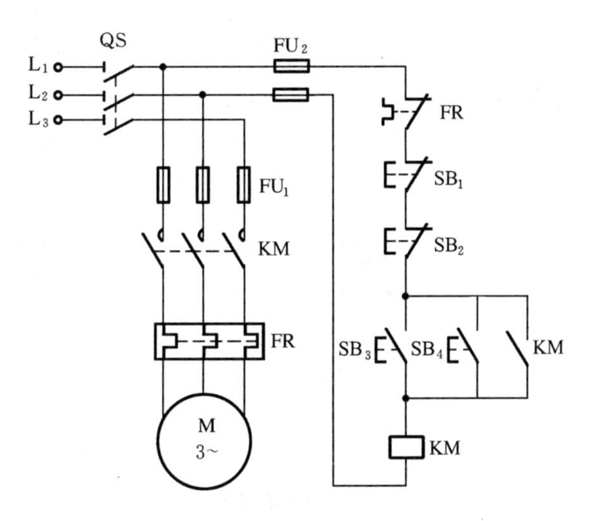

图 4.44 三相异步电动机单向连续运行多点控制电路

3. 多台电动机顺序控制电路

多台电动机的顺序控制是指多台电动机的启动和停止可按设备的需求进行先后顺序控制。顺序启停控制电路有顺序启动、同时停止控制电路和顺序启动、顺序停止控制电路两种类型。

图 4.45(a)所示为两台电动机顺序控制电路的主电路,图 4.45(b)和图 4.45(c)所示为控制电路。图 4.45(b)所示电路的工作原理如下:按下 SB_2,KM_1 得电并自锁,电动机 M_1 启动,同时串在 KM_2 控制回路中的 KM_1 常开触点也闭合;此时再按下 SB_4,KM_2 得电并自锁,则电动机 M_2 启动。如果先按下 SB_4,因 KM_1 常开触点断开,电动机 M_2 不可能先启动,达到了按顺序动作的要求。

有些设备除了要求按顺序启动外,有时还要求按一定顺序停止。图 4.45(c)所示为按顺序启动和停止工作的电路,要达到这个目的,只需在顺序启动控制电路图的基础上,将接触器 KM_2 的一个辅助常开触点并接在停止按钮 SB_1 的两端。这样,即使先按下 SB_1,由于 KM_2 得电,电动机 M_1 也不会停转。只有按下 SB_3,电动机 M_2 先停转后,此时按下 SB_1 才使电动机 M_1 停转,达到先停转 M_2,后停转 M_1 的要求。

许多顺序控制还要求有一定的时间间隔,这可以通过时间继电器来实现。图 4.46 所示电路就有这种功能,图中 KM_1、KM_2 分别控制电动机 M_1、M_2,电动机 M_1 启动一段时间后,时间继电器 KT 的延时时间到,其延时闭合常开触点接通 KM_2 并使其自锁,电动机 M_2 启动,KM_2 的常闭触点断开,切断时间继电器 KT 线圈,使 KT 停止工作。

4.3.2 三相鼠笼式异步电动机的降压启动控制电路

容量小的电动机才允许直接启动,容量大的电动机由于启动电流较大,一般都采用降压

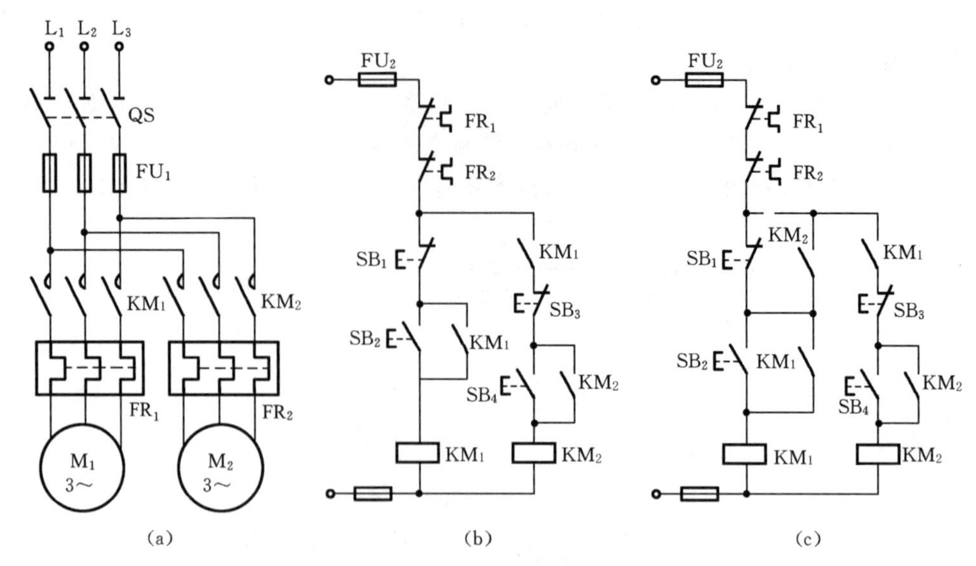

图 4.45　三相异步电动机顺序控制电路

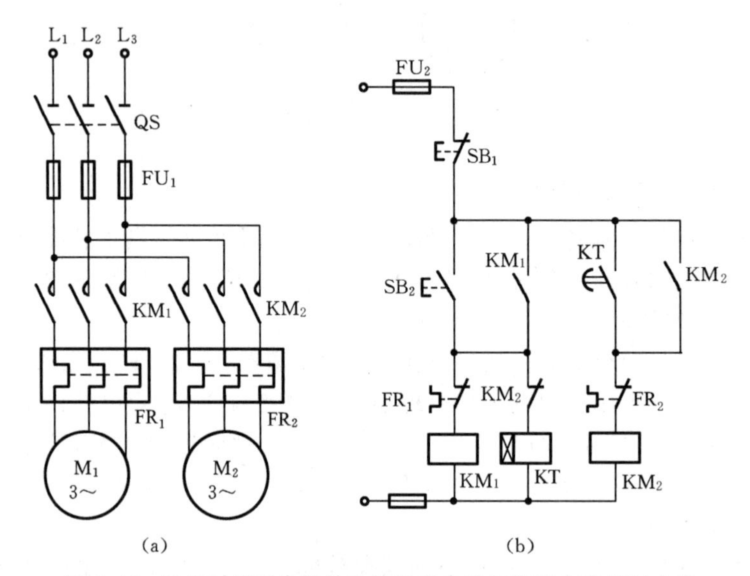

图 4.46　采用时间继电器的三相异步电动机顺序启动控制电路

启动方式。即启动时降低加在电动机定子绕组上的电压，启动后再恢复到额定电压下运行。降压启动的方法有定子串电阻(或电抗)降压启动、Y/△启动、自耦变压器启动、延边三角形启动和使用软启动器等。常用的降压启动方法是定子串电阻(或电抗)降压启动、Y/△降压启动和自耦变压器降压启动。

1. 定子串电阻降压启动控制电路

图 4.47 所示为三相鼠笼式异步电动机定子串电阻降压启动控制电路。启动时，在三相定子绕组中串入电阻，使电动机定子绕组的电压降低，启动后再将电阻短接，电动机便在额定电压下正常运行。这种启动方式不受电动机定子绕组接线形式的限制，较为方便。由于串入电阻，启动时在电阻上的电能损耗较大，适用于不频繁启动场合。

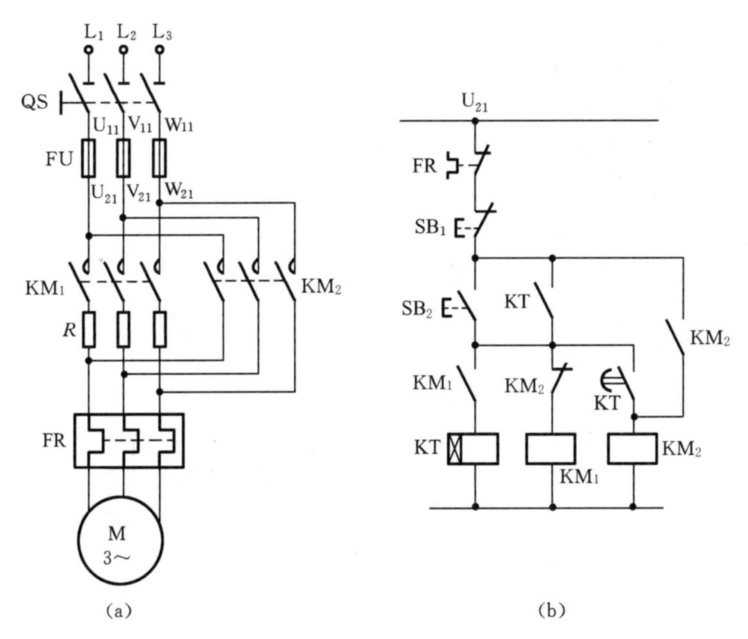

图 4.47 三相异步电动机定子串电阻降压启动控制电路

图 4.47 中 KM_1 为启动接触器，KM_2 为运行接触器，KT 为时间继电器。合上电源开关 QS，按下启动按钮 SB_2，KM_1 线圈得电并自锁，KM_1 吸合，KT 线圈通电吸合并自锁，此时电动机定子串接电阻 R 进行降压启动。当电动机转速接近额定转速时，时间继电器 KT 通电延时闭合触头闭合，KM_2 线圈通电并自锁，KM_2 常闭触头断开并切断 KM_1、KT 线圈电路，使 KM_1、KT 线圈断电释放。这就构成先由 KM_2 主触头短接定子串联电阻，再由 KM_1 主触头断开定子电阻，电动机经 KM_2 主触头在额定电压下正常运转的主电路。

2. Y/△降压启动控制电路

对于正常运行时定子绕组连成△形的三相鼠笼式异步电动机，均可采用 Y/△换接降压启动。启动时，定子绕组先连接成 Y 形，待电动机转速上升到接近额定转速时，将定子绕组换接成△形，电动机便进入全压下正常运转。

1）手动控制电路

手动控制 Y/△降压启动控制电路如图 4.48 所示。图中手动控制开关 SA 有“Y 启动”、“△运行”和“停机”3 个位置，“Y 启动”对应的是电动机定子绕组被接成 Y 连接，“△运行”对应的是电动机定子绕组被接成△连接。电路的工作原理为：将开关 SA 置于“Y 启动”，电动机定子绕组被接成 Y 形降压启动；当电动机转速上升到一定值时，再将开关 SA 置于“△运行”，使电动机定子绕组接成△形，电动机全压运行。

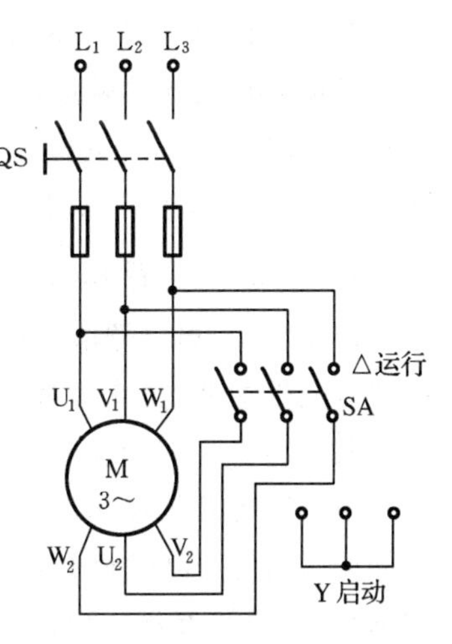

图 4.48 手动控制 Y/△降压启动控制电路

2）接触器控制 Y/△降压启动电路

接触器控制 Y/△降压启动电路如图 4.49 所示。该电路使用按钮控制，SB_2 为 Y 形降压启动按钮，SB_3 为△形全压运行按钮，SB_1 为停止按钮。

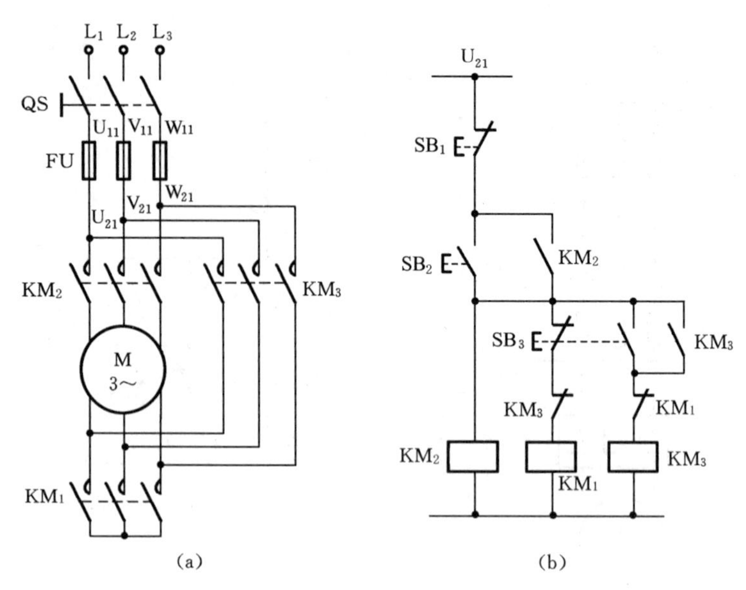

图 4.49 接触器控制 Y/△降压启动控制电路

该控制电路的工作原理为：按下 SB_2→KM_2 线圈得电→KM_2 辅助动合触点闭合（自锁）→KM_2 主触点闭合（接通电源）；KM_1 线圈得电→KM_1 主触点闭合→电动机 Y 形连接启动。

经过一定时间后，按下 SB_3→KM_1 线圈断电→KM_1 主触点断开；KM_3 线圈得电→KM_3 辅助动合触点闭合（自锁）→KM_3 主触点闭合→电动机△形连接运行。

如果 KM_1 和 KM_3 的主触头同时闭合，就会发生短路。为了避免这种事故发生，就要求保证两个接触器不能同时工作。这种在同一时间两个接触器只允许一个工作的控制作用称为互锁或连锁。图 4.49 所示为带互锁的控制电路。

在这个控制电路中，KM_1、KM_3 两个接触器互串了一个对方的动断触点，这对动断触点称为互锁触点或连锁触点。当按下 SB_2 时，KM_1 线圈通电，KM_1 主触点闭合，电动机被接成 Y 形降压启动。与此同时，由于 KM_1 的动断辅助触点断开而切断了 KM_3 的线圈电路。同理，在 KM_3 动作后，也保证了 KM_1 的线圈不能再工作。

3）自动 Y/△降压启动电路

自动 Y/△启动器电路如图 4.50 所示。该电路由交流接触器、热继电器、时间继电器和按钮等元件组成，具有短路保护、过载保护和失电压保护等功能，适用于容量在 125 kW 及以下的三相鼠笼式异步电动机 Y/△降压启动的控制。

该控制电路工作原理如下：合上三相电源开关 QS，按下启动按钮 SB_2，KM_1、KT、KM_3 线圈同时得电，KM_1 和 KM_3 的主触头吸合，KM_1 的辅助常开触头吸合实现自锁，实现 KM_2 与 KM_3 的电气互锁，电动机三相定子绕组接成 Y 形接入三相交流电源进行降压启动；当电动机转速接近额定转速时，通电延时时间继电器 KT 动作，KT 常闭触头断开，使 KM_3 线圈断电，KM_3 主触头释放，KM_3 辅助常闭触头恢复吸合状态，KT 常开触头闭合，使 KM_2 线圈经 KM_3 辅助常闭触头得电，KM_2 主触头吸合，电动机由 Y 形改接成△形进入正常运转。而 KM_2 辅助常闭触头断开，使 KT 在电动机 Y/△降压启动完成后断电释放，并实现与 KM_3 的互锁。

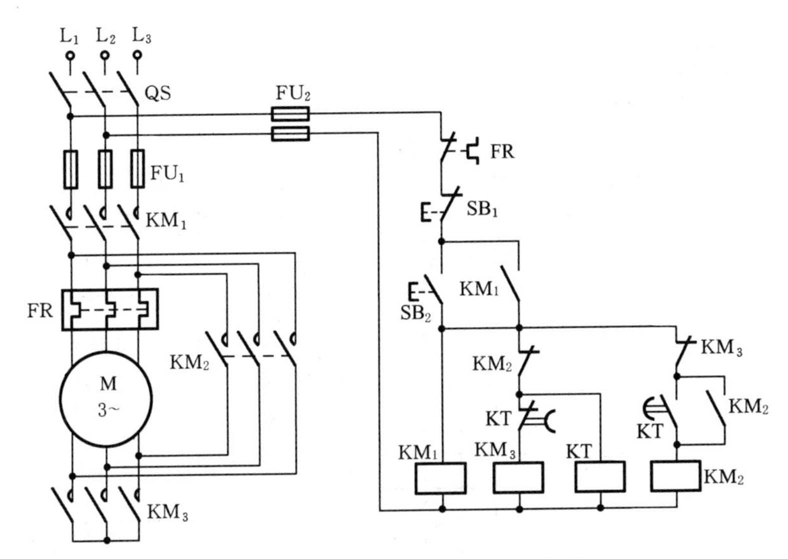

图 4.50 自动 Y/△降压启动控制电路

3. 自耦变压器降压启动控制电路

电动机自耦变压器降压启动是将自耦变压器原绕组接在电网上，启动时定子绕组接在自耦变压器副绕组上。这样，电动机启动时获得的电压为自耦变压器的副绕组电压。待电动机转速接近电动机额定转速时，再将电动机定子绕组接在电网上即电动机额定电压上进入正常运转。此种启动方式适用于较大容量电动机的空载或轻载启动，在自耦变压器副绕组上有多组抽头(匝数比例一般为 65%、73%和 85%)，供不同启动场合选用。

一般自耦变压器降压启动是由自耦降压启动器来完成的。这种自耦降压启动器有手动和自动两种。

1）自耦变压器降压启动手动控制电路

图 4.51 所示为 QJ10 系列手动自耦降压启动器的控制电路，启动器操作手柄有“启动”、“停止”和“运行”3 个位置，并设有连锁机构，使手柄未经过“停止”位置不能扳到“运行”位置。自耦变压器副绕组有 65%和 85%两挡电压抽头，可根据电动机的负载情况选择启动电压。

手动自耦降压启动器的电路工作原理为：当手柄置于“停止”位置时，启动器所有触点都断开，电动机断电。开始启动时，将手柄向上扳到“启动”位置，启动触点和中性触点闭合，电动机三相定子绕组接入自耦变压器降压启动。转速接近额定转速时，可将手柄向下扳至“运行”位置，启动触点和中性触点断开，将自耦变压器从三相电路中切除，运行触点闭合，电动机全压运行。要停机时，只要按下停止按钮 SB，使失压脱扣器的线圈断电而造成衔铁释放，通过机械脱扣装置将运行一组触点断开，同时手柄会自动跳回“停止”位置，为下次启动作准备。

2）自耦变压器降压启动自动控制电路

自耦变压器降压启动自动控制电路如图 4.52 所示。工作原理为：合上三相电源开关 QS，按下启动按钮 SB_2→KM_2、KM_3 线圈得电并通过 KM_2、KM_3 辅助常开触点闭合实现自锁→电动机接入自耦变压器降压启动，同时时间继电器 KT 通电并自锁，延时开始→当 KT

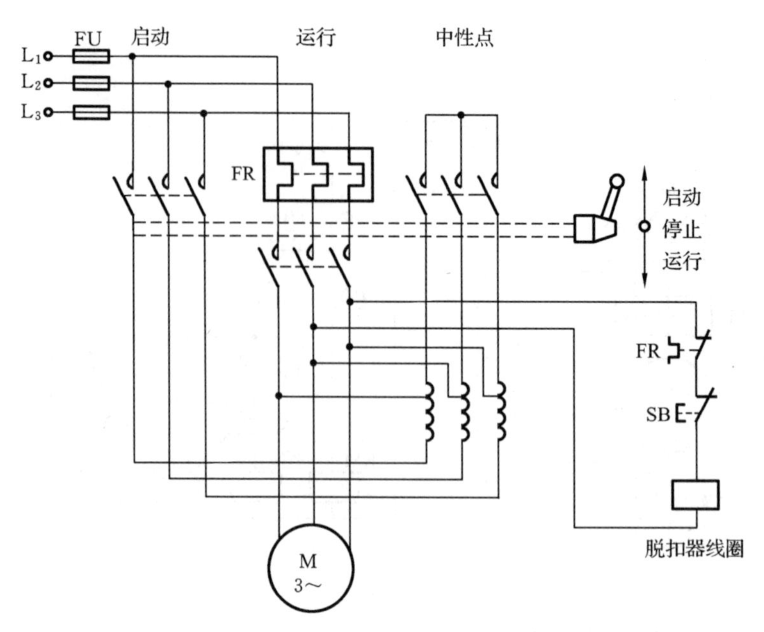

图 4.51　手动自耦降压启动器控制电路

延时结束,延时触点动作后→KM_2、KM_3 线圈断电,KM_1 线圈通电并自锁→电动机转入正常运行,同时 KM_1 的常闭触点断开,KT 线圈失电。

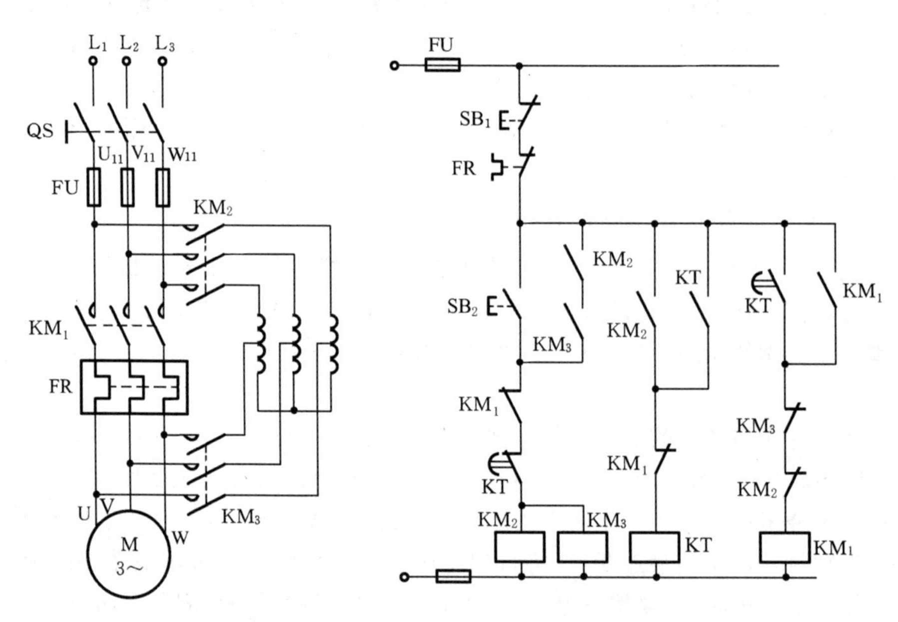

图 4.52　自耦变压器降压启动器自动控制电路

4. 软启动控制电路

软启动是随着电子技术的发展而出现的新技术。软启动器是一种晶闸管调压装置,采用微机控制技术,实现三相交流异步电动机的软启动、软停车及轻载节能,同时也具有过载、缺相、过电压和欠压等多种保护功能。

图 4.53 所示是采用西诺克 Sinoco-ss2 系列软启动器控制电动机启动、停止的控制电路

原理图。其中 FU_2 是保护软启动器的快速熔断器，S_1 和 S_2 是启停信号输入端子，S_3 和 S_4 是旁路信号输出端子。电动机启动时通过软启动器使电压从某一较低值逐渐上升到额定值，启动后再用旁路接触器使电动机全压运行。

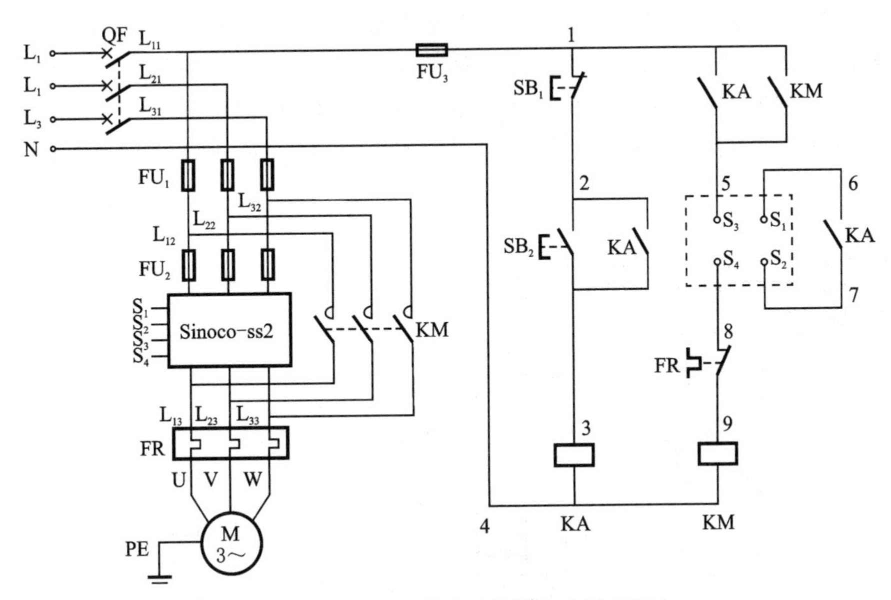

图 4.53 电动机软启动控制电路原理图

电动机软启动控制电路的工作原理如下。合上空气开关 QF，按下启动按钮 SB_2，中间继电器 KA 线圈通电吸合并自锁，同时其动合触点(1-5)、(2-3)、(6-7)闭合，启停信号输入端子 S_1 和 S_2 给软启动器输入信号，电动机按设定的过程启动，当启动完成后，软启动器输出旁路信号，使 S_3 和 S_4 端子闭合，接触器 KM 线圈通电吸合并自锁，旁路电路启动，电动机在全压下运行。停止时，按下停止按钮 SB_1，中间继电器 KA 线圈断电并解除自锁，同时已闭合的动合触点(1-5)、(2-3)、(6-7)复位断开，启停信号输入端子 S_1 和 S_2 给软启动器输入该信号，使软启动器旁路信号输出端子 S_3 和 S_4 断开，接触器 KM 线圈断电并解除自锁，软启动器接入电路，电动机按预定的过程实现软停车。

4.3.3 三相绕线式异步电动机的降压启动控制电路

三相绕线式异步电动机转子绕组可通过铜环经电刷与外电路电阻或电抗串接，以减小启动电流，提高转子电路功率因数和启动转矩，适用于重载启动的场合。

按绕线式异步电动机转子在启动过程串接的装置不同，可分为转子串电阻启动控制电路和转子串频敏变阻器启动控制电路。

1. 转子串电阻启动控制电路

绕线式异步电动机转子串电阻启动，一般是在转子回路串入多级电阻，利用接触器的主触点分段切除，使绕线式电动机的转速逐级提高，最后达到额定转速而稳定运行。

1）按时间原则控制的转子串电阻启动电路

图 4.54 所示为转子串三级电阻按时间原则控制的启动电路。KM_1 为电路接触器，KM_2、KM_3 和 KM_4 为短接电阻启动接触器，KT_1、KT_2 和 KT_3 为短接电阻时间继电器。电

路工作原理为:合上三相电源开关 QS,按下启动按钮 SB_2→KM_1 线圈得电,KM_1 主触头闭合,电动机在串 R_1、R_2、R_3 状况下启动,KM_1 辅助常开触闭合实现自锁;KT_1 得电,延时开始→KT_1 延时结束,KT_1 触头闭合→KM_2 线圈得电,主触头闭合切除 R_1,辅助常开触头闭合自锁,电动机在串 R_2、R_3 状况下启动;KM_2 辅助常开触头闭合,KT_2 延时开始→KT_2 延时结束,KT_2 触头闭合→KM_3 线圈得电,主触头闭合切除 R_1、R_2,辅助常开触头闭合自锁,电动机在串 R_3 状况下启动;KM_3 辅助常开触头闭合,KT_3 延时开始→KT_3 延时结束,KT_3 触头闭合→KM_4 线圈得电,主触头闭合切除 R_1、R_2、R_3,辅助常开触头闭合自锁,电动机正常运行。

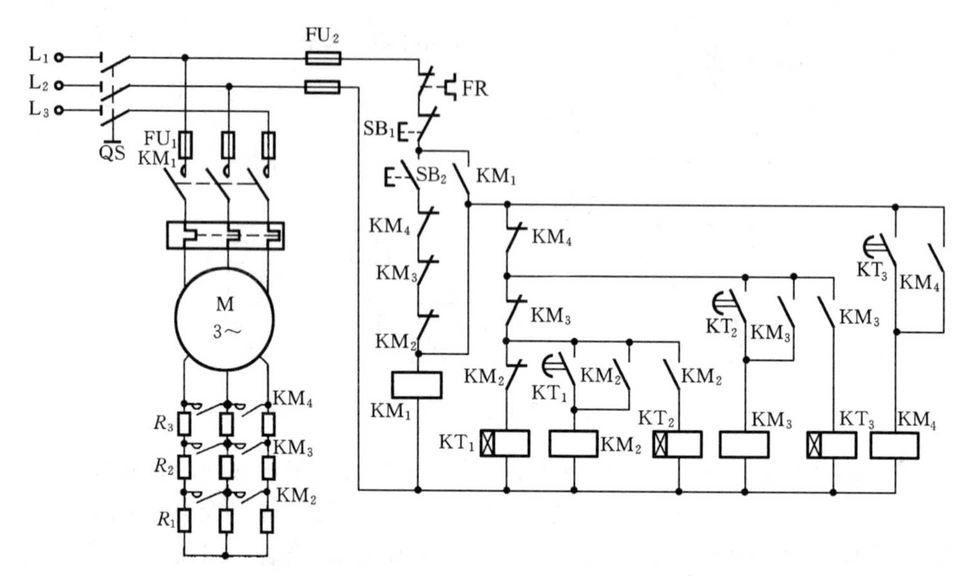

图 4.54　按时间原则控制的转子串电阻启动电路

值得注意的是,电动机启动后进入正常运行,只有 KM_1、KM_4 两个接触器处于长期通电状态,而 KT_1、KT_2、KT_3 与 KM_2、KM_3 线圈的通电时间,均压缩到最低限度。一方面从电路工作要求出发,这些电器没必要都处于通电状态,另一方面也为节省电能,延长电器使用寿命,更为重要的是减少电路故障,保证电路安全可靠地工作。但电路也存在下列问题,一旦时间继电器损坏,电路将无法实现电动机的正常启动和运行。再者,在电动机的启动过程中,由于逐级短接转子电阻,将使电动机电流与电磁转矩突然增大,从而产生机械冲击。

2)按电流原则控制的转子串电阻启动电路

按电流原则控制的转子串电阻启动电路如图 4.55 所示。它是运用电流继电器来检测电动机转子电流,根据电动机在启动过程中,转子电流变化来实现转子电阻的短接控制。图中,KA_1、KA_2、KA_3 为欠电流继电器,其线圈串接在电动机转子电路中,这三个电流继电器的吸合电流值相同,但释放电流值不同。其中 KA_1 释放电流为最大,KA_2 次之,KA_3 释放电流值最小。KA_4 为中间继电器,KM_1、KM_2、KM_3 为短接转子电阻接触器,KM_4 为电路接触器。

该电路工作原理如下。合上电源开关 QS,按下启动按钮 SB_2,KM_4 线圈得电并自锁,电动机定子接通三相交流电源,转子串入全部电阻接成 Y 形启动。同时 KA_4 线圈通电吸合,为 KM_1、KM_2、KM_3 通电作准备。由于电动机刚启动,启动电流大,使 KA_1、KA_2、KA_3 同时通电吸合,它们的常闭触头断开,使 KM_1、KM_2、KM_3 处于断电状态,转子电阻全部串入,达

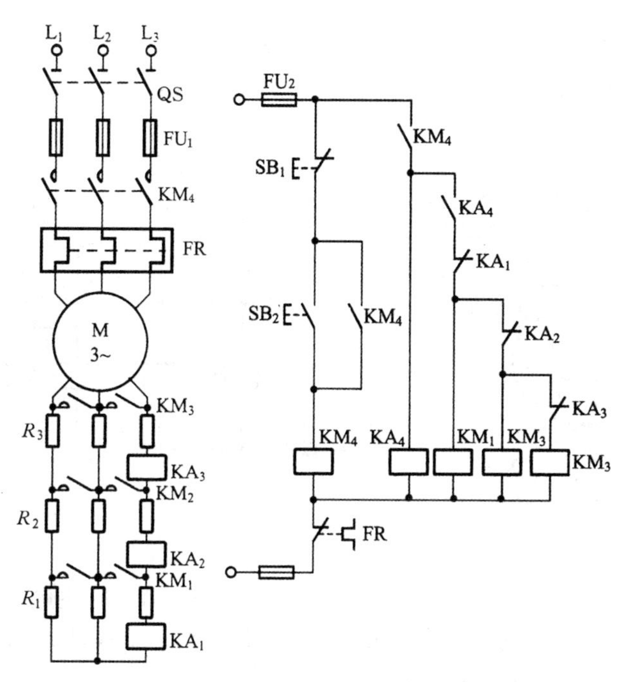

图 4.55 按电流原则控制的转子串电阻启动电路

到限制电流、提高启动转矩的目的。随着电动机转速的提高，启动电流减小，当启动电流减小到 KA_1 释放电流时，KA_1 释放，其常闭触头闭合，使 KM_1 线圈通电吸合，KM_1 主触头短接第一段转子电阻 R_1，由于转子电阻减小，转子电流上升，启动转矩加大，电动机转速上升，转子电流又下降，当降至 KA_2 释放电流时，KA_2 释放，KA_2 常闭触头使 KM_2 线圈通电吸合，KM_2 主触头短接第二段转子电阻 R_2。如此重复，直至转子电阻全部短接，电动机启动过程结束。

2. 转子串频敏变阻器启动控制电路

绕线式异步电动机若串入转子回路的电阻或阻抗，能随启动过程的进行自动而平滑地减小，那就不需要逐级切换电阻，启动过程也就能平滑进行，频敏变阻器能够满足上述要求。频敏变阻器实质上是一个铁芯损耗很大的三相电抗器，它的等效阻抗与转子的电流频率有关。启动瞬间，转子的电流频率最大，频敏变阻器的等效阻抗最大，转子电流受到抑制，定子电流也不至于很大，随着转速的上升，转子的频率逐渐减小，频敏变阻器的等效阻抗也逐渐减小；当电动机达到正常转速时，转子的电流频率很小，频敏变阻器的等效阻抗也变得很小。因此，绕线式异步电动机转子中接入频敏变阻器启动时，随着启动过程中转子电流频率的降低，其阻抗自动减小，从而实现了平滑的列级启动。

转子串频敏变阻器的启动控制电路如图 4.56 所示。电动机转子电路接入按 Y 连接的频敏变阻器，由接触器 KM_2 主触点在启动完毕时将其短接。电路的工作原理为：控制电路中有转换开关 SA，可以选择启动方式是自动控制还是手动控制。SA 置于“自动”，为自动控制启动，SA 置于“手动”，为手动控制启动。

自动启动的工作原理为：按下 SB_2→KM_1 线圈得电并自锁，主触头闭合，电动机串频敏变阻器启动；KT 线圈得电，延时开始→延时结束，KT 闭合，KA 线圈得电并自锁，KA 闭合→KM_2 线圈得电，主触头闭合，切除频敏变阻器，电动机正常运行。

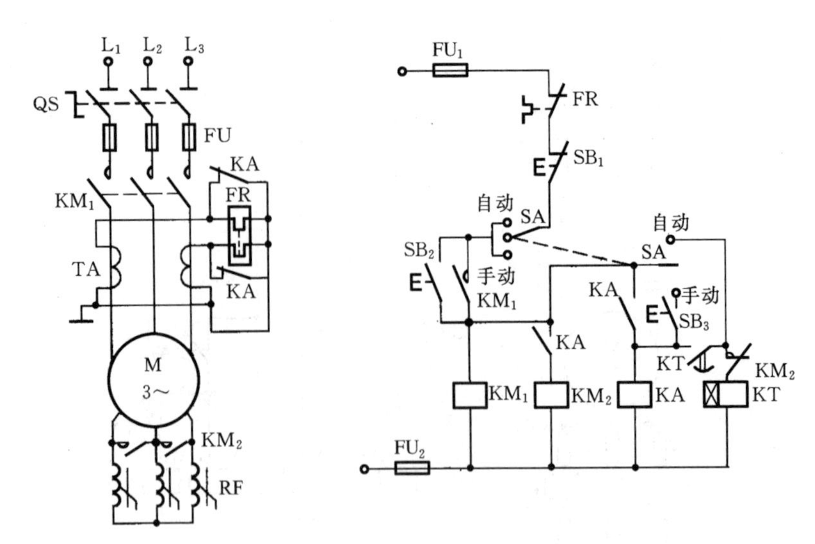

图 4.56　转子串频敏变阻器的启动控制电路

手动启动的工作原理为:按下 SB_2→KM_1 线圈得电并自锁,主触头闭合,电动机串频敏变阻器启动→经过一定时间后,按下 SB_3→KA 线圈得电并自锁,KA 闭合→KM_2 线圈得电,主触头闭合,切除频敏变阻器,电动机正常运行。

由于电动机功率大,启动过程比较缓慢,为避免由于启动过程长引起热继电器的误动作,采用了中间继电器 KA 常闭触头短接 FR,待启动过程结束进入稳定运行时再接入 FR。

4.3.4　三相异步电动机的正、反转控制电路

各种生产机械常常要求具有上、下、左、右、前、后等正、反两个方向的运动,这就要求电动机能够正、反两个方向的运动。三相异步电动机可借助正、反向接触器改变定子绕组相序来实现。

1. 转换开关(倒顺开关)控制电动机正、反转控制电路

转换开关控制电动机正、反转控制电路如图 4.57 所示。图 4.57(a)所示为用转换开关直接控制电动机正、反转电路,当转换开关 SA 扳到上方位置,电动机进线端直接与电源 L_1、L_2、L_3 相接,合上电源开关 QS,电动机正向旋转;当转换开关 SA 扳回到中间位置时,电动机断开三相电源,电动机停转;当转换开关 SA 扳至下方位置时,电动机的 U、V、W 端分别与三相电源的 L_3、L_2、L_1 相接,电动机实现了倒相,电动机反向旋转;当转换开关 SA 扳回中间位置时,电动机停止旋转。由于转换开关无灭弧装置,仅适用于电动机容量为 5.5 kW 及其以下电动机的正、反转控制。

图 4.57(b)中的转换开关 SA 只用作预选电动机的旋转方向,而由按钮来控制接触器,再由接触器主触头来接通和断开电动机三相电源,实现电动机的启动与停止,所以其控制电路为电动机单向旋转启动、停止控制电路。由于采用了接触器控制,并且接入了热继电器,故该电路具有短路保护、长期过载保护和欠电压与失电压保护功能,而图 4.57(a)电路只具有短路保护。

2. 接触器(电气)互锁电动机正、反转控制电路

图 4.58(a)所示为电动机正、反转控制电路的主电路,由正、反转接触器的主触头来实现电动机两相电源的对调,进而实现电动机的正、反转。

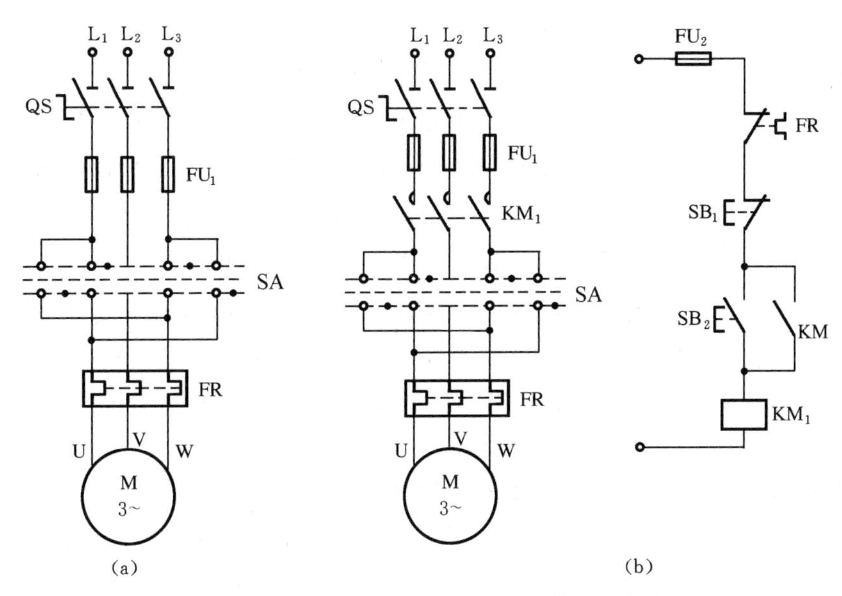

图 4.57 倒顺开关控制电动机正、反转控制电路

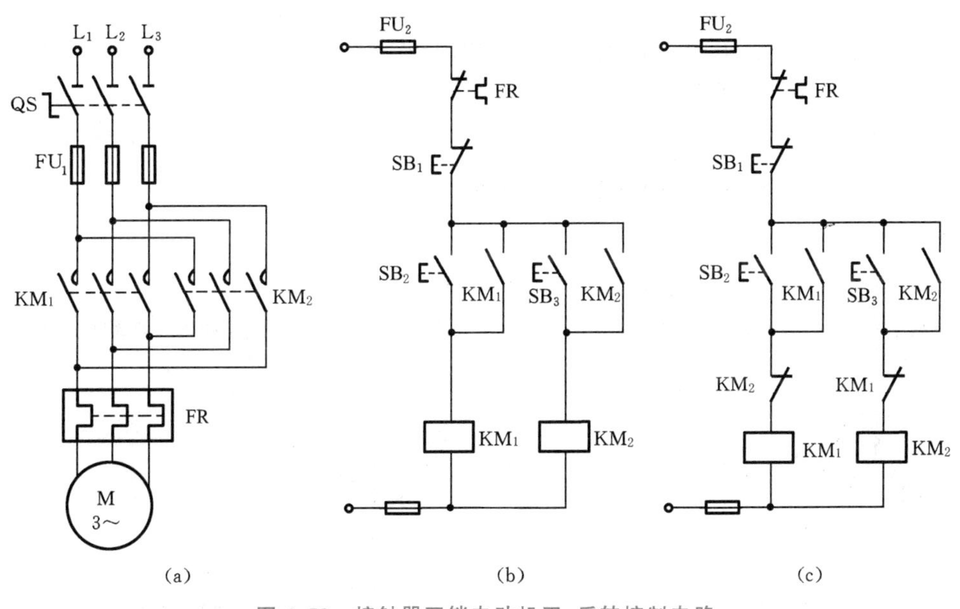

图 4.58 接触器互锁电动机正、反转控制电路

图 4.58(b)所示为将两个单向连续运行控制电路组合而成的正、反转控制电路。按下 SB_2，KM_1 主触头闭合，电动机正转。按下 SB_3，KM_2 主触头闭合，电动机反正转。若按下正转启动按钮 SB_2，电动机已进行正向旋转后，又按下反向启动按钮 SB_3 误操作时，由于正反转接触器线圈 KM_1、KM_2 均通电吸合，其主触头均闭合，将发生电源两相短路，致使熔断器 FU_1 熔体烧断，电动机无法工作。为防止出现上述情况，把这种相互制约的控制关系称为互锁，这两对起互锁作用的常闭触头称为互锁触头。

图 4.58(c)所示为利用 KM_1、KM_2 正、反转接触器的常闭辅助触头实现电气互锁的电动机正、反转控制电路。其工作原理如下。

正转：合上刀开关 QS，接通电源，将 KM_1、KM_2 正、反转接触器的常闭辅助触头串接到对方线圈电路中,形成相互制约的控制。

按 SB_2→KM_1 线圈得电——→ KM_1 主触点闭合,电动机正转

└→KM_1 辅助常开触点闭合,自锁;辅助常闭触点断开,互锁

停转:按 SB_1→KM_1 或 KM_2 线圈失电——→ KM_1 或 KM_2 主触点断开,电动机停转

└→KM_1 或 KM_2 辅助触点断开,切除自锁和互锁

反转:按 SB_3→KM_2 线圈得电——→KM_2 主触点闭合,电动机反转

└→KM_2 辅助常开触点闭合,自锁;辅助常闭触点断开,互锁

这种电气互锁的控制电路中,要实现电动机由正转转换成反转或由反转转换成正转,都必须先按下停止按钮 SB_1,然后才能进行反转或正转的启动控制,不能直接过渡,显然这是十分不方便的。

3. 按钮(机械)互锁电动机正、反转控制电路

按钮互锁电动机正、反转控制电路如图 4.59 所示。控制电路中使用了复合按钮 SB_2 和 SB_3。电路中将动断触点接入对方线圈支路中,只要按下按钮,就自然切断对方线圈支路,从而实现互锁,这种互锁是利用按钮这种机械的方法来实现的,所以又把这种互锁称为机械互锁。

按钮互锁电动机正、反转控制电路的工作原理如下。

正转:合上刀开关 QS,接通电源

按 SB_2→KM_2 线圈失电,互锁

└→KM_1 线圈得电,电动机正转

反转:按 SB_3→KM_1 线圈失电,互锁

└→KM_2 线圈得电,电动机反转

停转:按 SB_1→KM_1 或 KM_2 线圈失电——→KM_1 或 KM_2 主触点断开,电动机停转

└→KM_1 或 KM_2 辅助触点断开

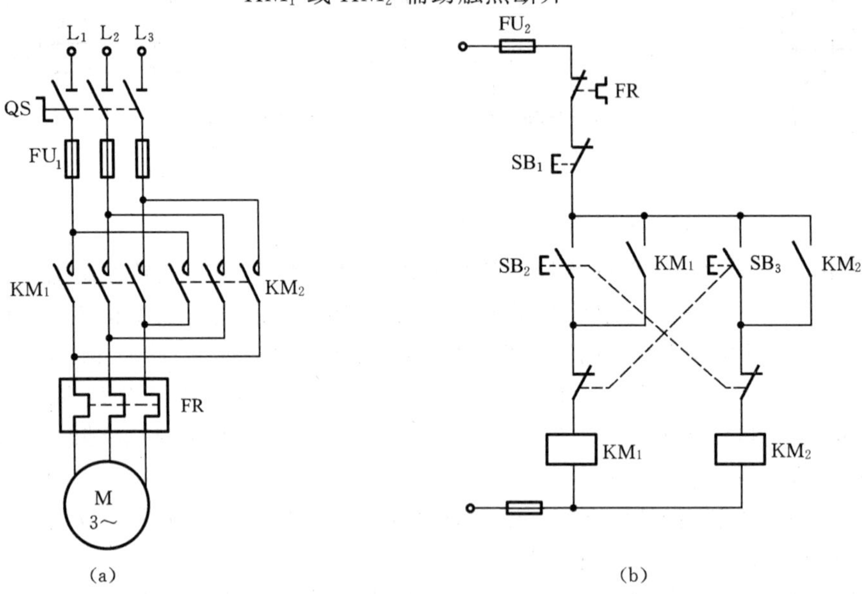

图 4.59 按钮互锁电动机正、反转控制电路

这种机械互锁的控制电路可以从正转直接过渡到反转，因为复合按钮两组触点的动作是有先后次序的。按下时，动断先断开，动合后闭合；松开时，动合先恢复断开，动断后恢复闭合，利用这个时间差，可以实现正、反转的直接过渡。这种电路存在的主要问题是容易产生短路事故。例如，电动机正转接触器 KM_1 主触点因弹簧老化或剩磁的原因而延迟释放或者被卡住而不能释放时，如按下 SB_3 反转按钮，KM_2 接触器又得电使其主触点闭合，电源会在主电路短路。显然，这种控制电路的安全性较低。

4. 双重互锁电动机正、反转控制电路

图 4.60 所示为具有接触器（电气）、按钮（机械）双重互锁的电动机正、反转控制电路。这种电路，若电动机正转运行需直接转换为反转时，可按下反转启动按钮 SB_3，此时反转启动按钮 SB_3 的常闭触头先断开，于是切断了正转接触器线圈 KM_1 电路，正转接触器 KM_1 立即断电释放；进一步按下反转启动按钮，使其常开触头闭合，于是接通反转接触器线圈 KM_2 电路，反转接触器 KM_2 线圈通电吸合，主触头闭合，电动机反向启动旋转，实现了电动机正、反转的直接转换，直到电动机需停止时才按下停止按钮 SB_1，让电动机停止运转。双重互锁电动机正、反转控制电路是一种比较完善的电路，它既能实现正、反转直接启动的要求，又具有较高的安全可靠性，因此在电动机控制系统中应用广泛。

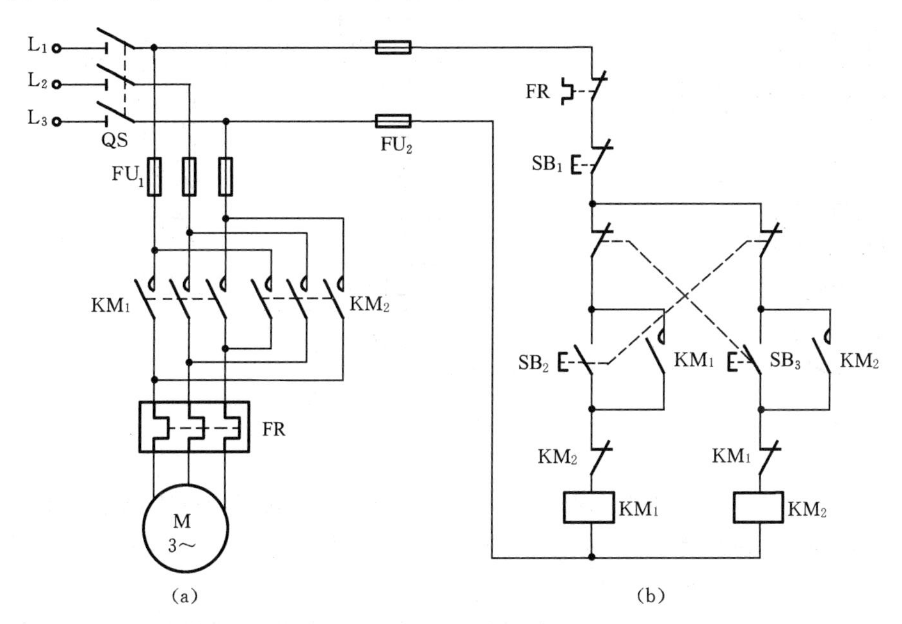

图 4.60 双重互锁电动机正、反转控制电路

5. 自动往返行程控制电路

在生产实际中，有些生产机械的运动部件需要作自动往返运动。如龙门刨床、平面磨床的工作台都需要作自动往返运动。图 4.61 所示为利用行程开关来实现进行自动往返运动控制示意图。SQ_1 为正向（往）转反向（返）行程开关，SQ_2 为反向（返）转正向（往）行程开关，SQ_3 和 SQ_4 的作用是限位保护。行程开关是由安装在运动部件上的挡铁来压合动作的，挡铁安装位置又是根据行程要求来调节的，所以这是一种行程原则的控制。

自动往返行程控制电路如图 4.62 所示。它实质上是在双重互锁正、反转控制电路基础上，增加了行程开关常开触头并接在接触器常开辅助触头即自锁触头两端，构成又一条自锁

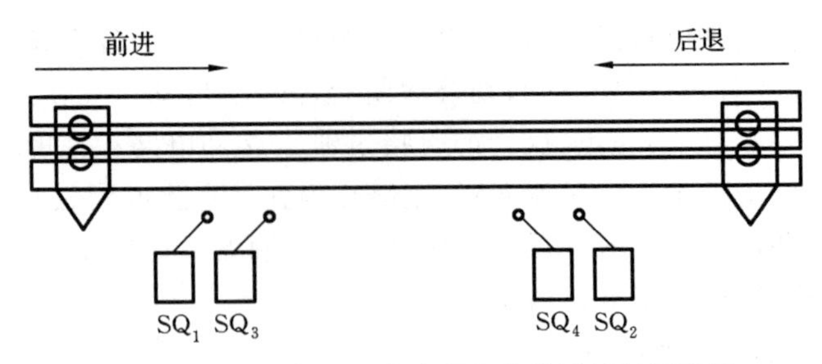

图 4.61 利用行程开关实现自动往返控制示意图

电路;将行程开关的常闭触头串接于对方接触器线圈电路中,增加了一个互锁触头。为对运动部件的运动行程进行限位保护,增设了两个运动方向的限位保护开关 SQ_3 和 SQ_4。

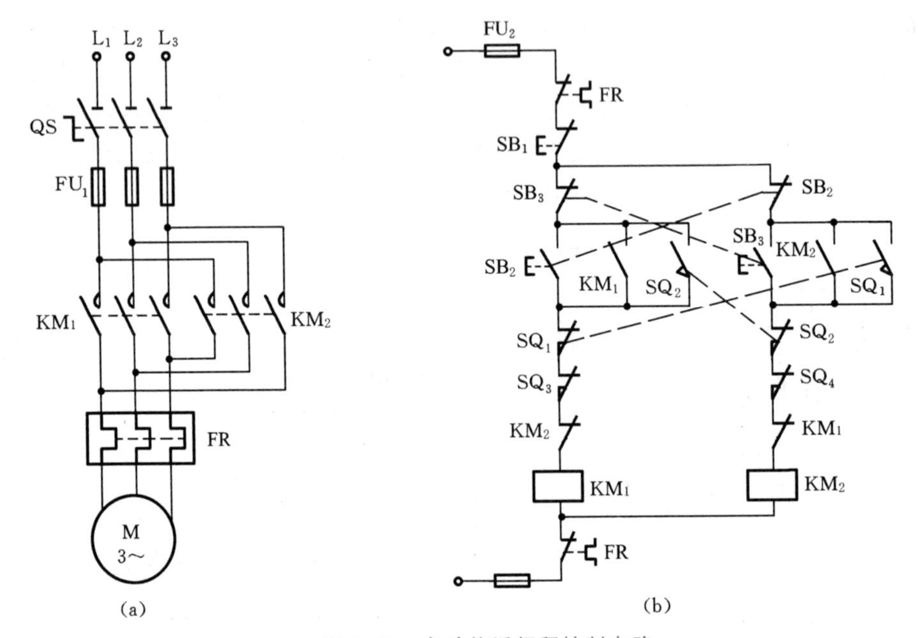

图 4.62 自动往返行程控制电路

在图 4.62 中,SB_1 为停止按钮,SB_2 和 SB_3 为电动机正、反转启动按钮,SQ_1 为正向(往)转反向(返)行程开关,SQ_2 为反向(返)转正向(往)行程开关,SQ_3 为正向运动极限保护行程开关,SQ_4 为反向运动极限保护行程开关。

当按下正转启动按钮 SB_2 时,电动机正向启动旋转,拖动运动部件向右运动,当运动部件上的机械挡铁压下换向开关 SQ_1 时,正转接触器 KM_1 线圈断电释放,反转接触器 KM_2 线圈通电吸合,电动机由正转转换为反转,拖动运动部件向左运动。当运动部件上的机械挡铁压下换向开关 SQ_2 时,KM_2 线圈断电释放,KM_1 线圈通电吸合,电动机由反转转换为正转,再次拖动运动部件向右运动,如此循环往复,实现电动机的正、反转控制,进而实现运动部件的自动往返运动。当按下停止按钮 SB_1 时,电动机便停止运转,运动部件也停止运转。

限位行程开关 SQ_3、SQ_4 分别安装在运动部件正、反向的极限位置。若运动部件到达换向开关压合位置时,机械挡铁压合不上换向开关,致使正转或反转接触器线圈未能断电,造成电动机继续正转或反转,运动部件继续沿原方向移动,机械挡铁压下限位行程开关 SQ_3 或 SQ_4,使相应接触器线圈断电释放,电动机停转,运动部件停止移动,从而避免运动部件越出允许位置而导致事故发生。

4.4 三相异步电动机制动控制电路

电动机在切断电源后，由于机械惯性的存在，电动机完全停止要一定的时间，而实际中生产机械往往要求快速、准确地停车。这就需要电动机采用有效措施进行制动，电动机常用的制动方式有机械制动和电气制动两种。机械制动是利用机械装置使电动机在切断电源后迅速停止转动的一种控制方法，电磁制动器抱闸制动是机械制动最常用的方法，这种制动方法在起重机械上被广泛采用。三相交流异步电动机常用的电气制动制动方法有反接制动、能耗制动等。

4.4.1 三相异步电动机的反接制动控制电路

三相异步电动机单向运行反接制动电路如图 4.63 所示。其工作过程为：启动时，按下启动按钮 SB_2，接触器 KM_1 得电并自锁，电动机 M 通电启动。电动机正常运转时，速度继电器 KS 的常开触点闭合，为反接制动做好准备。电动机停止运转时，按下停止按钮 SB_1，其常闭触头断开，接触器 KM_1 线圈失电，电动机断开电源，由于此时电动机的惯性转速还很高，KS 的常开触点依然处于闭合状态，所以 SB_1 常开触点闭合时，反接制动接触器 KM_2 线圈得电并自锁，其主触点闭合，使电动机定子绕组得到与正常运转相序相反的三相交流电源，电动机进入反接制动状态，转速迅速下降，当电动机转速接近于零时，速度继电器 KS 的常开触点复位，接触器线圈电路被切断，反接制动结束。

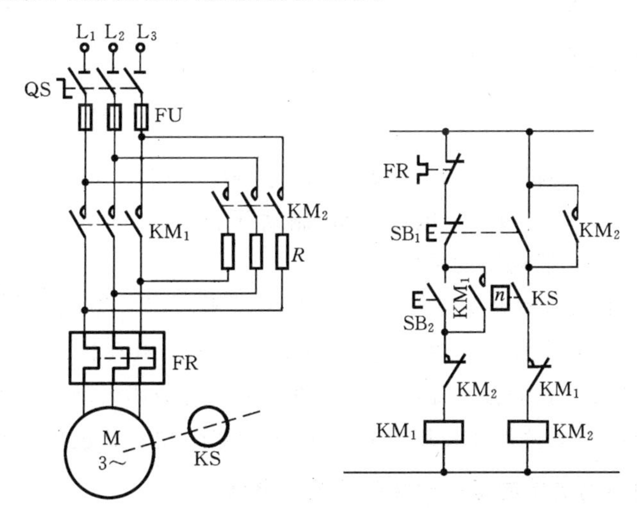

图 4.63 三相异步电动机反接制动控制电路

反接制动时，由于转子与旋转磁场的相对速度接近于两倍的同步转速，所以定子绕组中流过的反接制动电流相当于全压直接启动时的两倍，因此，反接制动的特点是制动迅速，效果好，但冲击大，通常仅适用于 10 kW 以下的小容量电动机。为了减小冲击电流，通常要求在电动机主电路中串接一定的电阻以限制反接制动电流。这个电阻称为反接制动电阻。

速度继电器的动作值一般调整至 120 r/min 左右，释放值调整至 90 r/min 左右，释放值调得太大时，反接制动不充分，自由停车时间过长；调得太小时，则可能出现不能及时断开电源而造成短时间反转现象。

4.4.2 三相异步电动机的能耗制动控制电路

1. 按时间原则控制的单向运行能耗制动控制电路

图 4.64 所示为按时间原则控制的单向运行能耗制动控制电路。图中 KM_1 为单向运行接触器，KM_2 为能耗制动接触器，D 为桥式整流电路，TC 为整流变压器。

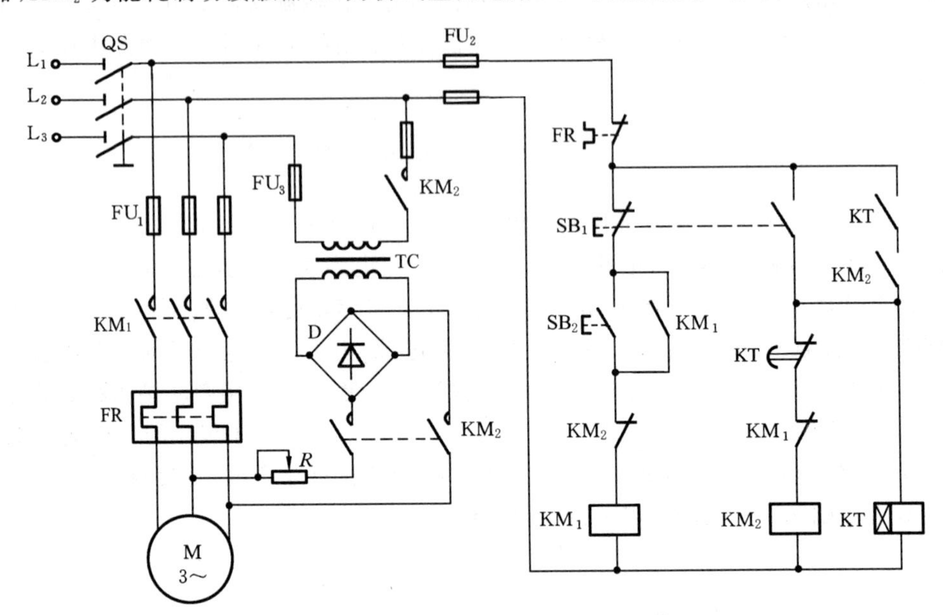

图 4.64 按时间原则控制的单向运行能耗制动控制电路

电路工作原理为：电动机正常运行后，需要停车时按下按钮 SB_1，KM_1 线圈断电，KM_2、KT 线圈通电并自锁，同时接通直流电源，能耗制动开始，在时间继电器 KT 延时结束动作后，电动机脱离直流电源，能耗制动结束。

图 4.64 中，KT 的瞬时常开触点与 KM_2 辅助常开触点串联组成联合自锁，其作用是当发生 KT 线圈断线或机械卡住故障时，防止在按下按钮 SB_1 电动机进行制动后，因 KM_2 触点自锁使两相的定子绕组长期接入能耗制动的直流电流而烧坏电动机。该电路还具有手动控制能耗制动的功能，只要使停止按钮 SB_1 处于按下状态，电动机就能实现能耗制动。

2. 按速度原则控制的单向运行能耗制动控制电路

图 4.65 所示为按速度原则控制的单向运行能耗制动控制电路。该电路与图 4.64 所示的电路基本相同，仅是控制电路中取消了时间继电器 KT 的线圈及其触点电路，而在电动机轴伸出端安装了速度继电器 KS，并逐步形成用 KS 的常开触点取代了 KT 延时打开的常闭触点。这样一来，该电路中的电动机在刚刚脱离三相交流电源时，由于电动机转子的惯性速度仍很高，速度继电器 KS 的常开触点仍然处于闭合状态，所以接触器 KM_2 线圈能够依靠 SB_1 按钮的按下得电自锁。于是，两相定子绕组获得直流电源，电动机进入能耗制动。当电动机转子的惯

性速度接近于零时，KS 常开触点复位，接触器 KM_2 线圈断电而释放，能耗制动结束。

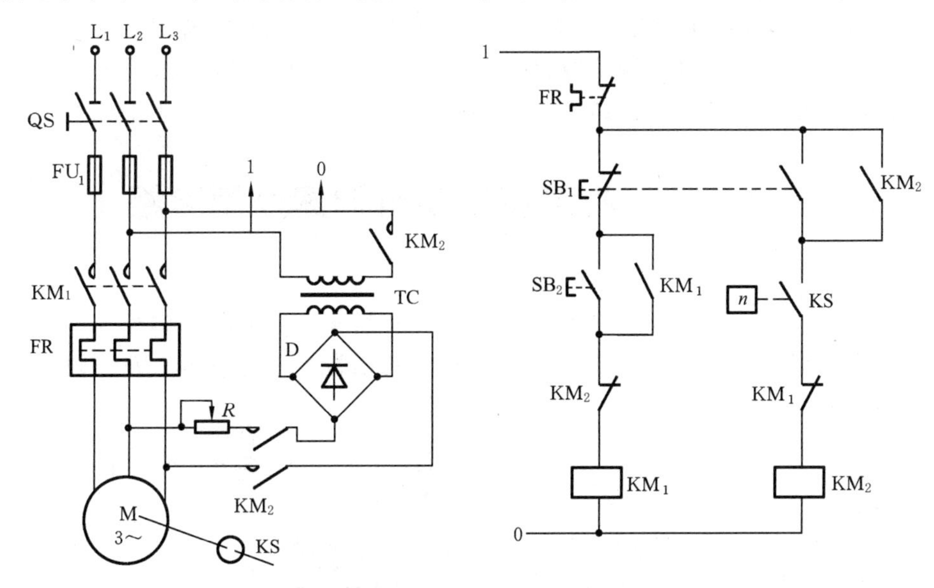

图 4.65 按速度原则控制的单向运行能耗制动控制电路

3. 按时间原则控制的正、反转运行能耗制动控制电路

图 4.66 所示为按时间原则控制的正、反转运行能耗制动控制电路。图中 KM_1 为正转运行接触器，KM_2 为反转运行接触器，KM_3 为能耗制动接触器，D 为桥式整流电路，TC 为整流变压器。电路的工作原理与按时间原则控制的单向运行能耗制动控制电路完全相同。值得注意的是，控制电路中接触器 KM_1、KM_2、KM_3 之间必须互锁，以防止交流电源和交直流电源短路事故。电动机正、反转运行能耗制动也可以采用速度原理，用速度继电器取代时间继电器，达到制动目的。

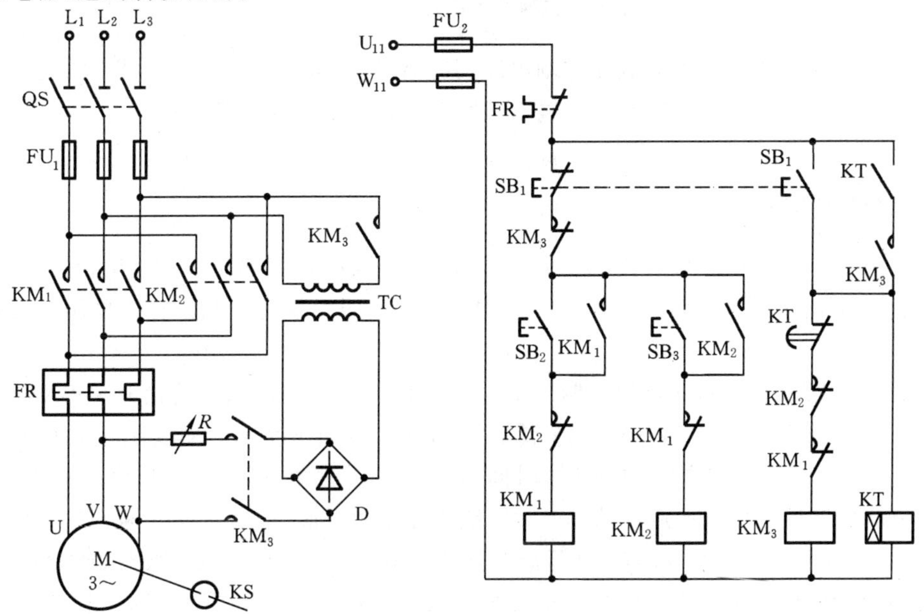

图 4.66 按时间原则控制的正、反转运行能耗制动控制电路

能耗制动的优点是制动准确、平稳,且能量消耗小;其缺点是需附加直流电源装置,设备费用较高,制动力较弱,在低速时制动力矩小,一般用于要求制动准确、平稳的场合。按时间原则控制的正、反转运行能耗制动控制电路适用于负载转速比较稳定的生产机械。对于那些负载惯性经常变化的生产机械来说,采用速度原则控制的能耗制动更为合适。

4.5 三相异步电动机调速控制电路

图 4.67 所示为双速电动机变速控制电路,图中 KM_1 是△接法接触器,KM_2 和 KM_3 是双 Y 接法接触器。当接成△形时,磁极为 4,同步转速为 1 500 r/min;当接成双 Y 时,磁极为 2,同步转速为 3 000 r/min。

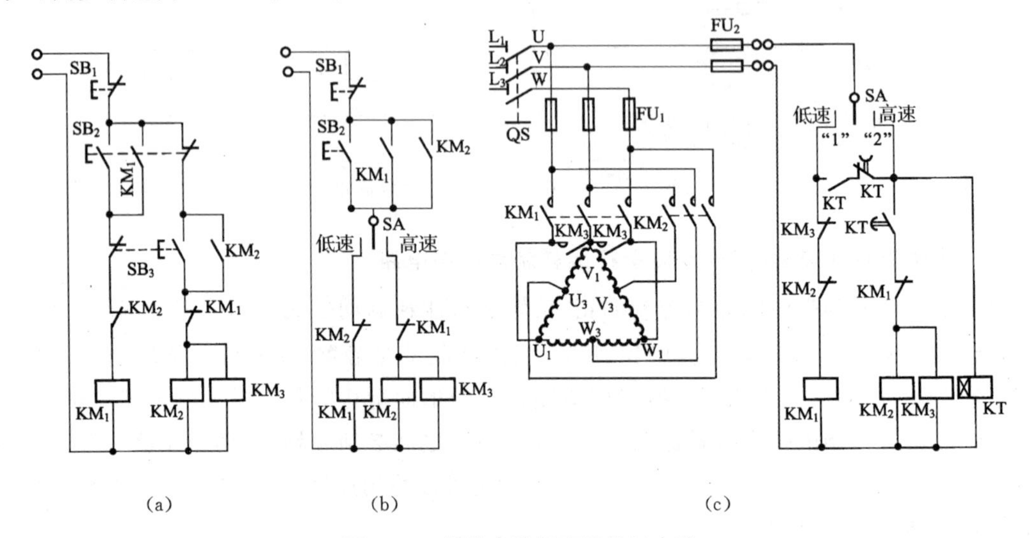

图 4.67 双速电动机变速控制电路

图 4.67(a)所示为手动控制调速控制电路,其工作原理如下。

低速控制:按下 SB_2→KM_1 线圈通电,自锁,电动机在△接法下低速运行

└→KM_2、KM_3 失电,互锁

高速控制:按下 SB_3→KM_1 线圈失电,互锁解除

└→KM_2、KM_3 通电,自锁,电动机在双 Y 接法下高速运行

图 4.67(b)所示控制电路与图 3.52 的基本相同,不同的就是高低速转换采用的转换开关,而不是按钮。

图 4.67(c)所示为时间继电器控制的双速电动机自动控制电路。转换开关 SA 选择电动机低速运行或高速运行。当 SA 置于“低速”位置时,接通 KM_1 线圈电路,电动机直接启动低速运行。当 SA 置于“高速”位置时,时间继电器的瞬时触点闭合,同样先接通 KM_1 线圈电路,电动机绕组△接法低速启动。当时间继电器延时时间一到,其延时断开的常闭触点 KT 断开,切断 KM_1 线圈回路,同时其延时接通常开触点 KT 闭合,接通接触器 KM_2、KM_3 线圈并使其互锁,电动机定子绕组换接成双 Y 接法,改为高速运行。所以该控制电路具有使电动机转速自动由低速切换至高速的功能,以降低启动电流,适用于较大功率的电动机。

实训1 三相异步电动机点动控制

1. 实训目的

(1) 了解三相异步电动机点动控制电路的基本原理。

(2) 熟悉三相异步电动机点动控制电路的控制过程。

(3) 掌握三相异步电动机点动控制电路的接线技能。

(4) 熟悉电气控制柜及采用线槽布线的布线工艺。

(5) 熟悉各控制元器件的工作原理及构造。

2. 实训器材

三相鼠笼式异步电动机1台,交流接触器1个,热继电器1个,按钮开关1个,指示灯2个,熔断器3个,小型三相断路器1个,小型两相断路器1个,连接导线及相关工具若干。

3. 实训内容与步骤

三相异步电动机点动控制的电气原理图如图4.68所示。

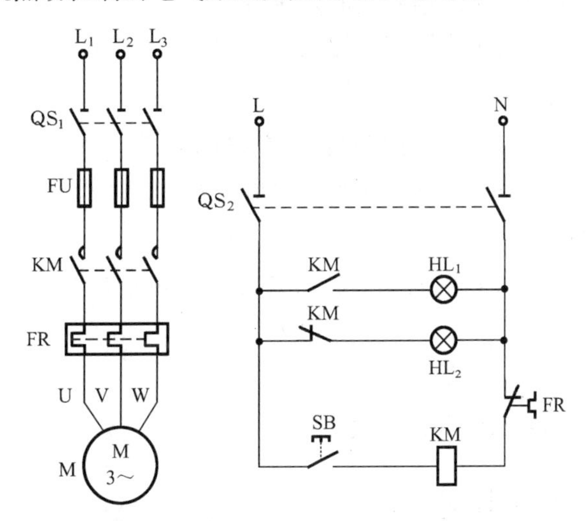

图4.68 三相异步电动机点动控制电气原理图

(1) 认识各电器的结构、图形符号、接线方法,抄录电动机及各电器铭牌数据,并用万用表欧姆挡检查各电器线圈、触头是否完好。

(2) 三相鼠笼式异步电动机接成Y接法;主回路电源接三路小型断路器输出端L_1、L_2、L_3,供电线电压为380 V,二次控制回路电源接二路小型断路器L、N,供电电压为220 V。

(3) 参考图4.68进行安装接线,接线时,先接动力主回路,它是从380 V三相交流电源小型断路器QS_1的输出端L_1、L_2、L_3开始,经熔断器、交流接触器KM的主触头,热继电器FR的热元件到电动机M的三个线端U、V、W的电路,用导线按顺序串联起来。主电路连接完整无误后,再连接二次控制回路,它是从220 V单相交流电源小型断路器QS_2输出端L开始,经过常开按钮SB、接触器KM的线圈、热继电器FR的常闭触头到三相交流电源另一输出端N,显然它是对接触器KM线圈供电的电路;另外HL_1、HL_2为启动、停止指示灯,分别受交流接触器 KM 的辅助常开、常闭触点控制。

接好电路,经指导教师检查后,方可进行通电操作。

① 合上控制柜内的电源总开关,按下控制柜面板上的电源启动按钮。

② 合上小型断路器 QS_1、QS_2,启动主电路和控制电路的电源。

③ 按下启动按钮 SB,对电动机 M 进行点动操作,比较按下 SB 与松开 SB 电动机和接触器的运行情况及电动机、指示灯的工作情况。

④ 实验完毕,按柜体电源停止按钮,切断实验电路三相交流电源。

实训2 三相异步电动机自锁启停控制

1. 实训目的

(1) 了解三相异步电动机自锁启停控制电路的基本原理。

(2) 熟悉三相异步电动机自锁启停控制电路的控制过程。

(3) 掌握三相异步电动机自锁启停控制电路的接线技能。

(4) 熟悉电气控制柜及采用线槽布线的布线工艺。

(5) 熟悉各控制元器件的工作原理及构造。

2. 实训器材

三相鼠笼式异步电动机 1 台,交流接触器 1 个,热继电器 1 个,按钮开关 2 个,指示灯 2 个,熔断器 3 个,小型三相断路器 1 个,小型两相断路器 1 个,连接导线及相关工具若干。

3. 实训内容与步骤

三相异步电动机自锁启停控制的电气原理图如图 4.69 所示。

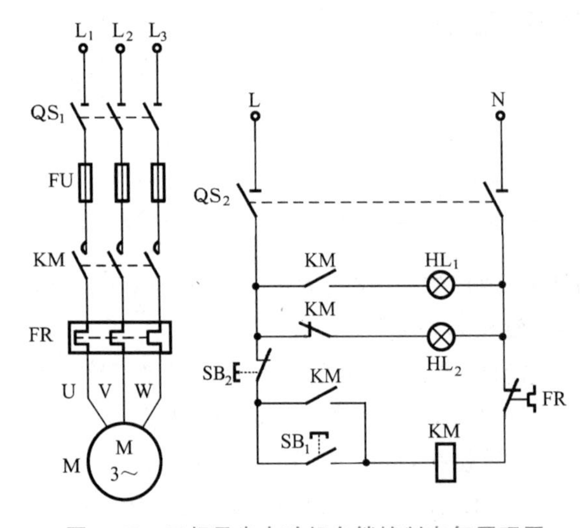

图 4.69 三相异步电动机自锁控制电气原理图

(1) 认识各电器的结构、图形符号、接线方法,抄录电动机及各电器铭牌数据,并用万用表欧姆挡检查各电器线圈、触头是否完好。

(2) 三相鼠笼式异步电动机接成 Y 接法;实验主回路电源接小型三相断路器输出端

L_1、L_2、L_3，供电线电压为 380 V；二次控制回路电源接小型二相断路器 L、N，供电电压为 220 V。

(3) 参考图 4.69 所示自锁电路进行接线，它与图 4.68 的不同之处在于控制电路中多串联一个常闭按钮 SB_2，同时在 SB_1 上并联一个接触器 KM 的常开触头，它起自锁作用。

接好电路经指导教师检查后，学生方可进行通电操作。

① 合上控制柜内的电源总开关，按下控制柜面板上的电源启动按钮。

② 合上小型断路器 QS_1、QS_2，启动主电路和控制电路的电源。

③ 按下启动按钮 SB_1，松手后观察电动机 M 是否继续运转及指示灯工作情况。

④ 按下停止按钮 SB_2，松手后观察电动机 M 是否停止运转及指示灯工作情况。

⑤ 按下控制屏停止按钮，切断实验电路三相电源，拆除控制回路中自锁触头 KM，再接通三相电源，启动电动机，观察电动机及接触器的运转情况，从而验证自锁触头的作用。

⑥ 实验完毕，按控制柜门停止按钮，切断实验电路的三相交流电源，拆除电路。

实训 3　电气和机械双重连锁控制三相异步电动机正、反转

1. 实训目的

(1) 了解电气和机械双重连锁控制三相异步电动机正、反转电路的基本原理。

(2) 熟悉电气和机械双重连锁控制三相异步电动机正、反转电路的控制过程。

(3) 掌握电气和机械双重连锁控制三相异步电动机正、反转电路的接线技能。

(4) 熟悉电气控制柜及采用线槽布线的布线工艺。

(5) 熟悉各控制元器件的工作原理及构造。

2. 实训器材

三相鼠笼式异步电动机 1 台，交流接触器 2 个，热继电器 1 个，按钮开关 3 个，指示灯 3 个，熔断器 3 个，小型三相断路器 1 个，小型两相断路器 1 个，连接导线及相关工具若干。

3. 实验内容与步骤

电气和机械双重连锁控制三相异步电动机正、反转的电气原理图如图 4.70 所示 。

(1) 认识各电器的结构、图形符号、接线方法，抄录电动机及各电器铭牌数据，并用万用表欧姆挡检查各电器线圈、触头是否完好。

(2) 三相鼠笼式异步电动机接成 Y 接法。动力主回路电源接三路小型断路器输出端 L_1、L_2、L_3，供电线电压为 380 V；二次控制回路电源接二路小型断路器输出端 L、N，供电电压为 220 V。

(3) 参考图 3.72 分别完成动力主回路及二次控制回路接线，经指导教师检查后，方可进行通电操作。

① 合上控制柜内的电源总开关，按下控制柜面板上的电源启动按钮。

② 合上小型断路器 QS_1、QS_2，启动主电路和控制电路的电源。

③ 按正向启动按钮 SB_1，电动机正向启动，观察电动机的转向及接触器、指示灯的运行情况。按停止按钮 SB_3，使电动机停转。

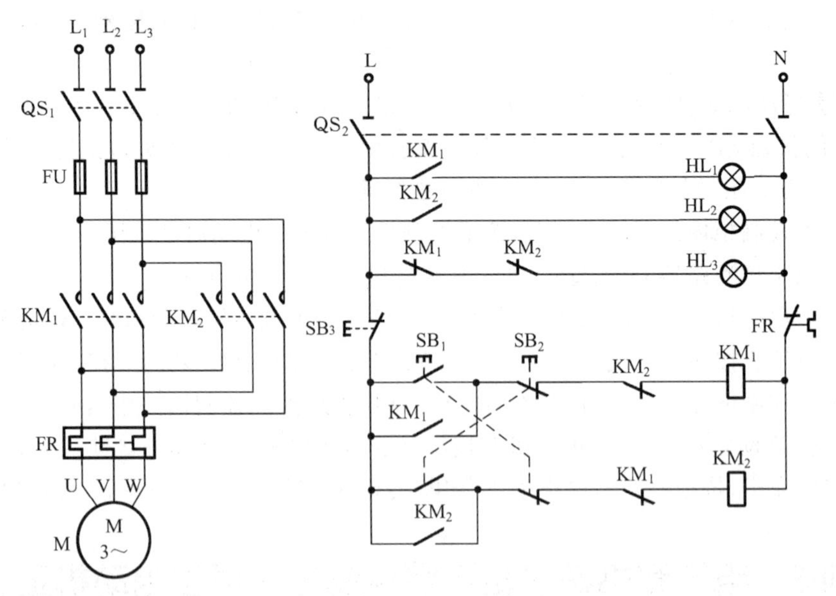

图4.70　电气和机械双重连锁控制三相异步电动机正、反转电气原理图

④ 按反向启动按钮SB_2,电动机反向启动,观察电动机的转向及接触器、指示灯的运行情况。按停止按钮SB_3,使电动机停转。

⑤ 按正向(或反向)启动按钮,电动机启动后,再去按反向(或正向)启动按钮,观察有何情况发生。

⑥ 电动机停稳后,同时按正、反向两个启动按钮,观察有何情况发生。

⑦ 失电压保护。按启动按钮SB_1(或SB_2),电动机启动后,按控制屏停止按钮,断开实验电路三相电源,模拟电动机失电压(或零电压)状态,观察电动机与接触器的动作情况,随后再按控制屏上启动按钮,接通三相电源,但不按SB_1(或SB_2),观察电动机能否自行启动。

⑧ 过载保护。打开热继电器的后盖,当电动机启动后,人为地拨动双金属片模拟电动机过载情况,观察电动机、电器动作情况。

⑨ 实验完毕,按控制控制柜电源停止按钮,切断三相交流电源,拆除连线。

实训4　三相异步电动机Y/△启动自动控制

1. 实训目的

(1) 了解三相异步电动机Y/△启动自动控制电路的基本原理。

(2) 熟悉三相异步电动机Y/△启动自动控制电路的控制过程。

(3) 掌握三相异步电动机Y/△启动自动控制电路的接线技能。

(4) 熟悉电气控制柜及采用线槽布线的布线工艺。

(5) 熟悉各控制元器件的工作原理及构造。

2. 实训器材

三相鼠笼式异步电动机1台,交流接触器3个,热继电器1个,按钮开关2个,熔断器3

个,时间继电器1个,小型三相断路器1个,小型两相断路器1个,连接导线及相关工具若干。

3. 实训内容与步骤

三相异步电动机Y/△启动自动控制电气原理图如图4.71所示。

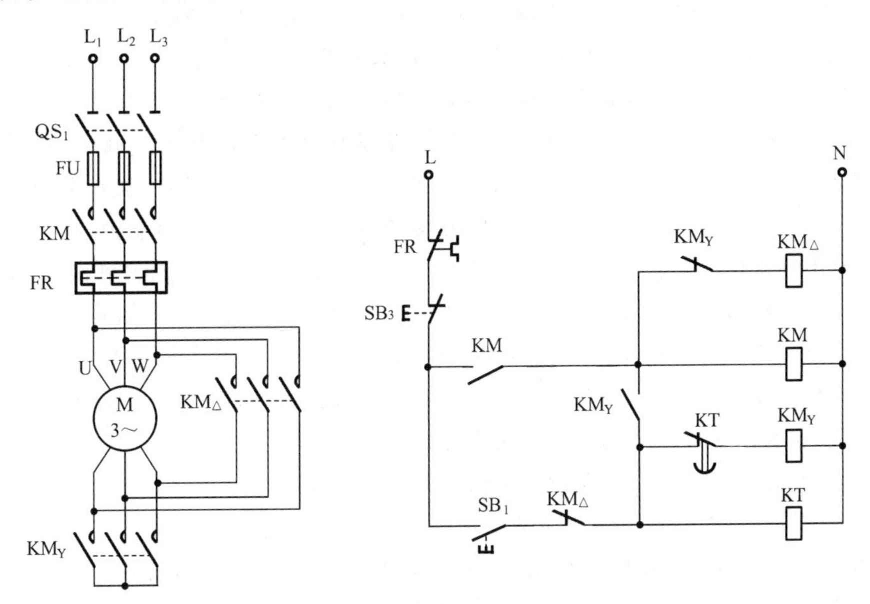

图4.71 三相异步电动机Y/△启动自动控制电气原理图

(1) 参考图4.71完成动力主回路及二次控制回路接线,经指导教师检查后,方可进行通电操作。

(2) 合上控制柜内的电源总开关,按下控制柜面板上的电源启动按钮。

(3) 合上小型断路器QS_1、QS_2,启动主电路和控制电路的电源。

(4) 按下启动按钮SB_1,观察并记录电动机工作状态。

(5) 按下启动按钮SB_2,观察并记录电动机工作状态。

(6) 按下停止按钮SB_3,观察并记录电动机工作状态。

(7) 实验完毕,按控制柜电源停止按钮,切断三相交流电源,拆除连线。

思政e站

三峡工程:百年梦想今朝圆

三峡工程开工之前,我国能够设计、制造的最大水电机组的容量是32万千瓦,国内没有70万千瓦级的机组。

发电机组是三峡工程的关键设备,其性能和质量直接影响到三峡工程发电效益。如果仅靠自主研发,不仅代价高,而且技术难以达到国际先进水平,在工程进度和质量上还要冒风险;如果全部依赖进口,不仅要大幅增加成本,更重要的是难以摆脱对国外的技术依赖,永远受制于人。

为了既确保三峡工程的质量达到一流,又不失时机地扶持民族工业,三峡工程采取了一条独具特色的"技术路线":一方面积极开展国际合作交流,引进世界上已有的先进技术和产品;另一方面坚持自力更生,通过引进关键技术,消化、吸收和再创新,最终实现三峡机组的国产化。

在三峡左岸14台机组国际招标采购中,中国三峡总公司认真贯彻国务院作出的“技贸结合、技术转让、联合设计、合作生产”的重大决策,充分发挥业主的统筹和主导作用,在机组招标文件中明确提出了“三个必须”:投标者必须与中国制造企业联合设计、合作制造;必须向中国制造企业全面转让核心技术,培训中方技术人员;中国制造企业分包份额不低于合同总价的25%,14台机组中的最后2台必须以中国企业为主制造。

哈尔滨电机厂有限责任公司和东方电机有限责任公司作为技术受让方,通过与国外企业联合设计和合作生产,引进、吸收了国外先进技术并开展自主创新,技术水平和制造能力实现了跨越式提高,具备了成套设计制造70万千瓦水轮发电机组的能力,拥有了水轮机水力设计、定子绕组绝缘、发电机空冷等具有自主知识产权的核心技术,并在三峡右岸电站12台机组采购中,与国际水电巨头同台竞争,凭借自身的实力各自承担了右岸电站4台机组的设计制造任务,随后拿下地下电站全部机组设计制造合同,最终实现了“左岸机组以国外为主、右岸机组以国内为主、地下电站机组设计制造安装全面国产化”的机组国产化目标。

目前由哈尔滨电机厂有限责任公司和东方电机有限责任公司自主设计、自主制造的机组运行安全稳定,性能优良,综合指标达到国际先进水平。这标志我国水电装备制造业实现了重大跨越,国产化战略取得重大成果。

实践证明,以三峡工程为依托,通过引进、消化、吸收和再创新,走出了一条以市场换技术、最终以技术占领市场的新路子。(引自《中国三峡》杂志)

思政元素:使学生体会和感悟中国电机制造业和电力工业发展的重担,引导学生建立正确的人生观和价值观。

本章小结

(1) 低压电器通常指工作在交流1 200 V、直流1 500 V以下电路中,起通断、保护、控制或调节作用的电器元件,以及利用电能来控制、保护和调节非电过程和非电装置的用电装备。

(2) 电磁式低压电器,由电磁机构、触点系统和灭弧系统三部分组成。

(3) 触点按其平常状态分为常开触点和常闭触点,按其结构形式可分为桥式触点和指形触点。桥式触点还可以分为点接触式触点和平接触式触点,点接触式触点适用于电流不大且触点压小的场合,面接触式触点适用于电流较大的场合。

(4) 开关电器是指低压电器中作为不频繁地手动接通和分断电路的开关,或作为机床电路中电源的引入开关,它包括刀开关、组合开关及低压断路器等。

(5) 低压断路器俗称自动开关或空气开关,用于低压配电电路中不频繁的通断控制。在电路发生短路、过载或欠电压等故障时能自动分断故障电路,是一种控制兼保护电器。

(6) 熔断器是一种当电流超过规定值一定时间后,以它本身产生的热量使熔体熔化而分断电路的电器,可用于低压配电系统及用电设备中作短路和过流保护。

(7) 电器控制系统中用于发送控制指令的电器称为主令电器。常用的主令电器有控制按钮、行程开关、接近开关、万能转换开关、凸轮控制器、主令控制器等。

(8) 接触器是一种适用于远距离频繁接通和切断交、直流主电路和控制电路的自动电器。接触器的图形符号由线圈、主触点和辅助触点三部分组成，字母符号用 KM 表示。交流接触器的铁芯由硅钢片叠铆而成，并装有短路环，而直流接触器铁芯由整块铸铁或铁钢制成，并且不需要短路环。

(9) 继电器是一种根据电量(电压、电流)或非电量(热量、时间、转速、压力等)的变化使触点动作，接通或断开控制电路，以实现自动控制和保护电气设备的电器。其种类很多，有电磁式继电器、热继电器、时间继电器、速度继电器等类型。

(10) 电压继电器的线圈匝数多、导线细、阻抗大，使用时与负载并联。电流继电器的线圈匝数少、导线粗、阻抗小，使用时与负载串联。

(11) 热继电器是利用感温元件受热而动作的一种继电器，它主要用来保护电动机或其他负载免于过载。

(12) 时间继电器是电路中控制动作时间的设备，它利用电磁原理或机械动作原理来实现触头的延时接通和断开。

(13) 速度继电器是按照预定速度的快慢而动作的继电器，主要用于鼠笼式异步电动机的反接制动控制，故又称为反接制动继电器。

课后练习

一、选择题

1. 下列电器哪一种不是自动电器？(　　)

A. 组合开关　　B. 直流接触器　　C. 继电器　　D. 热继电器

2. 下列电器不能用来通断主电路的是(　　)。

A. 接触器　　B. 自动空气开关　　C. 刀开关　　D. 热继电器

3. 接触器的文字符号是(　　)。

A. KM　　B. KS　　C. KT　　D. KA

4. 复合按钮在按下时其触头动作情况是(　　)。

A. 常开触头先接通，常闭触头后断开

B. 常开触头先断开，常闭触头后接通

C. 常开触头接通和常闭触头断开同时进行

5. 接触器的常态是指(　　)。

A. 线圈未通电状态　　B. 线圈带电状态

C. 触头断开时　　D. 触头动作时

6. 采用交流接触器、按钮等构成的三相鼠笼式异步电动机直接启动控制电路，在合上电源开关后，电动机启动、停止控制都正常，但转向反了，原因是(　　)。

A. 接触器线圈反相　　B. 控制回路自锁触头有问题

C. 引入电动机的电源相序错误　　D. 电动机接法不符合铭牌

7. 采用交流接触器、按钮等构成的三相鼠笼式异步电动机直接启动控制电路，若漏接自锁环节，其后果是(　　)。

A. 电动机无法启动　　B. 电动机只能点动

C. 电动机启动正常，但无法停机　　D. 电动机无法停机

8. 在三相鼠笼式异步电动机反接制动过程中，当电动机转速降至很低时，应立即切断

电源,防止(　　)。

A. 损坏电动机　　B. 电动机反转　　C. 电动机堵转　　D. 电动机失控

9. 断电延时型时间继电器,它的动合触点为(　　)。

A. 延时闭合的动合触点　　B. 瞬时动合触点

C. 瞬时闭合延时断开的动合触点　　D. 延时闭合瞬时断开的动合触点

10. 通电延时型时间继电器,它的动作情况是(　　)。

A. 线圈通电时触点延时动作,断电时触点瞬时动作

B. 线圈通电时触点瞬时动作,断电时触点延时动作

C. 线圈通电时触点不动作,断电时触点瞬时动作

D. 线圈通电时触点不动作,断电时触点延时动作

二、问答题

1. 什么是低压电器?常用的低压电器有哪些?

2. 电磁式低压电器由哪几个部分组成?说明各部分的作用。

3. 试说明触点分断时电弧产生的原因及常用的灭弧方法。

4. 低压断路器可以起到哪些保护作用?说明其工作原理。

5. 短路环的作用是什么?三相交流电磁铁需不需要短路环?

6. 组合开关和按钮有哪些区别?

7. 交流接触器频繁操作后线圈为什么会发热?其衔铁卡住后会出现什么后果?

8. 中间继电器和接触器有何异同?在什么条件下可以用中间继电器来代替接触器?

9. 什么是时间继电器?它有什么用途?

10. 电动机启动时电流很大,为什么热继电器不会动作?

11. 既然在电动机的主电路中装有熔断器,为什么还要装热继电器?电动机的主电路装有热继电器是否就可以不装熔断器?为什么?

12. 什么是自锁控制?为什么说接触器自锁控制电路具有欠电压和失电压保护?

13. 什么是互锁控制?在控制电路中互锁起什么作用?

14. 电动机“正—反—停”控制线路中,复合按钮已经起到了互锁作用,为什么还要用接触器的常闭触点进行互锁控制?

15. 什么是按时间原则控制?什么是按速度原则控制?在电动机反接制动的控制电路中,应采用什么原则控制?为什么?

三、分析设计题

1. 图4.72中哪些能实现点动控制?哪些不能?为什么?

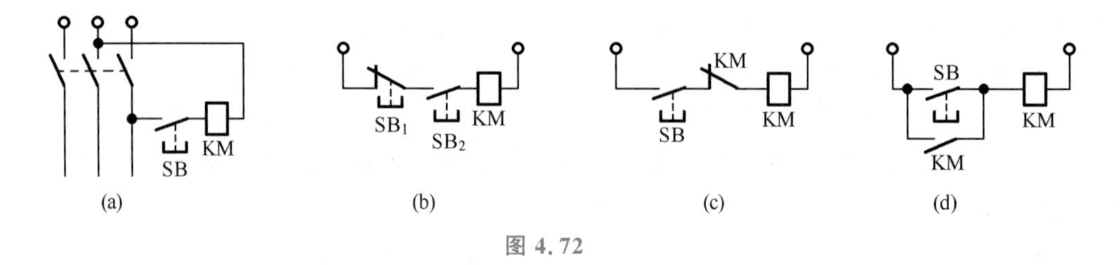

图4.72

2. 判断图4.73所示各控制电路是否正确?为什么?

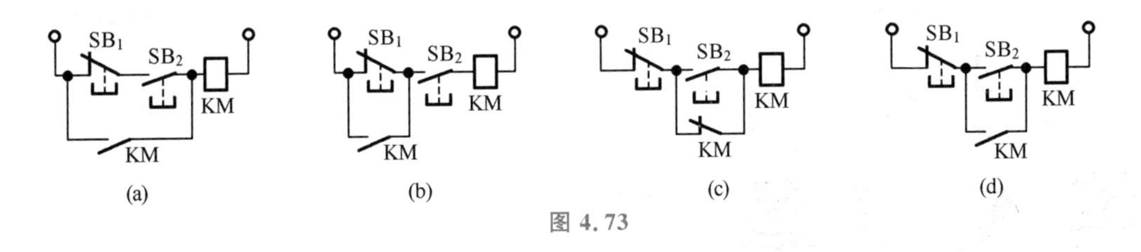

图 4.73

3. 设计一个三相异步电动机两地启动的主电路和控制电路，并具有短路、过载保护。

4. 设计一个三相异步电动机“正—反—停”的主电路和控制电路，并具有短路、过载保护。

5. 一台三相异步电动机运行要求为：按下启动按钮，电动机正转，5 s 后，电动机自行反转，再过 10 s，电动机停止，并具有短路、过载保护，设计主电路和控制电路。

第 4 章即测即评测试题

第5章

其他电动机

本章介绍除交直流电动机以外的其他电动机，包括步进电动机、伺服电动机、测速电动机、直线电动机和同步电动机，重点讨论这几种电动机的结构及工作原理。

5.1 步进电动机

步进电动机是一种由电脉冲控制运动的特殊电动机,步进电动机不能直接使用通常的直流或交流电源来驱动,而是需要使用专门的步进电动机驱动器。专用的驱动电源向步进电动机供给一系列有一定规律的电脉冲信号,每输入一个电脉冲,步进电动机就前进一步,其角位移与脉冲数成正比,步进电动机转速与脉冲频率成正比,而且转速和转向与各相绕组的通电方式有关。在非超载的情况下,步进电动机的转速、停止的位置只取决于脉冲信号的频率和脉冲数,而不受负载变化的影响,即给步进电动机加一个脉冲信号,电动机就转过一个步距角。步进电动机可以在较宽的范围内通过改变输入控制脉冲的频率来实现调速,并能够做到快速启动、反转和制动。另外,步进电动机能直接利用脉冲数字信号进行控制并将其转换成角位移,因而很适合于计算机控制。

步进电动机是每输入一个脉冲就前进一步,前进一步的角度大小称为步距角,这种步进式运动不同于普通匀速旋转的电动机,所以称为步进电动机。由于其工作电源是脉冲电压,因此步进电动机也称为脉冲电动机。

按转矩产生的原理,步进电动机可分为反应式步进电动机、励磁式步进电动机(又分为电磁式与永磁式)和混合式步进电动机。

5.1.1 步进电动机的工作原理

步进电动机按产生转矩的方式不同可分为反应式、励磁式及混合式三种。反应式步进电动机的定子和转子都是凸极结构,是利用磁阻最小原理来工作的。因为步进电动机凸极转子的交轴磁阻与直轴磁阻不同,所以引起电枢反应磁场按照磁阻最小原理产生电磁转矩,从而驱动转子转动。

反应式步进电动机转子齿数可以很多,因此步距角可以做得很小,即使没有减速装置,也可以低速、高精度地实现位置控制。

励磁式步进电动机的励磁可以是永磁式或电磁励磁式,通常是永磁式励磁。励磁式步进电动机转子由于具有磁场,故驱动转矩较大,由于制造工艺的缘故,转子磁极数目不能做得太多,因此步距角比较大。

混合式步进电动机兼有反应式步进电动机和永磁式步进电动机的优点,可以做到步距角小而驱动转矩又大。

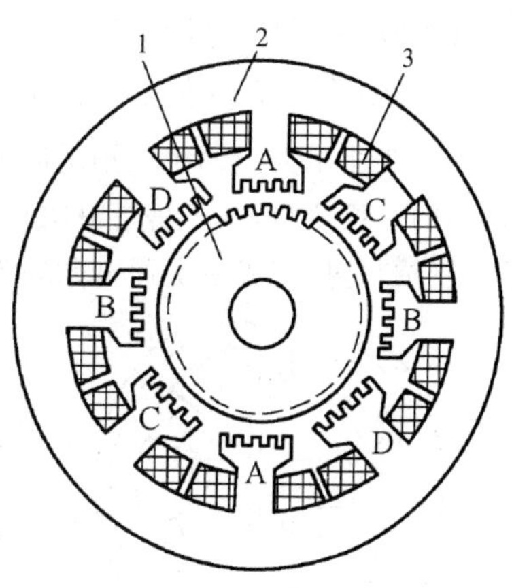

图 5.1 反应式步进电动机的结构示意图

1—转子铁芯;2—定子铁芯;3—定子控制绕组

1. 反应式步进电动机的结构

反应式步进电动机的结构示意图如图 5.1 所示,主要结构分为定子和转子两大部分。定子、转子铁芯由软磁材料或硅钢片叠成凸极结构,定子、转子磁极上均有小齿,定子、转子的齿形相同。定子磁极上套有 Y 连接的控制绕组,每两个相对的磁极为一相,转子上没有绕组。

反应式步进电动机定子相数用m表示(m=2、3、4、5、6);定子磁极个数为p($p=2m$),每两个相对的磁极嵌有该相绕组。

2. 反应式步进电动机的工作原理

1) 磁阻转矩产生的原理

在定子绕组由通电产生的相应的电磁场的作用下,定子小齿与转子小齿之间存在磁场,转子小齿将被强行推到最大磁导率(或者最小磁阻)的位置,即定子小齿与转子小齿对齐的位置,如图5.2(a)所示,这一过程称为对齿,并处于平衡状态。同时这一过程中形成转子的转动。

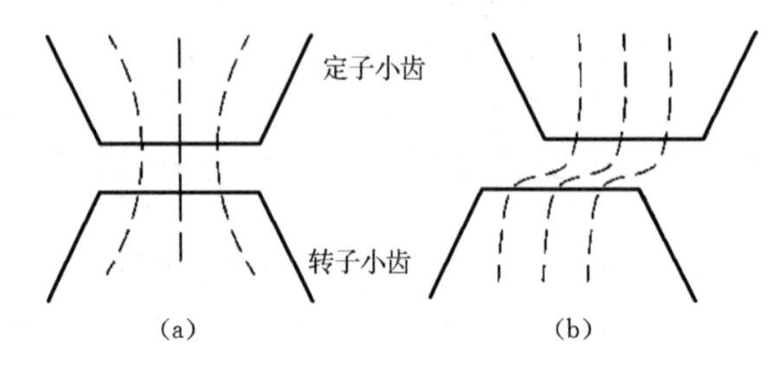

图5.2 定子与转子之间的磁导现象

当定子小齿与转子小齿对齐后,将不再产生使转子转动的电磁力,为了形成持续转动,必须使其他没有对齐的定子小齿与转子小齿(即错齿)产生电磁力,并由磁阻作用形成转矩,如图5.2(b)所示。这一过程为步进电动机的电流换相。

错齿的存在是步进电动机能够转动的前提条件,所以,在步进电动机的结构中必须保证有错齿的存在。也就是说,当某一相处于对齿状态时,其他相必须处于错齿状态。

定子的齿距角与转子的相同,所不同的是,转子的小齿是圆周分布的,而定子的小齿只分布在磁极上,属于不完全齿。当某一相处于对齿状态时,该相磁极上的定子的所有小齿都与转子上的小齿对齐。

如果给处于错齿状态的相通电,则转子在电磁力的作用下,将向磁导率最大(或磁阻最小)的位置转动,即向趋于对齿的状态转动。步进电动机正是基于这一原理实现转动的。

2) 三相单三拍式步进电动机的工作原理

图5.3所示为三相单三拍反应式步进电动机的工作原理图。“三相单三拍”中的“三相”是指定子的三相绕组,“单”是指每次只有一相绕组通电。从一相通电切换到另一相通电称为“一拍”,“三拍”是指完成一次通电循环要经过三次切换。

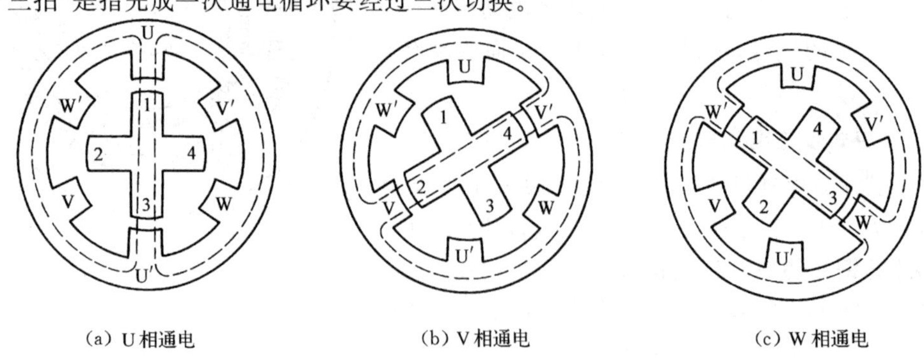

图5.3 三相单三拍反应式步进电动机的工作原理图

工作时，假设按 U→V→W→U 的通电顺序，使三相绕组轮流通电。当 U 相绕组通电时，气隙中生成以 U、U′为轴线的磁场。在磁阻转矩的作用下，转子 1、3 齿与 U、U′磁极轴线对齐，如图 5.3(a)所示。如果 U 相绕组不断电，转子 1、3 齿就一直被 U、U′磁极吸住而不改变其位置，即转子具有自锁能力。

当 U 相绕组断电，V 相通电时，转子会转过 30°，转子 2、4 齿和 V、V′磁极轴线对齐，如图 5.3(b)所示；同理，当 V 相绕组断电，W 相通电时，转子再转过 30°，转子 1、3 齿和 W、W′磁极轴线对齐，如图 5.3(c)所示。如此循环往复，按 U→V→W→U→……的顺序给三相绕组轮流通电，气隙中产生脉冲式旋转磁场，磁场旋转一周，转子前进三步，转过一个齿距角 (90°)。转子每步转过 30°，该角度称为步距角，用 θ_b 表示。

单独一相控制绕组通电时容易使转子在平衡位置附近来回摆动(振荡)，会使运行不稳定，因此实际上很少采用三相单三拍的运行方式。

3) 三相双三拍式步进电动机的工作原理

按 UV→VW→WU→UV 的顺序给三相定子绕组轮流通电。每次有两相绕组同时通电，如图 5.4 所示。步距角 $\theta_b=30°$与三相单三拍方式相同，但是双三拍每一步的平衡点，转子受到两个相反方向的转矩而平衡，不会产生振荡，因而稳定性好于单三拍方式，不易失步。反转时，定子绕组按 UW→WV→VU→UW 的顺序通电。

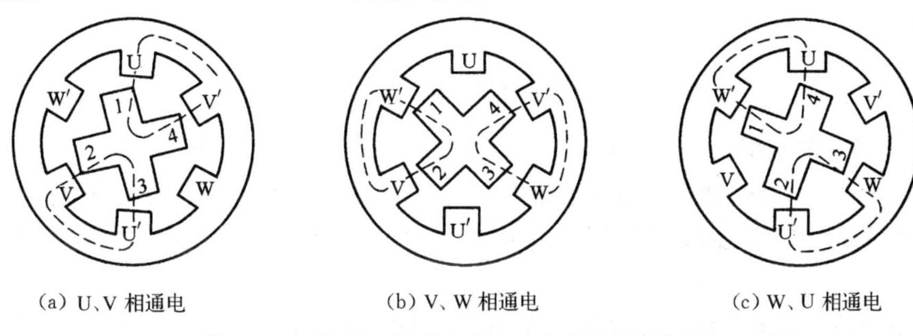

(a) U、V 相通电　(b) V、W 相通电　(c) W、U 相通电

图 5.4　三相双三拍反应式步进电动机的工作原理

4) 三相单双六拍式步进电动机的工作原理

三相单双六拍式步进电动机的工作原理如图 5.5 所示，工作时，按 U→UV→V→VW→W→WU→U 的顺序给三相绕组轮流通电。当 U 相通电时，转子 1、3 齿与 U、U′磁极轴线对齐，如图 5.5(a)所示；当 U、V 相同时通电时，U、U′磁极拉住 1、3 齿，V、V′磁极拉住 2、4 齿，转子转过 15°，到达图 5.5(b)所示位置；当 V 相通电时，转子 2、4 齿与 V、V′磁极轴线对齐，转子又转过 15°，到达图 5.5(c)所示位置，依此规律，按 U→UV→V→VW→W→WU→U 顺序循环通电，则转子逆时针旋转 15°，即步距角 $\theta_b=15°$。一个通电循环周期有六拍($N=6$)，转子前进的齿距角为 90°。若按 U→UW→W→WV→V→VU→U 顺序循环通电，则转子顺时针方向旋转，步进电动机反转。

三相单双六拍工作方式可以使步进电动机获得更精确的控制特性，其运行稳定性比前两种方式更好。

3. 步进电动机的齿距角、转速与步距角

1) 齿距角

应用于转子上，相邻两个齿间的中心距离称为步进电动机的齿距角。

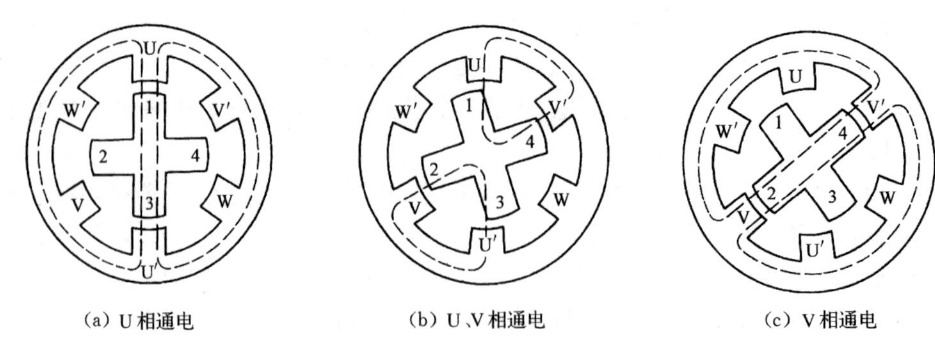

(a) U相通电　　(b) U、V相通电　　(c) V相通电

图 5.5　三相单双六拍反应式步进电动机的工作原理

2) 步距角

控制绕组改变一次通电状态后转子转过的角度称为步进电动机的步距角。

$$\theta_b = \frac{360^\circ}{Z_r k\, m} \tag{5.1}$$

式中:θ_b 为步距角;k 为通电方式,当相邻两次通电相数相同时,$k = 1$;不同时,$k = 2$;Z_r 为转子齿数;m 为定子相数。

3) 转速

$$n = \frac{60f\,\theta_b}{360^\circ} = \frac{60f}{Z_r km} \tag{5.2}$$

式中:f 为电脉冲的频率。

当步距角 θ_b 一定时,通电状态的切换频率越高,即电脉冲频率越高时,步进电动机的转速越高。当电脉冲频率一定时,步距角越大,步进电动机的转速越高,但频率太高,会出现“失步”现象。

为了使步进电动机平稳运行,要求步距角 θ_b 很小,通常为 3°/ 1.5°。为此,实际中步进电动机的定子、转子往往做成多齿,如图 5.1 所示,最小步距角可小至 0.5°。国内常见的反应式步进电动机的步距角有 1.2°/ 0.6°、1.5°/ 0.75°、2°/ 1°、3°/ 1.5°等。

从式(5.1)可知,增加步进电动机的定子相数和转子齿数,可减小步距角,但相数越多,驱动电源越复杂,成本越高,一般步进电动机做成二相、三相、四相、五相和六相等。

【例 5.1】 一台五相反应式步进电动机,转子为 48 齿、采用五相十拍运行方式时,求:(1)步距角 θ_b 是多少?(2)若脉冲电源的频率为 3 000 Hz,试问转速是多少?

解 (1)因是五相十拍运行方式,即相邻两次通电相数不一样,故 $k=2$。根据式(5.1),得

$$\theta_b = \frac{360^\circ}{Z_r km} = \frac{360^\circ}{48 \times 2 \times 5} = 0.75^\circ$$

(2)根据式(5.2),得

$$n = \frac{60f\theta_b}{360^\circ} = \frac{60 \times 3\,000 \times 0.75^\circ}{360^\circ}\ \text{r/min} = 375\ \text{r/min}$$

或

$$n = \frac{60f}{Z_r km} = \frac{60 \times 3\,000}{48 \times 2 \times 5}\ \text{r/min} = 375\ \text{r/min}$$

因此,该步进电动机的步距角为 0.75°,转速为 375 r/min。

5.1.2 步进电动机的驱动电源与控制方式

1. 步进电动机驱动电源的组成

图5.6所示为步进电动机驱动电源的组成，它由变频信号源、脉冲分配器和驱动电路三部分组成。

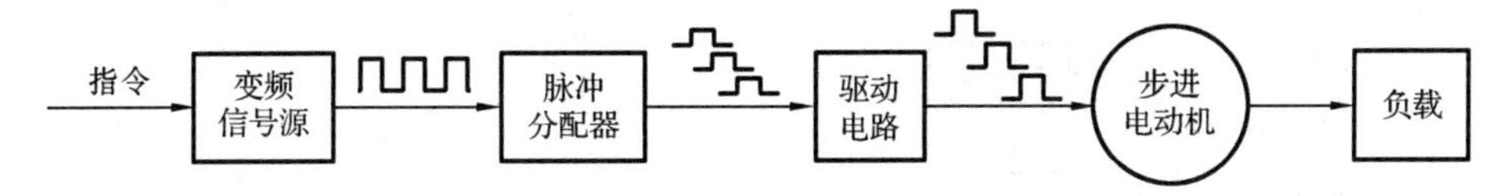

图5.6 步进电动机驱动电源的组成

1）变频信号源

变频信号源是一个脉冲频率由几赫兹到几十千赫兹可连续变化的信号发生器，可以是计算机或振荡器。

2）脉冲分配器

脉冲分配器是一种逻辑电路，由双稳态触发器和门电路组成，它可以将输入的电脉冲信号根据需要循环地分配到驱动电路上进行功率放大，并使步进电动机按选定的运行方式工作。

3）驱动电路

驱动电路实际上是一种脉冲放大电路，它的作用是将脉冲分配器发出的电脉冲信号放大至几安培到几十安培的电流送至步进电动机各绕组，每一相绕组分别有一组功率放大电路。步进电动机驱动电路有单电压驱动、双电压驱动、恒流斩波驱动和细分驱动等四种形式。

2. 步进电动机驱动电路

图5.7(a)所示为步进电动机单电压驱动电路，图5.7(b)所示为步进电动机双电压驱动电路，图5.8所示为步进电动机恒流斩波驱动电路。步进电动机驱动电路要解决的核心问题是如何提高步进电动机的快速性和平稳性。

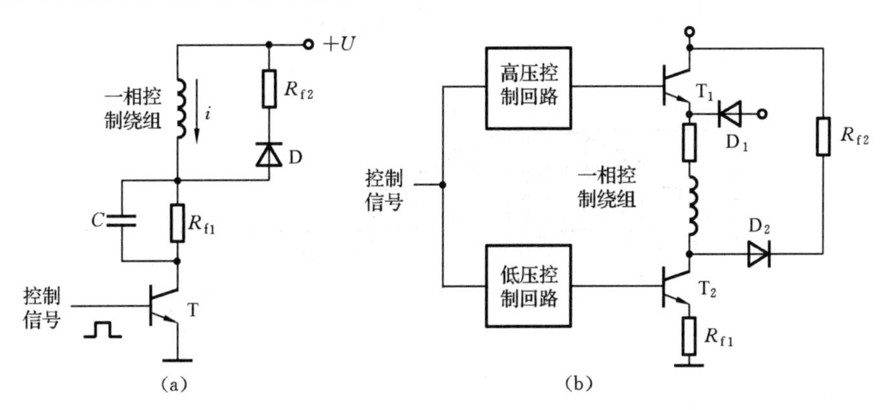

图5.7 步进电动机电压驱动电路

上述提到的三种步进电动机驱动电路都是按照环形分配器决定的分配方式，控制电动机各相绕组的导通或截止，从而使步进电动机产生步进运动。步距角的大小只有两种，即整步工作或半步工作，步距角由步进电动机的结构决定。为了使步进电动机获得更小的步距角或者

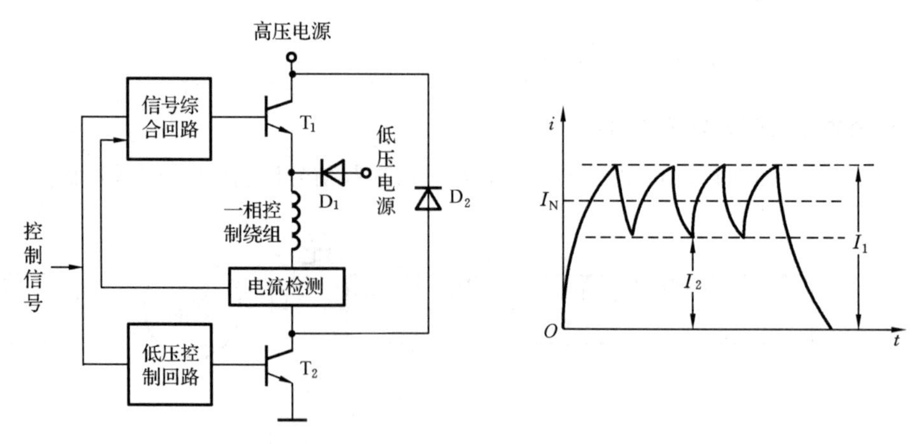

图 5.8　步进电动机恒流斩波驱动电路

减小电动机振动、噪声等原因,可以采用细分驱动技术。

1) 细分驱动技术

细分驱动技术是把步进电动机的一个步距角 θ_b 再细分成若干个小步的驱动方法,其本质是一种电流波形控制技术。它的基本思想是控制每相绕组的电流波形,使其阶梯上升或下降,电流在 0 和最大值之间给出多个稳定的中间状态,定子磁场的旋转过程也就有了多个稳定的中间状态,这样相对于一个步距角 θ_b 来讲,步进电动机转子转动步数增多了,步距角也就减小了。图 5.9 所示为一台两相混合式步进电动机 A、B 两相电流按 40 等份细分的控制电流的波形。

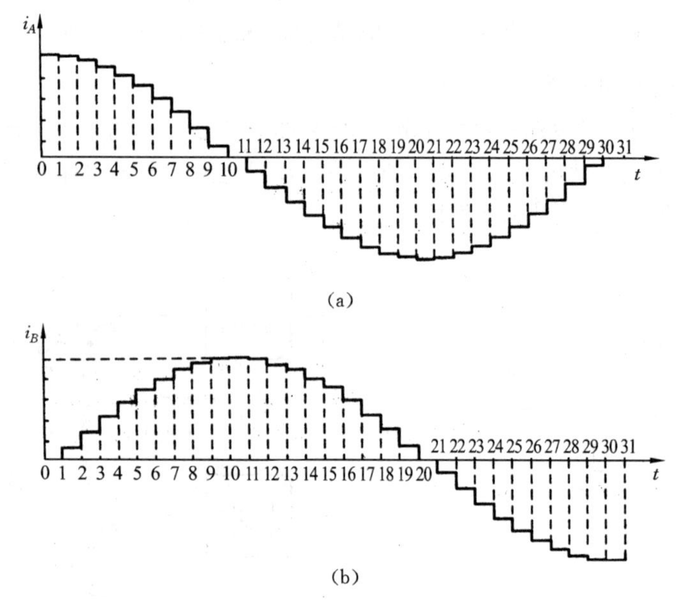

图 5.9　混合式步进电动机细分进控制电流波形

若两相混合式步进电动机转子的齿数 $Z_r=30$,细分后,则步进电动机的步距角 θ_b 为

$$\theta_b=\frac{360^\circ}{mkZ_r}=\frac{360^\circ}{40\times1\times30}=0.3^\circ$$

式中:m 为细分数;k 整步为 1,半步为 2。

细分后，步距角 θ_b 为电动机固有步距角/细分数。

采用细分驱动技术，可大大提高步进电动机的步矩分辨率，减小步距角 θ_b 和转矩波动，避免低频共振及降低运行噪声。但细分技术并不能提高步进电动机的精度，只是使步进电动机的转动更加平稳。

2）细分驱动电路

为了实现阶梯波供电，细分驱动电路有以下两种形式。

(1) 先放大后叠加。这种方法就是将通过细分环形分配器所形成的各个等幅等宽的脉冲，分别进行放大，然后在电动机绕组中叠加起来形成阶梯波，如图 5.10(a)所示。

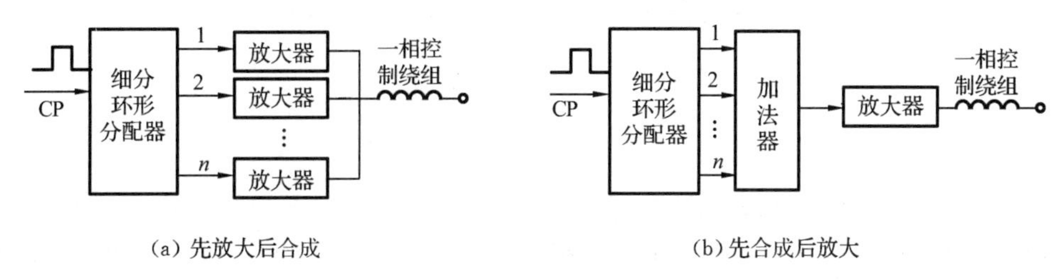

(a) 先放大后合成　　(b) 先合成后放大

图 5.10　细分驱动电路

(2) 先叠加后放大。这种方法利用运算放大器来叠加，或采用公共负载的方法，把方波合并变成阶梯波，然后对阶梯波进行放大再去驱动步进电动机，如图 5.10(b)所示。其中的放大器可采用线性放大器或恒流斩波放大器等。

3. 步进电动机的控制方式

步进电动机的控制方式一般可分为开环控制和反馈补偿闭环控制两种。

5.2　伺服电动机

伺服电动机又称为执行电动机，在自动控制系统中作为执行元件，将输入的电压信号变换成转轴的角位移或角速度以控制受控对象。伺服电动机可控性好，反应迅速，是自动控制系统和计算机外围设备中常用的执行元件。

伺服电动机可分为交流伺服电动机和直流伺服电动机两类。

伺服电动机的性能要求是宽广的调速范围，机械特性和调节特性为线性，无“自转”现象即控制电压为零时能立即自行停转和快速响应。

5.2.1　交流伺服电动机

交流伺服电动机根据运行原理的不同，分为感应式(或称异步式)、永磁同步式、永磁直流无刷式、磁阻同步式等形式。这些电动机都是具有励磁绕组的定子结构，下面仅就两相交流伺服电动机进行讨论。

1. 两相交流伺服电动机的基本结构

两相交流伺服电动机的结构与单相电容式异步电动机的结构相似，主要由定子和转子构成,如图5.11所示。定子装有两个绕组,一个是励磁绕组,另一个是控制绕组,它们在空间上相差90°。

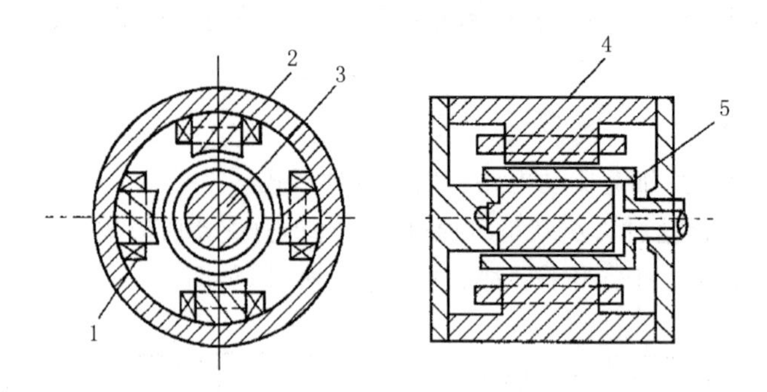

图5.11　杯形转子伺服电动机结构图

1—励磁绕组;2—控制绕组;3—内定子;4—外定子;5—转子

转子的形式有两种,分别为笼形和杯形两种。笼形转子和三相鼠笼式异步电动机的转子结构相似,只是为了减小转动惯量而做得细长一些。空心杯形转子伺服电动机的结构如图5.11所示。为了减小转动惯量,空心杯形转子通常用高电阻系数的非磁性的铝合金或铜合金制成空心薄壁圆筒,在空心杯形转子内放置固定的内定子,起闭合磁路的作用,以减小回路的磁阻。空心杯形转子可以把铝杯看作由无数根笼形导条并联组成,因此,它的原理与笼形转子相同。杯形转子伺服电动机转子质量小,惯性小,启动电压低,对信号反应快,调速范围宽,多用于运行平滑的系统。

2. 两相交流伺服电动机的工作原理

1) 交流伺服电动机的工作原理

交流伺服电动机的工作原理和电容分相式单相异步电动机的相似,其接线图如图5.12所示。励磁绕组FW和控制绕组CW通常分别接在两个值不同但频率相同的交流电源上,在没有控制电压U_c时,气隙中只有励磁绕组产生的脉动磁场,转子上没有启动转矩而静止不动。当有控制电压且控制绕组电流与励磁绕组电流不同相时,则在气隙中产生一个旋转磁场并产生电磁转矩T,使转子沿旋转磁场的方向旋转,旋转磁场转速为$n_0=60f/p$。转子转向与旋转磁场的方向相同,把控制电压的相位改变180°,则可改变两相交流伺服电动机的旋转方向。

2) 交流伺服电动机的“自转”及“自转”的消除

普通的单相异步电动机启动后,电磁转矩T与转速n的方向相同,即使启动绕组断电,电动机仍然能够旋转。根据这一原理,两相交流伺服电动机一旦转动后,即使取消控制电压,仅励磁电压单相供电,它将继续转动,出现失控现象,我们把这种因失控而自行旋转的现象称为“自转”。

交流伺服电动机消除“自转”的方法就是使转子导条具有较大的电阻。由三相异步电动机的机械特性曲线可知,转子电阻对电动机的转速、转矩特性影响很大。采用薄壁杯形转子和鼠笼条用高阻材料黄铜等方法可以使电阻R_2变得足够大。图5.13所示为增大转子电阻在$U_c=0$时的T-s特性曲线。在图5.13中,曲线T_1和T_2为交流伺服电动机去掉控制电压U_c后,脉动磁场分解为正、反两个旋转磁场对应产生的转矩曲线,曲线T为T_1和T_2的合成转矩曲线。由图5.13中可看出,当速度n为正时,电磁转矩T为负;当速度n为负时,电磁转矩T为正。

即去掉控制电压后，电磁转矩 T（合成转矩）的方向总是与电动机转子的旋转方向相反，是一个制动转矩。这一制动转矩的存在就保证了当控制电压 U_c 消失后，由于合成转矩 T 的存在，电动机将被迅速制动而停转，消除了“自转”现象。

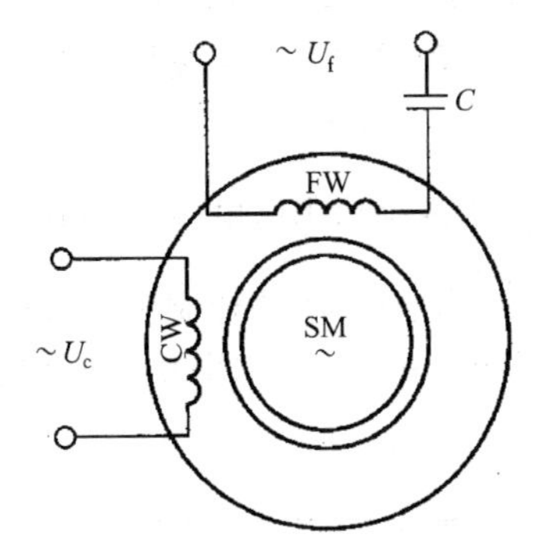

图 5.12 两相交流伺服电动机接线图

图 5.13 交流伺服电动机单相运行 T-s 特性曲线

交流伺服电动机增大转子导条电阻 R_2，除了可消除“自转”现象外，还可扩大调速范围、改善调节特性、提高反应速度。

3. 交流伺服电动机的控制方法

交流伺服电动机的转速大小调节，是靠两相绕组合成椭圆旋转磁场的椭圆度大小来自动调节的。椭圆度大，正转旋转磁场相应地会削弱，对应的正向转矩减小，反转旋转磁场则加强，对应的反向转矩增大，则合成转矩减小，转速降低，反之转速增大。交流伺服电动机转向的改变靠控制电源反相，使合成磁场反转，转子跟着反转。

椭圆度的调节靠改变控制绕组所加电压大小和相位。因此，交流伺服电动机可采用下列三种方法来控制伺服电动机的转速高低及旋转方向。

1）幅值控制

幅值控制即保持控制电压与励磁电压间的相位差不变，仅改变控制电压的幅值。

幅值控制电路比较简单，生产应用最多，图 5.14(a)所示为幅值控制的一种电路图，从图 5.14(a)可看出，两相绕组接于同一单相电源，适当选择电容 C，使 $\dot{U}_f$ 和 $\dot{U}_c$ 相位差为 90°，改变 R 的大小，即改变控制电压 $\dot{U}_c$ 的大小，可以得到图 5.14(b)所示的不同控制电压下的机械特性曲线。由图 5.14(b)可见，在一定负载转矩下，控制电压越高，转差率越小，电动机的转速就越高，因此改变电压可改变电动机的转速。

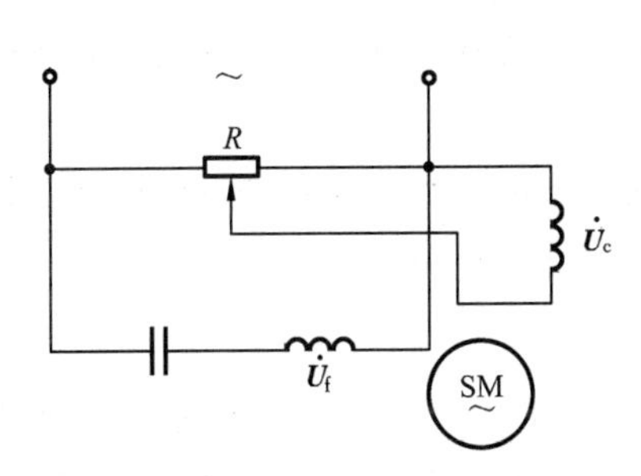

(a) 幅值控制接线图

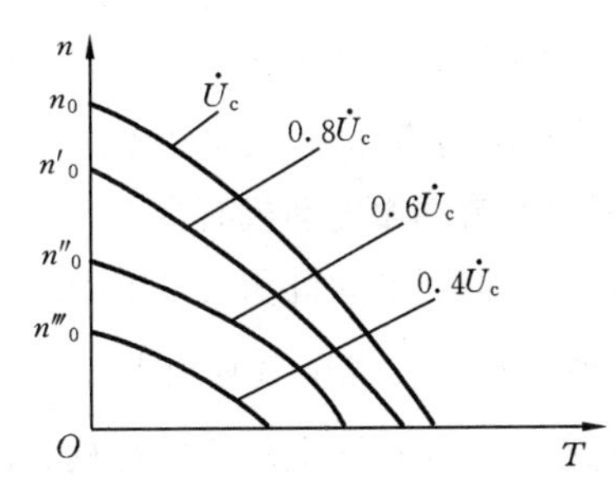

(b) 不同的控制电压下的 $n=f(T)$ 曲线

图 5.14 幅值控制接线图及特性曲线

2) 相位控制

相位控制接线图如图 5.15 所示。它是通过调节控制电压的相位(即调节控制电压与励磁电压之间的相位角)来改变电动机的转速,控制电压的幅值保持不变。当相位角为零时,电动机停转,相位角加大,则电磁转矩加大,使电动机转速增加,这种控制方式一般很少用。

3) 幅-相控制

幅-相控制接线图如图 5.16 所示。这种控制方式是把励磁绕组串联电容 C 后接到稳压电源上,用调节控制电压 $\dot{U}_c$ 的幅值来改变电动机的转速,此时励磁电压和控制电压之间的相位角也随之改变,因此称为幅-相控制。这种控制方式设备简单,成本较低,因此是最常用的一种控制方式。

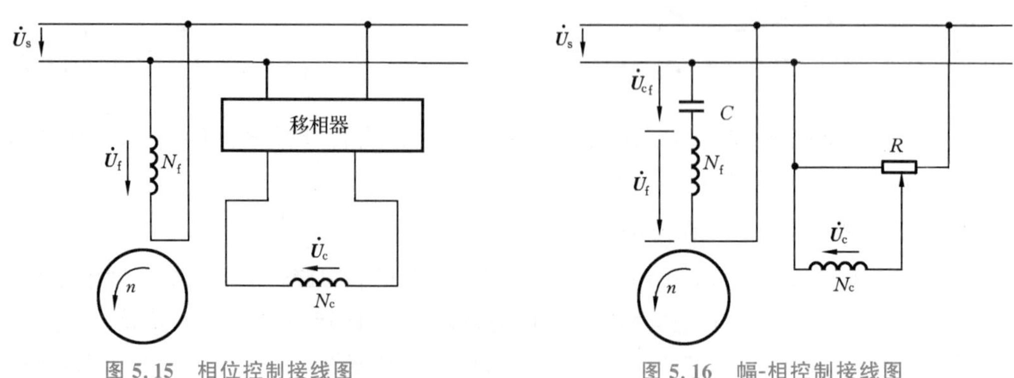

图 5.15　相位控制接线图　　图 5.16　幅-相控制接线图

交流伺服电动机具有运行平稳、噪声小、反应迅速等优点,由于其机械特性曲线是非线性的,且由于转子电阻大使损耗大,效率低,一般只用于 100 W 以下的小功率控制系统中,国产交流伺服电动机的型号为 SK 系列。

5.2.2 直流伺服电动机

1. 直流伺服电动机的分类和结构

直流伺服电动机按其结构原理不同,可分为传统型直流伺服电动机和低惯量型直流伺服电动机两大类。

传统型直流伺服电动机的基本结构和工作原理与普通直流电动机的相同,不同点只是它的转子做得细长一些,以满足快速响应的要求。传统型直流伺服电动机按励磁方式的不同,可分为电磁式直流伺服电动机和永磁式直流伺服电动机两种。电磁式直流伺服电动机又分为他励式、并励式和串励式,但一般多用他励式。

低惯量型直流伺服电动机有盘形电枢式直流伺服电动机、空心杯电枢式直流伺服电动机、无刷电枢式直流伺服电动机和无槽电枢式直流伺服电动机等几种。

1) 盘形电枢式直流伺服电动机

盘形电枢式直流伺服电动机的结构如图 5.17 所示。定子上有永久磁铁,气隙位于圆盘两边,圆盘上有印刷绕组或绕线式绕组;绕组的径向段为有效部分,电流沿径向流过圆盘,电枢绕组有效部分的裸导体表面兼作换向器。盘形电枢式直流伺服电动机的国产型号为 SN。

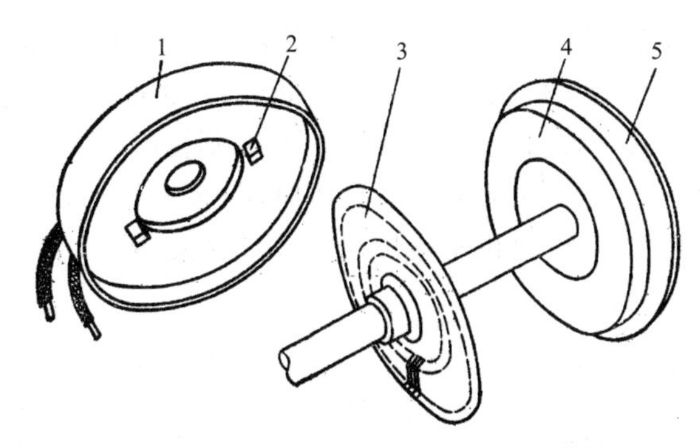

图 5.17 盘形电枢式直流伺服电动机的结构

1—前盖；2—电刷；3—盘形电枢；4—永久磁铁；5—后盖

2）空心杯电枢式直流伺服电动机

空心杯电枢式直流伺服电动机的结构如图 5.18 所示。外定子为磁钢，内定子为软磁材料，或反之；非磁性空心杯电枢上可为印刷绕组，也可为绕线式绕组；空心杯直接装在电动机轴上，在内、外定子间的气隙中旋转。空心杯电枢式直流伺服电动机的国产型号为 SYK。

3）无刷电枢式直流伺服电动机

无刷电枢式直流伺服电动机的结构如图 5.19 所示。电枢绕组在定子上做成多相式，转子用永久磁铁做成，由晶体管开关电路和位置传感器代替电刷和换向器。无刷电枢式直流伺服电动机的国产型号为 SW。

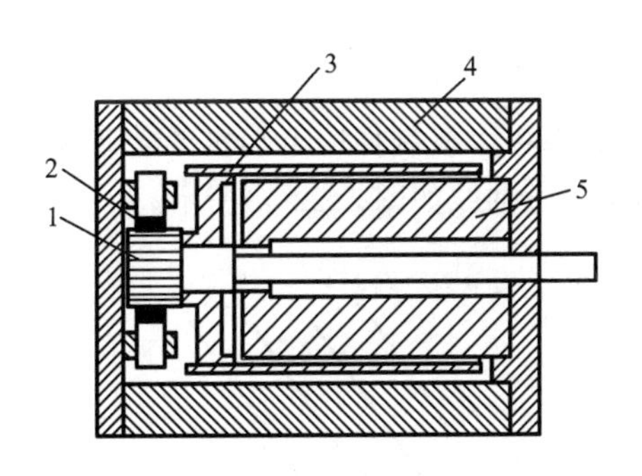

图 5.18 永磁式直流伺服电动机的结构

1—换向器；2—电刷；3—空心杯电枢；
4—外定子；5—内定子

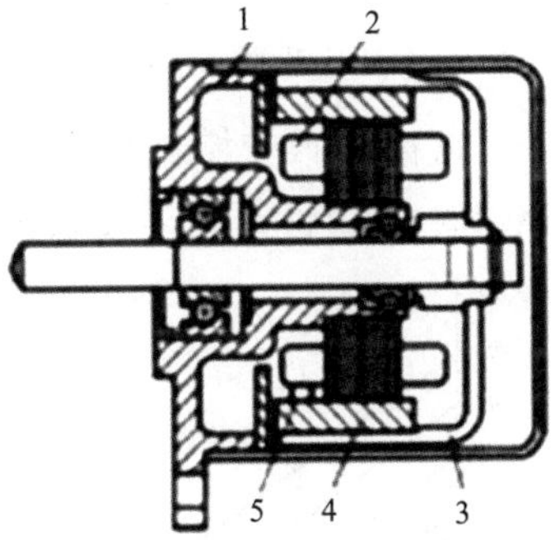

图 5.19 无刷式直流伺服电动机的结构

1—机壳；2—电枢；3—外转子；
4—磁钢；5—霍尔位置传感器

4）无槽电枢式直流伺服电动机

无槽电枢式直流伺服电动机的结构如图 5.20 所示。电枢铁芯上无槽，电枢绕组直接排列在铁芯表面，再用环氧树脂将它与电枢铁芯固化为一个整体；定子磁极为电磁或永磁式。无槽电枢式直流伺服电动机的国产型号为 SWC。

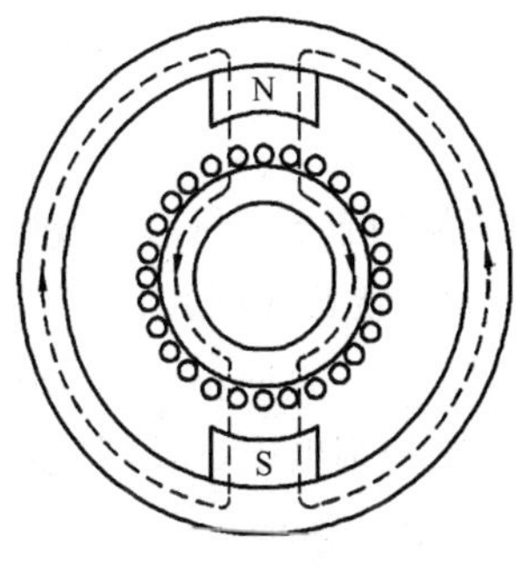

图 5.20 无槽电枢式直流伺服电动机的结构

2. 直流伺服电动机的工作原理

图 5.21 所示为直流伺服电动机的电气原理图，直流伺服电动机的基本工作原理与普通他励直流电动机的完全相

同,依靠电枢电流 I_c 与气隙磁通 Φ 的作用产生电磁转矩 T,使伺服电动机转动。

如图 5.21(a)所示,在保持励磁电压 U_f 不变的条件下,通过改变控制电压 U_c 的大小和极性来控制伺服电动机的转速和转向。控制电压 U_c 越小,则转速 n 越低;当控制电压 $U_c=0$ 时,$I_c=0$,$T=0$,电动机停转。由于控制电压 U_c 为零时,电枢电流 I_c 和电磁转矩 T 均为零,电动机不产生电磁转矩,故直流伺服电动机不会出现"自转"现象,所以,直流伺服电动机是自动控制系统中一种很好的执行元件。

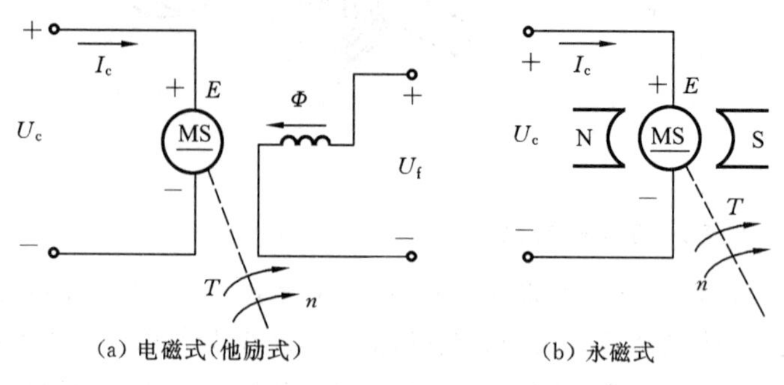

(a) 电磁式(他励式)　　(b) 永磁式

图 5.21　直流伺服电动机的电气原理图

3. 直流伺服电动机的控制特性

1) 机械特性

直流伺服电动机的机械特性是指保持励磁电压 U_f 恒定,改变电枢控制电压 U_c,其转速 n 与电磁转矩 T 之间关系,二者的关系为式(2.12),即

$$n=\frac{U_c}{K_E\Phi}-\frac{R_a}{K_EK_T\Phi^2}T=n_0-\beta T=n_0-\Delta n$$

由上式可以看出:改变控制电压 U_c 和改变磁通 Φ 都可以控制伺服电动机的转速和转向。前者是电枢控制,使用较多,后者是励磁控制。其机械特性曲线如图 5.22(a)所示。

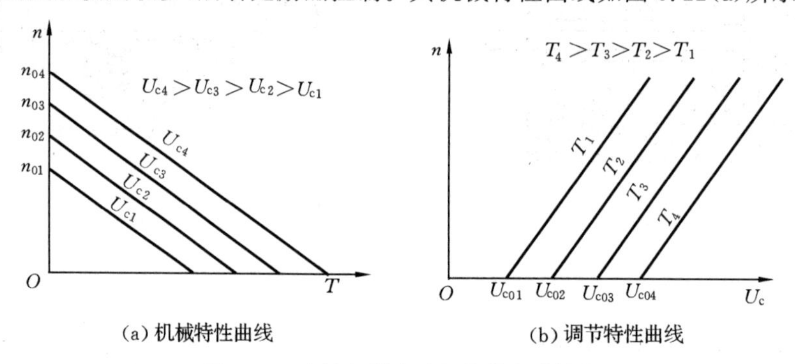

(a) 机械特性曲线　　(b) 调节特性曲线

图 5.22　直流伺服电动机的控制特性曲线

直流伺服电动机的机械特性曲线有如下特征:

(1)一定负载转矩下,当磁通 Φ 不变时,U_c 增大将导致 n 增大,特性曲线为一簇平行直线;

(2) $U_c=0$ 时,$n=0$,电磁转矩 $T=0$,电动机立即停转,无"自转"现象;

(3) 控制电压 U_c 越大,则 $n=0$ 时对应的启动转矩 T_{st} 也越大,有利于电动机启动。

2) 调节特性

调节特性是指电磁转矩 T 一定时,直流伺服电动机的转速 n 与控制电压 U_c 之间的关系

曲线 $n = f(U_c)$，调节特性曲线如图 5.22(b)所示。

调节特性曲线与横轴的交点表示在某一电磁转矩 T 时电动机的始动电压，用 U_{c0} 表示。若负载转矩 T_L 一定时，当控制电压 U_c 大于始动电压 U_{c0}，直流伺服电动机便启动并达到某一转速；反之，当控制电压 U_c 小于始动电压 U_{c0}，直流伺服电动机则不能启动。

一般将调节特性曲线上横坐标从零到始动电压 U_{c0} 这一范围称为失灵区。失灵区的大小与负载转矩 T_L 成正比，负载转矩 T_L 越大，失灵区越宽。但同样的负载转矩 T_L 下，失灵区越窄，则灵敏度越高。

4. 直流伺服电动机的控制方式

直流伺服电动机的控制方式有电枢电压控制和磁场控制两种方式。直流伺服电动机反转可采用改变电枢控制电压 U_c 的极性和改变磁通 Φ 的方向两种方式，直流伺服电动机的调速可采用改变电枢电压和励磁磁通的大小两种方式，通常采用改变电枢电压方式。

5. 直流伺服电动机的特点及应用

直流伺服电动机在电枢控制方式运行时，特性曲线的线性度好，调速范围大，效率高，启动转矩大，没有“自转”现象，可以说，具有理想的伺服性能。但是，直流伺服电动机电刷和换向器的接触电阻数值不够稳定，对低速运行的稳定有一定影响。此外，电刷与换向器之间的火花有可能对控制系统产生有害的电磁波干扰。

直流伺服电动机的输出功率一般为 1～600 W，比较大，通常应用于功率稍大的系统中，如随动系统中的位置控制、数控机床中的工作台的位置控制等。

5.3 直线电动机

直线电动机与普通旋转电动机都是实现能量转换的机械，普通旋转电动机将电能转换成旋转运动的机械能，直线电动机将电能转换成直线运动的机械能。直线电动机用于要求直线运动的某些场合时，可以简化中间传动机构，使运动系统的响应速度、稳定性、精度得以提高。直线电动机在工业、交通运输等行业中的应用日益广泛。

与普通旋转电动机传动相比，直线电动机传动主要具有以下优点。

(1) 直线电动机由于不需要中间传动机构，因而使整个结构得到简化，提高了精度，减少了振动和噪声。

(2) 用直线电动机驱动时，由于不存在中间传动机构的惯量和阻力矩的影响，因而加速和减速时间短，可实现快速启动和正、反向运行。

(3)直线电动机容易密封，不怕污染，适应性强。由于直线电动机本身结构简单，又可做到无接触运行，因此容易密封，可在有毒气体、核辐射和液态物质中使用。

(4)装配灵活性大，往往可以将直线电动机与其他机件合成一体。

直线电动机有多种形式，原则上，直流、同步、异步、步进等旋转电动机都可演变出其相应的直线电动机。按照工作原理来区分，直线电动机可分为直线感应电动机、直线直流电动机和直线同步电动机(包括直线步进电动机)三种。由异步电动机演变而成的直线异步电动机使用最多。这里，仅就直线异步电动机的结构和工作原理做一些简单的介绍。

5.3.1 直线电动机的结构

直线异步电动机有平板形、管形等结构形式。平板形直线异步电动机可以看成将普通笼形转子三相异步电动机沿径向剖开后展平而成,如图 5.23 所示。对应于旋转电动机定子的一边嵌有三相绕组,称为初级;对应于旋转电动机转子的一边,称为次级或滑子。

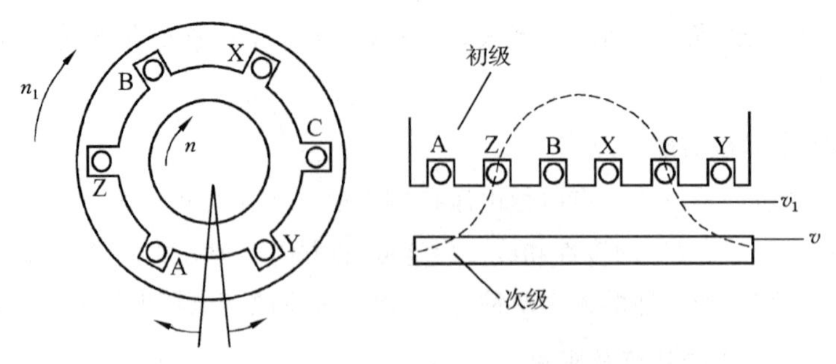

图 5.23 旋转电动机演变为直线电动机

实际平板形直线异步电动机初级长度和滑子长度并不相等,通常是滑子较长。为了抵消初级磁场对滑子的单边磁吸力,平板形直线异步电动机通常采用双边结构,即有两个初级将滑子夹在中间的结构形式,如图 5.24 所示。

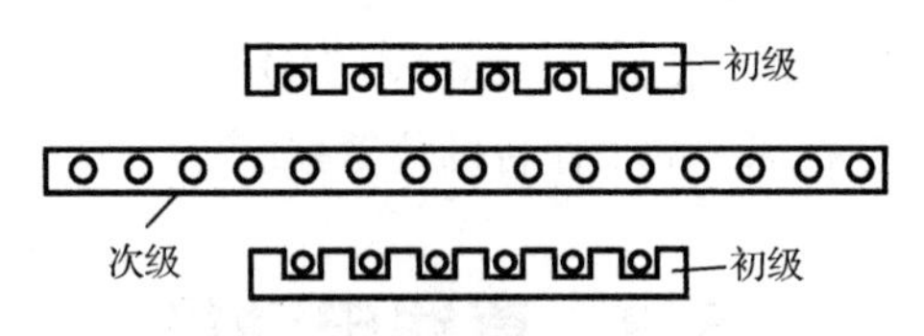

图 5.24 双边结构的平板形直线异步电动机

如果把平板形直线电动机的初级和次级沿图 5.25 所示的箭头方向圈曲,就形成了管形直线电动机。

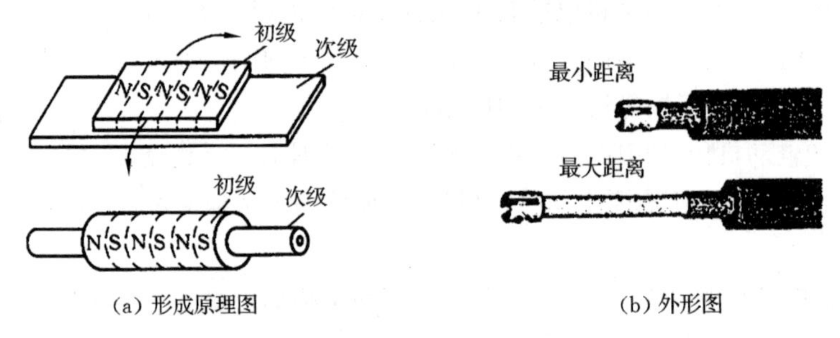

(a) 形成原理图 (b) 外形图

图 5.25 管形直线异步电动机

初级铁芯由硅钢片叠成,其表面的槽中嵌有三相绕组(有些是单相或两相绕组),滑子由整块钢板或铜板制成片状,其中也有嵌入导条的。

5.3.2 直线电动机的工作原理

在普通笼形转子三相异步电动机的定子绕组中通入三相对称电流时,会在气隙中产生转速为 n_0 的旋转磁场,转子导条切割旋转磁场而在其闭合回路中生成电流,带电的转子在磁场作用下产生电磁转矩,使转子沿旋转磁场的转向以转速 n 旋转。改变三相电流的相序时,可以使旋转磁场及转子的旋转方向改变。

如图 5.26 所示,在直线异步电动机初级的三相绕组中通入三相对称电流时,其在气隙中产生的磁场也是运动的,只是沿直线方向移动,称为移行磁场或行波磁场。次级也会因此而沿移行磁场运动的方向移动,移行磁场及次级的移动方向也由三相电流的相序决定。

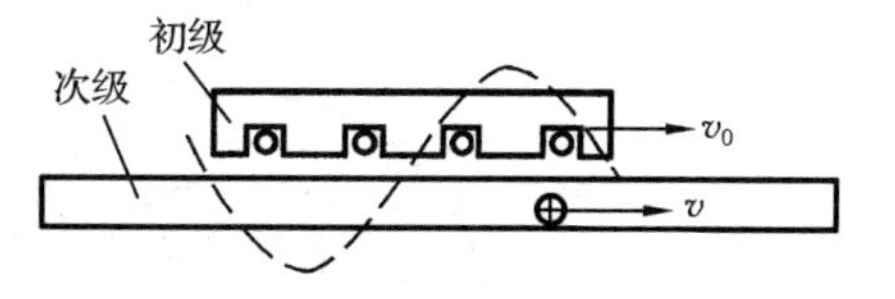

图 5.26 直线异步电动机的工作原理

移行磁场的移行速度 v_0 应与旋转磁场沿定子内圆表面运动的线速度相等,表达式为

$$v_0 = \frac{n_0}{60} \cdot \pi D = \frac{1}{60} \cdot \frac{60 f_1}{p} \cdot \pi D = \frac{\pi D}{p} \times f_1 = 2\tau f_1 \tag{5.3}$$

式中:D 为旋转电动机定子内圆的直径;f_1 为电源的频率;p 为极对数;τ 为电动机极距。

由式(5.3)可见,表明直线异步电动机的速度与电动机极距及电源频率成正比,因此,改变电动机极距或电源频率的数值时,可以改变直线异步电动机移行磁场的移动速度,从而使次级的移动速度改变。次级的移动速度 v 可以表示为

$$v = (1-s)v_0 = 2\tau f(1-s) \tag{5.4}$$

式中:$s = \dfrac{v_0 - v}{v_0}$ 为直线异步电动机的滑差。

5.4 同步电动机

同步电动机属于交流电动机,定子绕组与异步电动机的相同。它的转子旋转速度与定子绕组所产生的旋转磁场的速度是一样的,所以称为同步电动机。

5.4.1 同步电动机的分类与结构

1. 同步电动机的分类

同步电动机按其用途,可分为同步电动机和同步调相机两种;按旋转方式,可分为旋转电枢式和旋转磁极式两种;按转子的结构,可分为凸极式和隐极式两种。

2. 同步电动机的特点

同步电动机的转速 n 与定子电源频率 f、磁极对数 p 之间应满足 $n=n_0=60f/p$,这表明,当定子电流频率 f 不变时,同步电动机的转速为常数,在不超过其最大拖动能力时,转速 n 与负载大小无关,这是它的一大优点。另外,同步电动机的功率因数可以调节,当处于过励状态时,还可以改善电网的功率因数,这是它的另一优点。

3. 同步电动机的结构

同步电动机有旋转电枢式和旋转磁极式两种。旋转电枢式应用在小容量电动机中,旋转磁极式用在大容量电动机中。图 5.27 所示为三相旋转磁极式同步电动机的结构。从图中可以看出,同步电动机是由定子和转子两大部分组成。定子部分与三相异步电动机的完全一样,是同步电动机的电枢。同步电动机转子上装有磁极,分为凸极式和隐极式两种。当在转子励

磁绕组中通入交流电流 I_f 时,转子上产生磁场。

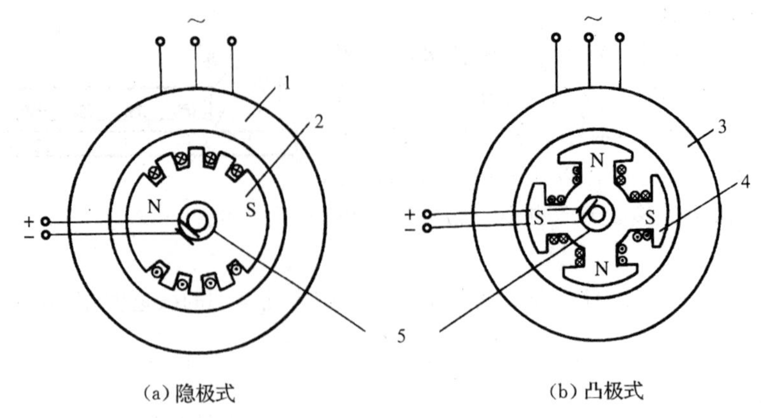

图 5.27 旋转磁极式同步电动机的结构

1、3—定子;2、4—转子;5—集电环

5.4.2 同步电动机的基本工作原理

1. 同步电动机的基本工作原理

图 5.28 所示为同步电动机的工作原理。当定子三相绕组通入三相交流电时,在定子气隙中将产生旋转磁场。该磁场以同步转速 $n_0=60f/p$ 旋转,其转向取决于定子电流的相序。转子励磁绕组通入直流电流后,产生一个大小和极性都不变的恒定磁场,而且转子磁场的极数与定子旋转磁场的相同。当同步电动机以某种方法启动后,根据异性磁极相互吸引的原理,转子磁极在定子旋转磁场的电磁吸引力作用下产生电磁转矩,使转子跟随定子旋转磁场一起转动,将定子输入的交流电能转换为转子轴上输出的机械能。由于转子与旋转磁场的转速和转向相同,故称为同步电动机。

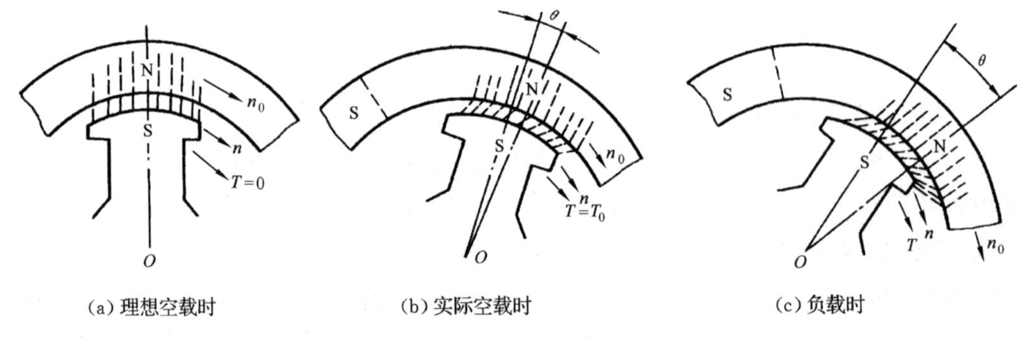

图 5.28 同步电动机的工作原理

在理想空载情况下,即 $T_0=0$ 时,由于 $T=T_0=0$,同步电动机转子的磁极轴线与旋转磁场轴线重合,$\theta=0°$,如图 5.28(a)所示,转子与定子旋转磁场完全同步;实际空载时时,由于空载总存在阻力,因此转子的磁极轴线总要滞后旋转磁场轴线一个很小的角度 θ,促使产生一个切向力,产生电磁转矩 T,如图 5.28(b)所示;负载时,定子和转子磁场间的夹角 θ 增大,电磁场转矩 T 随之增大,如图 5.28(c)所示。由于切向力产生电磁转矩 T 的作用,在实际空载和负载运行时,同步电动机仍能保持同步状态。

当负载转矩太大时,同步电动机定子的旋转磁场就无法拖动转子一起旋转,称为"失步",

此时同步电动机不能正常工作。

2. 同步电动机的基本方程式

根据电磁感应的原理，同步电动机运转时，转子励磁电流产生恒定的主极磁通，随着转子以同步转速旋转，该磁通切割定子绕组产生感应电动势 E_0。以隐极式同步电动机为例，根据图 5.29 所示的同步电动机定子绕组各电量的正方向，可列出 U 相回路的电压平衡方程式（忽略定子绕组电阻 R_a），即

$$\boldsymbol{U}=\boldsymbol{E}_0+\mathrm{j}\boldsymbol{I}X_c \tag{5.5}$$

式中：X_c 为电枢绕组的等效电抗，称同步电抗。

根据式(5.5)，并假设此时同步电动机的功率因数角 φ 为领先时的向量图如图 5.30 所示。

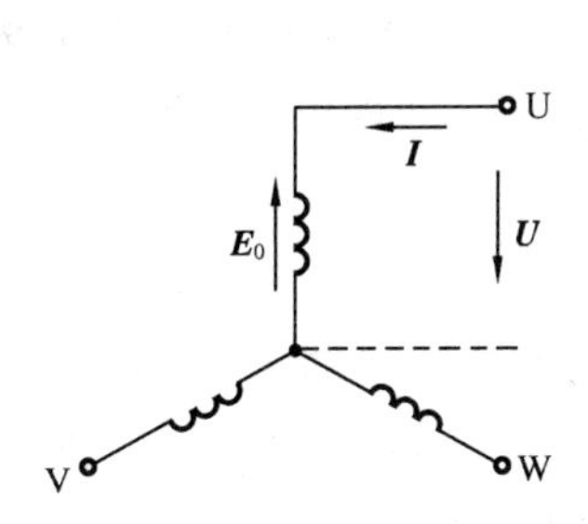

图 5.29 同步电动机的等效电路及各电量的正方向

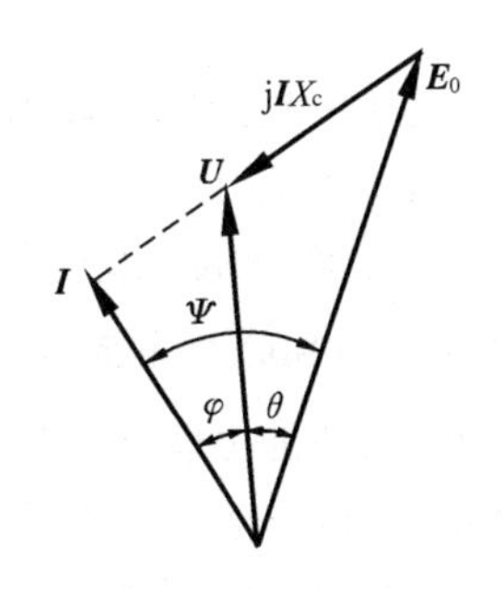

图 5.30 同步电动机电动势向量图

3. 同步电动机的功率因数调节

1）功率角 θ 特性

如图 5.30 所示，$\boldsymbol{U}$ 与 $\boldsymbol{E}_0$ 的夹角即为功率角 θ，当 θ 变化时，同步电动机的有功功率 P 也随之变化，把 $P=f(\theta)$的关系称为同步电动机的功率角特性。其表达式(隐极式)为

$$P=3E_0U\sin\theta/X_c \tag{5.6}$$

电磁转矩 T 为

$$T=3E_0U\sin\theta/\omega_0X_c \tag{5.7}$$

同步电动机的功率角和矩角特性曲线如图 5.31 所示。

2）V 形曲线

同步电动机的 V 形曲线是指在电网恒定和电动机输出功率恒定的情况下，电枢电流和励磁电流之间的关系曲线，即 $I=f(I_f)$，如图 5.32 所示。

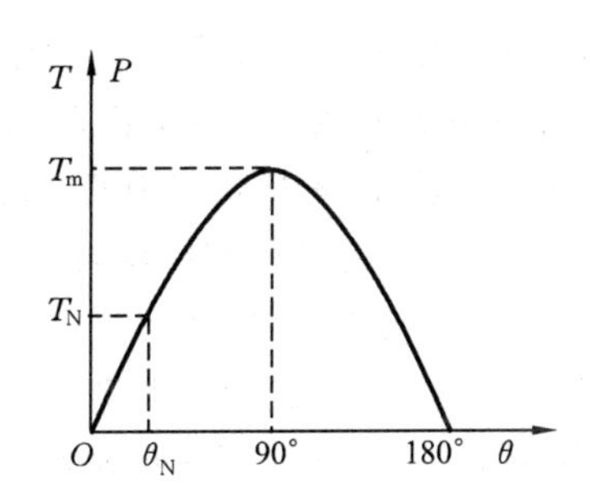

图 5.31 同步电动机的功率角及矩角特性曲线

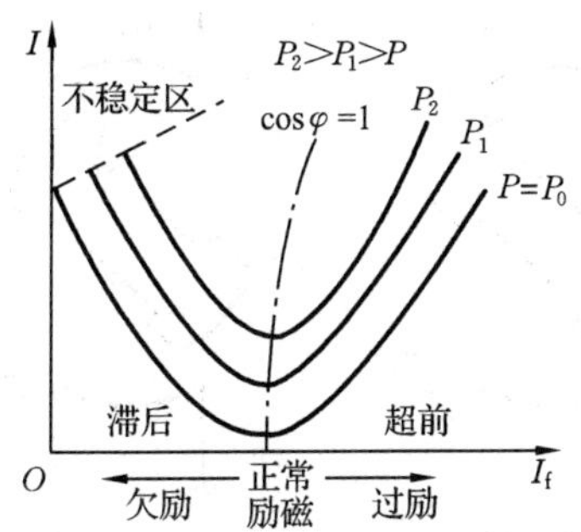

图 5.32 同步电动机的 V 形曲线

如果电网电压恒定,则 U 与 f 均保持不变。忽略励磁电流 I_f 改变时引起的附加损耗的微小变化,则同步电动机的电磁功率 P 也保持不变,即

$$P = mUE_0\sin\theta/X_c = mUI\cos\varphi \tag{5.8}$$

$$E_0\sin\theta = 常数,\quad I\cos\varphi = 常数$$

当同步电动机带有不同的负载时,对应有一组V形曲线。输出功率越大,在相同励磁电流条件下,定子电流增大,V形曲线向右上方移。对应每条V形曲线定子电流最小值处,即为正常励磁状态,此时 $\cos\varphi=1$。左边是欠励区,右边是过励区。欠励时,功率因数 $\cos\varphi$ 是滞后的,电枢电流为感性电流,从电网吸收的无功电流,产生的磁通增量弥补转子磁场的减小;过励时,功率因数 $\cos\varphi$ 是超前的,电枢电流为电容性电流,产生的增量磁通是去磁的,以抵消转子磁场增加。

由于 P 与 E_0 成正比,所以当减小励磁电流时,它的过载能力也要降低,而对应功率角 θ 则增大,这样在某一负载下,励磁电流减少到一定值时,θ 就超过 90°,对隐极式同步电动机就不能同步运行。图5.32所示的虚线表示了同步电动机不稳定运行的界限。

3) 同步电动机的功率因数调节

三相同步电动机功率 P 一定,调节电流 I_f 的大小时,会使转子磁场的大小产生变化。此时,为保持定子、转子合成磁场不变,定子磁场必定要发生变化,因而会引起定子交流电流的大小和相位发生变化,而相位变化就起到调节同步电动机功率因数的作用。

改变励磁电流就可以调节同步电动机的功率因数,这是同步电动机很可贵的特性。由于电网上的负载多为异步电动机等感性负载,如果将运行在电网上的同步电动机工作在过励状态下,除拖动生产机械外,还可用它吸收超前的无功电流去弥补异步电动机吸收的滞后无功电流,从而可以提高工厂或系统的总功率因数。所以,为了改善电网的功率因数,现代同步电动机的额定功率因数一般均设计为0.8(超前)~1。

如果将同步电动机接在电网上空载运行,专门用来调节电网的功率因数,则称这样的同步电动机为同步调相机,或称同步补偿机。

5.4.3 同步电动机的启动、调速、反转与制动

1. 同步电动机的启动

同步电动机是没有启动转矩的,所以,当定子绕组通电以后,转子是不能自行启动的。这是因为同步电动机启动时,转子尚未转动,即转子转速 $n=0$,转子绕组中通入直流励磁电流,将产生一个静止不动的恒定磁场。此时,定子、转子磁场之间存在着相对运动,两者相互作用的情况是一会儿产生吸引力,使转子逆时针方向旋转,如图5.33(a)所示;一会儿又产生排斥力,使转子顺时针方向旋转,如图5.33(b)所示。在定子旋转磁场旋转一周内,定子旋转磁场与转子磁场的电磁吸引力所产生的转矩在一个周期内要改变两次方向,作用于转子的平均电磁转矩为零,因此,同步电动机不能自

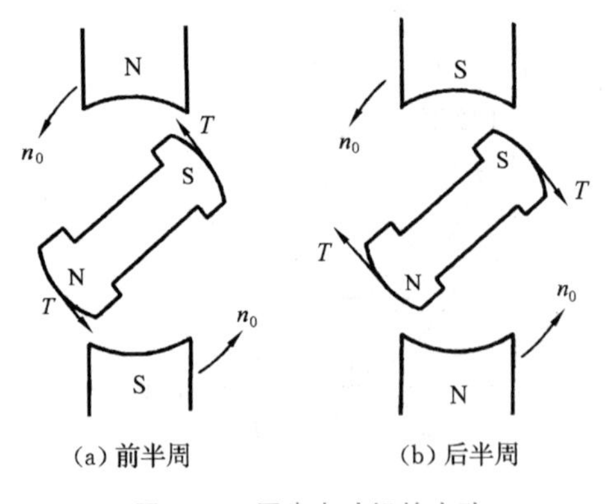

(a) 前半周 (b) 后半周

图5.33 同步电动机的启动

行启动，必须采取必要的启动措施。

同步电动机常用的启动方法有异步启动法、辅助电动机启动法和调频同步启动法三种，应用最多的是异步启动法。

为了实现同步电动机的异步启动，在转子磁极的极靴上装有类似于异步电动机的笼形绕组，也称启动绕组。同步电动机的启动绕组一般用铜条制成，两端用铜环短接。

异步启动控制电路如图 5.34 所示。启动时，先在转子励磁回路中串入一个 5～10 倍励磁绕组电阻的附加电阻，开关 S_2 合至位置 A，使转子励磁绕组构成闭合回路。然后，将定子电源开关 S_1 闭合，定子绕组通入三相交流电流产生旋转磁场，利用异步电动机的启动原理将转子启动。当转速上升到接近同步转速（95% n_0）时，迅速将开关 S_2 由位置 A 合至位置 B 上，给转子的励磁绕组通入直流电励磁，依靠定子、转子磁极之间的电磁吸引力产生同步转矩，将转子牵入同步运行。

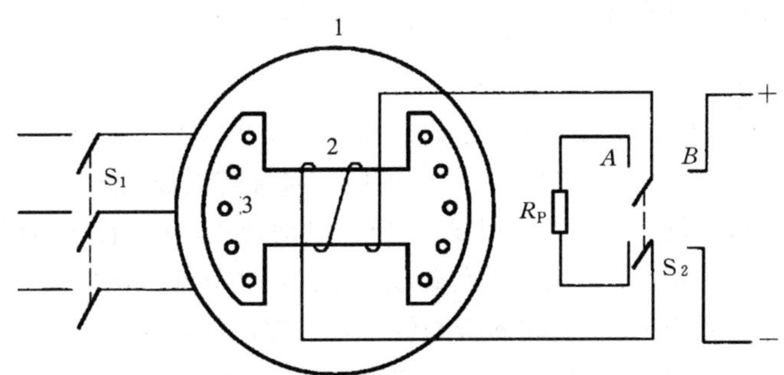

图 5.34 同步电动机异步启动控制电路

1—同步电动机；2—励磁绕组；3—笼形启动绕组

2. 同步电动机的调速

一般由三相同步电动机、变频器及磁极位置检测器，再配上控制装置等，就构成了自控式同步电动机调速系统。改变自控式同步电动机电枢电压即可调节其转速，并具有类似直流电动机的调速特性，但不像直流电动机那样需要换相器，所以也称无换相器电动机。

3. 同步电动机的反转与制动

同步电动机的反转与三相异步电动机反转的方法相同，只需将三相电源进线中的任意两相对调，定子的旋转磁场方向就会改变，同步电动机反转。同步电动机的制动均采用能耗制动。

5.4.4 微型同步电动机

在自动控制系统中，往往需要恒转速传动装置，要求电动机具有恒定不变的转速，即要求电动机的转速不随负载或电源电压的变化而改变。微型同步电动机就是具有这种特性的电动机。

微型同步电动机的定子结构都是相同的，或者是三相绕组通入三相交流电，或者是两相绕组通入两相电流（包括单相电源经电容分相），主要作用都是产生一个旋转磁场。根据转子的结构形式不同，微型同步电动机主要分为永磁式微型同步电动机、反应式微型同步电动机和磁滞式微型同步电动机。

微型同步电动机转子无励磁绕组，也不需电刷和滑环，因此结构简单、运行可靠、维护方便，功率从零点几瓦到数百瓦，广泛应用于需要恒速运行的自动控制装置及遥控、无线通信、有声电影、磁带录音及同步随动系统中。

1. 永磁式微型同步电动机

1) 永磁式微型同步电动机的结构

永磁式微型同步电动机的定子与异步电动机的完全相同，有两相和单相罩极式绕组，通入交流电后产生旋转磁场，转速为 n_0。

永磁式微型同步电动机的转子是由永久磁钢制成的，可以是两极，也可以是多极的，N、S极沿圆周方向交替排列，图 5.35(a)所示为四极转子，因 5.35(b)所示为两极转子。转子上装有笼形绕组，作为启动绕组。转子极数必须与定子绕组产生的旋转磁场的极数相等。

永磁式微型同步电动机的工作原理比较简单，现以两极永磁式微型同步电动机为例说明。

2) 永磁式微型同步电动机的工作原理

图 5.36 所示为具有两个永久磁极的永磁式微型同步电动机的转子。当同步电动机的定子接入交流电源后，产生一个旋转磁场，旋转磁场用一对旋转磁极表示。当定子旋转磁场以转速 n_0 沿图示方向旋转时，转子笼形绕组上产生异步启动转矩，驱动转子启动。当转子加速到接近同步之后，异步转矩同定子磁场与永久磁场产生的同步转矩共同将转子牵入同步，即根据N极与S极相互吸引的原理，定子旋转磁极与转子永久磁极紧紧吸住，带着转子一起旋转。由于转子靠旋转磁场拖动旋转，所以转子的转速与定子磁场的转速相等，都为同步转速 n_0。当转子上负载转矩增大时，定子磁极轴线与转子磁极轴线间的夹角 δ 就会相应增大，负载转矩减小时，夹角 δ 又会减小，两对磁极间的磁力线如同弹性的橡皮筋一样。尽管负载变化时，定子、转子磁极轴线之间的夹角会有变化，但只要负载不超过一定的限度，转子就始终跟着定子旋转磁场以同步转速旋转，即转子转速为 n_0。

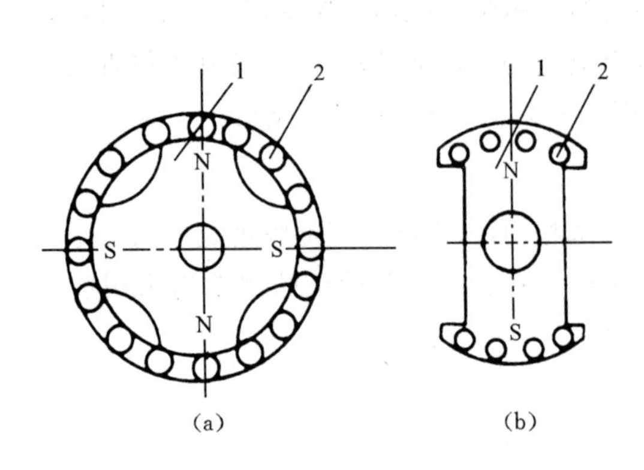

图 5.35　永磁式微型同步电动机的转子

1—永久磁铁；2—启动绕组

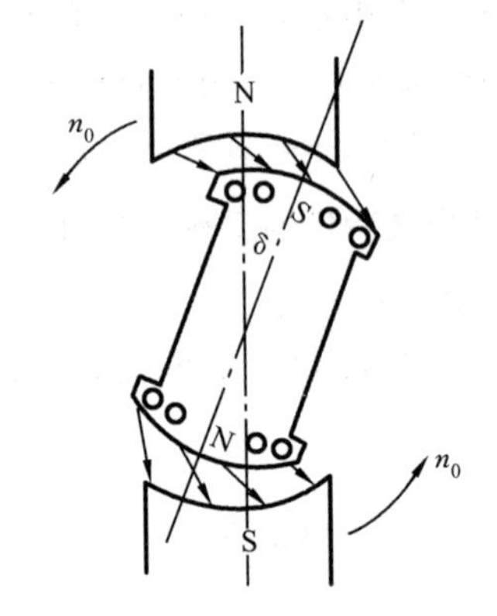

图 5.36　永磁式微型同步电动机的工作原理

应当注意，永磁式微型同步电动机启动比较困难。其主要原因是刚启动时，虽然合上了电源，永磁式微型同步电动机内产生了以同步转速旋转的磁场，但转子还是静止的，转子由于惯性的作用而跟不上定子旋转磁场的转速。因此，定子、转子磁场之间存在着相对运动，转子受到的平均转矩为零，因而永磁式微型同步电动机不能自行启动。

为了使永磁式微型同步电动机能够自行启动，除了转子本身惯性很小、极数较多的低速永磁式微型同步电动机外，一般的永磁式微型同步电动机都需附加启动装置。一种是转子上附加笼形绕组，如图 5.35 所示；另一种是转子上附加磁性材料环帮助启动，如图 5.37 所示。这种同步电动机称为磁滞启动永磁式同步电动机。

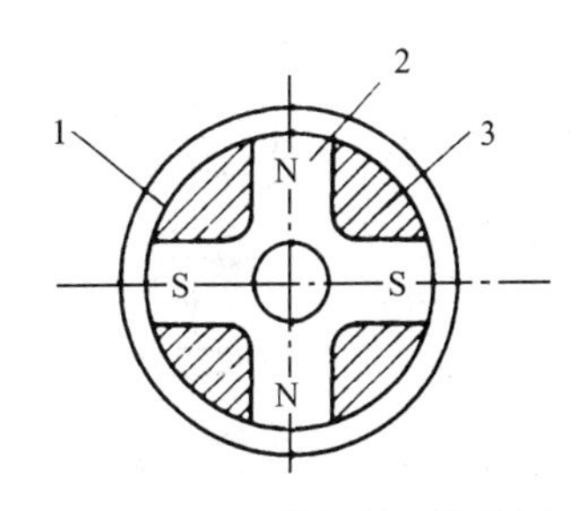

图 5.37　具有磁性材料环的转子

1—磁滞环；2—永久磁铁；3—极间填充材料

永磁式同步电动机的功率因数和效率较高，有效材料利用率高，与同体积的其他类同步电动机相比，功率大、体积小、耗电少。随着高性能、低价格永磁材料的出现，永磁式微型同步电动机的应用范围更加广泛，目前功率从几瓦到几百瓦，甚至几千瓦的永磁式同步电动机在各种自动控制系统中得到广泛应用。但是永磁式微型同步电动机除多极、小转动惯量外，无自行启动能力，且不能在异步状态下运行，这些不及磁滞启动永磁式同步电动机，与反应式微型同步电动机相比，结构复杂、成本较高。

2. 反应式微型同步电动机

1）反应式微型同步电动机的结构

反应式微型同步电动机即没有直流励磁的凸极式同步电动机。其定子与一般同步电动机或异步电动机相同，在定子槽内嵌放两相或三相对称绕组，也可能是单相罩极式绕组。转子结构形式是多种多样的，图 5.38 所示为反应式微型同步电动机转子的几种常见形式，其中图 5.38(a)、(b)所示为凸极笼形转子，这种转子与一般鼠笼式异步电动机的转子差别仅在于具有与定子极数相等的凸极，以形成直轴与交轴磁阻不等。图 5.38(c)所示为反应式微型同步电动机转子结构除了具有凸极以外，在转子铁芯中还设置了隔离槽(内反应槽)，并相应增大凸极极弧。这样一来，可以加大转子直轴和交轴磁阻差，提高反应式微型同步电动机的功率。

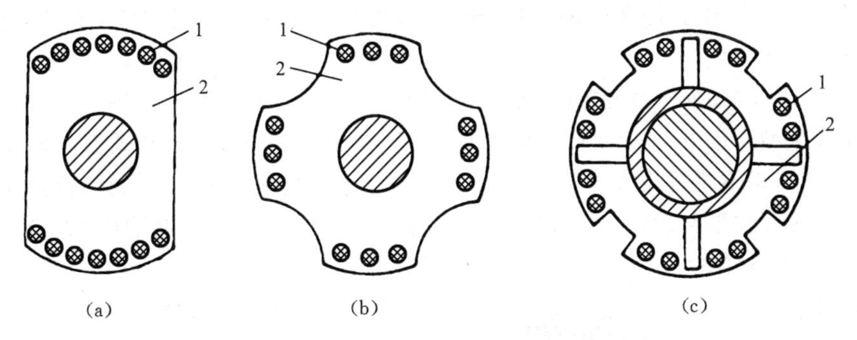

图 5.38　反应式微型同步电动机的转子形式

1—笼形条；2—转子铁芯

2)反应式微型同步电动机的工作原理

如图 5.39(a)所示，定子旋转磁场用一对磁极来表示，一个圆柱形表示隐极转子，定子、转子之间的气隙是均匀的，无论直轴和旋转磁场的轴线相差多少度，磁通(磁力线)都不会发生扭斜，也就不能产生切线方向的电磁力和电磁转矩，转子不能转动。

图 5.39(b)～(e)所示为实际反应式微型同步电动机的运行原理模型图，图中外面的磁极

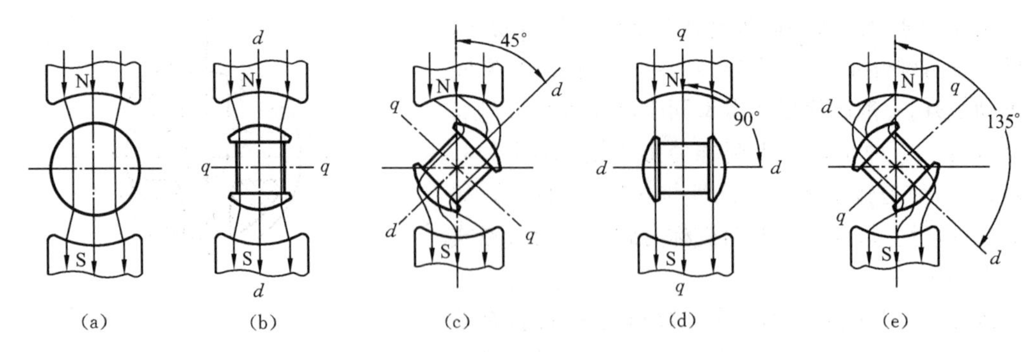

图 5.39　反应式微型同步电动机的运行模型

表示定子绕组产生的两极旋转磁场,中间是一个凸极转子,凸极转子可以看成具有两个方向:一个是顺着凸极轴线的方向,称为直轴方向;另一个是与凸极轴线正交的方向,称为交轴方向。显然,当旋转磁场轴线与转子直轴方向一致时,磁通通过路径的磁阻最小,与转子交轴方向一致时,磁阻最大,其他位置的磁阻介于二者之间。

反应式微型同步电动机空载时,定子旋转磁场的轴线与转子直轴轴线重合,磁力线不发生扭斜,忽略空载损耗,就不能产生切线方向的电磁力,电磁转矩 $T=0$,如图 5.39(b)所示。

当反应式微型同步电动机转轴上加上机械负载时,由于转矩不平衡,转子发生瞬时减速,转子的直轴将落后旋转磁场的磁极轴线一个 δ 角且 $\delta=45°$。由于磁力线力求沿磁阻最小的路径,即沿转子的直轴方向通过转子,因而被迫变弯,引起磁场发生扭斜,磁力线被拉长。被拉长的磁力线力图使转子转动,从而使磁路的磁阻降低,由此产生与定子磁场转向相同方向的电磁力,形成电磁转矩,即反应式转矩,与负载转矩相平衡,转子直轴与旋转磁场轴线保持这一角度,以和定子旋转磁场相同的同步转速同向旋转,如图 5.39(c)所示。

如果再增大负载,则 δ 角继续增大,由于有部分磁力线开始直接沿转子交轴方向通过转子,使磁场的畸变开始减少,切向的电磁力及其形成的磁阻转矩也逐渐减小。当转子偏转 90°时,全部磁力线都沿转子交轴方向通过转子,磁力线未被扭斜,没有切向的电磁力,电磁转矩 $T=0$,如图 5.39(d)所示。

当 $\delta>90°$时,电磁转矩改变方向,为负值,如图 5.39(e)所示;当 $\delta=180°$时,电磁转矩 $T=0$。

反应式微型同步电动机的最大电磁转矩发生在 $\delta=45°$时,与永磁式微型同步电动机一样,只要负载转矩不超过最大电磁转矩,反应式微型同步电动机的转子始终跟着旋转磁场以同步转速旋转。如果负载转矩大于最大同步转矩,即当 $\delta>45°$时,电动机"失步",进入异步运行状态,甚至停转。

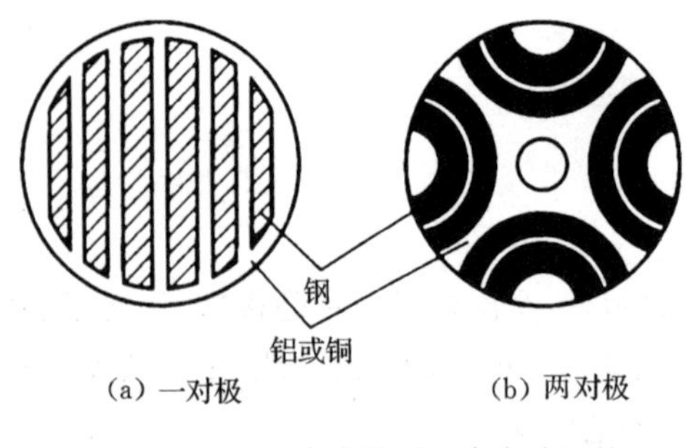

图 5.40　反应式微型同步电动机的转子结构

如果不计磁路饱和的影响,反应式微型同步电动机的直轴同步电抗 X_d 和交轴同步增长电抗 X_q 皆为常数。X_d/X_q 的数值越大,则最大同步转矩 T_m 越大。因此,反应式微型同步电动机采取一些措施增大 X_d 和 X_q 的差别,可以显著地增大电磁转矩的值,目前可以做到 $X_d:X_q=5:1$。例如,反应式微型同步电动机的转子采用非磁性材料(铝或铜)和钢片镶嵌的结构,如图 5.40 所示。正常运行时,气隙磁场基本上只能沿钢片引导的方向进入直轴磁路使磁场显著扭斜，其对应的电抗为直轴电抗；而交轴磁路由于多次跨越非磁性材料铝或铜的区域，磁阻很大，对应的交轴电抗很小。

从以上分析可知，反应式微型同步电动机产生反应转矩必须具备的条件是转子上正交的两个方向应具有不同的磁阻。如果转子是一个光滑的圆柱形转子，各个方向的磁阻一样，当旋转磁场旋转时，磁力线不发生歪扭，就不会产生电磁转矩，电动机就不能转动。反应式微型同步电动机磁阻转矩也是一种同步转矩，只能用于牵入，不能用来启动。与永磁式微型同步电动机一样，反应式微型同步电动机的启动也是比较困难的，需有启动措施，通常也在转子上装设供异步启动的笼形绕组作为启动绕组，同时也起到抑制同步电动机振荡的作用。

反应式微型同步电动机的结构简单、成本低廉、运行可靠，但功率因数低，不能自启动，在自动及遥控装置、同步联络装置、录音传真及钟表工业中广泛应用。反应式微型同步电动机可以是单相或三相，功率从几瓦到几百瓦。

思政e站

张贵卿和新中国第一台普通车床的故事

沈阳铁西，工业博物馆内，一台漆面斑驳的车床展品静静地陈放在那里，展品上方放置了一张仿制的、票面上清晰印有这款车床图案的第三套两元面值人民币，一位老人已经在这里驻足许久……

1952年，张贵卿考入沈阳第一机床厂技工学校，仅学习一年便能独立运用机床进行零件加工。随后，他被原沈阳第一机器厂录用，成为一名学徒。不久后，厂里开始进行新中国第一台普通车床的设计制造，张贵卿也成为了其中的参与者。

提起这台被印在两元人民币上的新中国第一台C620-1普通车床，张贵卿的那些为了这台车床彻夜未眠的奋斗记忆又被唤醒……

C620-1普通车床是通过从国外引进的机床改良而成的，整个改良过程张贵卿付出了很多心血。他回忆道："当时，我们发现这台机器有很多问题，比如产量低、操作流程不科学、噪声大等。为了解决这些问题，我自己设计了一个'六等份分盘'提高了产量；将原本靠下面的操作部分改良到操作方便的地方，这样一来，工人只需要在一个位置就能操作整个机床；关于解决噪声问题，我和同事全凭经验，仅用一根螺丝刀，其他全靠耳朵听，听出六处有问题的地方，后来我们磨了6个精度和贴合度更高的齿轮将原来的齿轮替换，最终噪音从93分贝降到70多分贝。"

C620-1普通车床在张贵卿等老一辈的辛勤努力中，最终研制成功并实现量产，精度可以说是达到了世界一流水平，后来还出口到了国外。

说起被评选为劳动模范，张贵卿认为自己好像"千里马遇到了伯乐"。在张贵卿当车工的时候，听说国外有一门叫"高速切削刀具"的先进技术，于是自己便开始翻阅书籍钻研，改进了"55度高速切削刀"。一天，张贵卿在自己的车床前测试时，被一位国外来的专家看到，专家被张贵卿精湛的技术和创新的做法吸引，当即表示想让他当助手。后来张贵卿先后改进六种刀具，分别提高效率2～10倍。从此，张贵卿凭借钻研的精神和创新的技术被评为"沈阳市先进生产者"和"辽宁省青年突击手"。

1976年，中国自主研发、制造、组装的，性能大幅提升的EA6140普通车床成功量产。提起这台普通车床，张贵卿说："那时候真的是遭了不少罪，连续6个月，我一直住在厂子里。"

当时被评为劳动模范的张贵卿被任命为装备车间主任,在组装和试用阶段,张贵卿一共发现了包括精度不准在内的4个问题,并都通过自己的钻研精神和精湛技术将其攻克。

张贵卿用实际行动诠释着作为一名机床人许党报国、有关必攻、埋头苦干的实干精神,与老一辈机床人一同在那个一穷二白的年代为东北老工业基地作出了突出的贡献。(引自网络)

思政元素:培养学生具备高尚的职业道德素养,增强劳动精神,树立安全生产的责任意识。

本章小结

(1) 步进电动机是一种由电脉冲控制运动的特殊电动机,步进电动机不能直接使用通常的直流或交流电源来驱动,而是需要使用专门的步进电动机驱动器。按转矩产生的原理,步进电动机可分为反应式步进电动机、励磁式步进电动机和混合式步进电动机。励磁式步进电动机又分为电磁式步进电动机和永磁式步进电动机。

(2) 伺服电动机又称为执行电动机,在自动控制系统中作为执行元件,将输入的电压信号转换成转轴的角位移或角速度以控制受控对象。伺服电动机可分为交流伺服电动机和直流伺服电动机两类。直流伺服电动机按其结构原理不同,可分为传统型直流伺服电动机和低惯量型直流伺服电动机两大类。

(3) 直线电动机是将电能转换成直线运动的机械能的一种电动机。直线电动机按照工作原理来区分,可分为直线感应电动机、直线直流电动机和直线同步电动机(包括直线步进电动机)三种。直线异步电动机有平板形、管形等。

(4) 同步电动机属于交流电动机,定子绕组与异步电动机的相同。它的转子旋转速度与定子绕组所产生的旋转磁场的速度是一样的,所以称为同步电动机。同步电动机按其用途,可分为同步电动机和同步调相机两种,按旋转方式,可分为旋转电枢式和旋转磁极式两种;按转子的结构,可分为凸极式和隐极式两种。

课后练习

一、选择题

1. 从步进电动机脉冲源中输出脉冲电压的频率决定该电动机转子的( )。

A. 角位移　　B. 角速度　　C. 角加速度　　D. 转向

2. 从结构上看,交流伺服电动机与单相异步电动机相比具有( )特点。

A. 小惯量的空心杯转子　　B. 小惯量的细长转子

C. 转子电阻大和转动惯量小　　D. 空心杯转子

3. 某五相步进电动机在脉冲电源频率为2 400 Hz时,转速为1 200 r/m,则可知此时步进电动机的步距角为( )。

A. 1.5°　　B. 3°　　C. 6°　　D. 4°

4. 将电脉冲信号转换成相应角位移的控制电机是( )。

A. 测速发电机　　B. 旋转变压器　　C. 自整角机　　D. 步进电动机

5. 有一台八极交流伺服电动机,旋转磁场的转速为6 000 r/min,则其电源频率为( )。

A. 100 Hz　　B. 200 Hz　　C. 300 Hz　　D. 400 Hz

6. 采用双拍制的步进电动机步距角与采用单拍制相比(　　)。

A. 减小一半　　B. 相同　　C. 增大一半　　D. 增大一倍

二、问答题

1. 步进电动机的运行特性与输入脉冲频率有什么关系?

2. 步进电动机的步矩角的含义是什么?一台步进电动机可以有两个步距角,如 3°/1.5°,这是什么意思?什么是单三拍、单双六拍和双三拍?

3. 何为“自转”现象?交流伺服电动机怎样克服这一现象,使其当控制信号消失时能迅速停止?

4. 交流伺服电动机有哪几种控制方式?并分别加以简单说明。

5. 简述直线异步电动机的工作原理。如何改变它的运动方向?

6. 永磁式同步电动机能否自行启动,为什么?

三、计算题

1. 一台五相反应式步进电动机,采用五相十拍运行方式时,步距角为 $\theta_b=1.5°$,若脉冲电源的频率 $f=3\,000$ Hz,试问转速是多少?

2. 一台三相反应式步进电动机,转子的齿数为 50,试求各种运行方式的步距角。

3. 有一台直流伺服电动机,额定电压 $U_{cN}=U_{fN}=24$ V,额定电流 $I_{cN}=0.55$ A,空载转矩 $T_0=0.000\,3$ N · m,额定输出转矩 $T_{2N}=0.016\,7$ N · m,额定转速 $n_N=3\,000$ r/min。求 19.2 V 时的启动转矩 T_s。

4. 有一台交流伺服电动机,若加上额定电压,电源频率为 50 Hz,极对数 $p=1$,试问它的理想空载转速是多少?

5. 一台直线异步电动机,初级固定,次级运动,极距 $\tau=6$ cm,电源频率 50 Hz,额定运行时的转差率 $s=0.01$,试求:(1)电动机的同步速度 v_1;(2)次级移动速度 v。

第 5 章即测即评测试题

第6章 常用生产机械的电气控制

本章主要介绍普通车床、摇臂钻床、平面磨床、万能铣床、卧式镗床、桥式起重机等具有代表性的常用生产机械的电气控制线路及其分析方法。通过对这些生产机械电气控制的分析，培养学生阅读电气图的能力，进一步掌握分析电气图的方法，加深对生产机械中的液压、机械、电气紧密配合的理解，学会从设备加工工艺出发，掌握这些典型设备的电气控制，为电气控制设备的安装、调试、运行与维修打下基础。

6.1 电气控制电路分析基础

6.1.1 电气控制电路分析的依据

分析生产机械电气控制电路的依据是生产机械的基本结构、运行情况、加工工艺要求、电力拖动及电气控制的要求。因为电气控制电路是为生产机械电力拖动服务的，是为其控制要求服务的，所以分析电气控制电路时应明确其控制对象，掌握控制要求，这样才有针对性。

6.1.2 电气控制电路分析的内容

通过对各种技术资料的分析，弄清生产机械的基本结构、运行情况、控制要求、电气控制电路的工作原理、电器元件的安装情况等。这些技术资料主要有设备说明书、电气原理图、电气设备总装接线图、电器元件布置图与接线图等。

1. 设备说明书

（1）了解设备的基本结构、各部分的运动情况和加工工艺要求，以及机械、液压、气动部分的传动方式与工作原理。

（2）掌握电气传动方式，电动机与电器元件的数目、规格型号、安装位置及用途等。

（3）了解各操作手柄、开关、按钮、指示信号装置的位置及在控制电路中的作用。

（4）了解与机械、液压部分有直接关联的电器（如行程开关、电磁阀、压力继电器、电磁离合器、微动开关等）的位置、工作状态，以及机械、液压部分的关系和在控制电路中的作用。

2. 电气原理图

电气原理图由主电路、控制电路与辅助电路等部分组成。它是从生产机械的加工工艺出发，按其对电力拖动自动控制的要求而设计的。对生产机械电气控制电路的分析，重点是对电气原理图的分析，因为其他几种电气图都是严格按照电气原理图的连接关系画出的。

3. 电气设备总装接线图

阅读电气设备总装接线图，可以了解系统的组成分布情况，各部分的连接方式，主要电气部件的布置、安装要求，导线走向及导线的规格型号等。通过对电气设备总装接线图的分析，可以对设备的电气安装有总体的了解。

4. 电器元件布置图与接线图

电器元件布置图与接线图是安装、调试和维护电气设备必需的技术资料。在测试、检修中可通过电器元件布置图和接线图迅速方便地找到各电器元件的测试点和连接点，进行必要的检查、调试和维修。

6.1.3 电气原理图的阅读分析方法

电气原理图的阅读分析基本方法是：先机后电，先主后辅，化整为零，集零为整，统观全局，总结特点。

1. 先机后电

首先应了解生产机械的基本结构、运行情况、工艺要求、操作方法等,这样可以对生产机械的机械构造及其运行有总体的了解,进而明确对电力拖动自动控制的要求,为阅读和分析电路做好前期准备。

2. 先主后辅

先阅读主电路,看设备由几台电动机拖动,各台电动机的作用如何,结合加工工艺分析电动机的启动方法,有无正、反转控制,采取何种制动方式,采用哪些电动机保护。看完主电路后再分析控制电路,最后再阅读辅助电路。

3. 化整为零

在分析控制电路时,从加工工艺出发,一个环节一个环节地去阅读和分析各台电动机的控制电路,先将各台电动机的控制划分成若干个局部电路,每一台电动机的控制电路又按启动环节、制动环节、调速环节、反向环节来分析电路。然后分析辅助电路,包括信号电路、检测电路与照明电路等,这部分电路具有相对的独立性,仅起辅助作用,不影响主要功能,但这部分电路大多是由控制电路中的元件来控制的,可结合控制电路一并分析。

4. 集零为整、统观全局

在逐个分析完局部电路之后,还应统观全部电路,看各局部电路之间的连锁关系,机、电、液的配合情况,电路中设有哪些保护环节,这样可以对整个电路有清晰的理解。

5. 总结特点

各种设备的电气控制虽然都是由各种基本控制环节组合而成,但其整机电气控制都有各自的特点,这也是各种设备电气控制区别之所在,应很好地总结。只有这样,才能加深对电气设备电气控制的理解。

6.2 CA6140型普通车床电气控制

车床是一种应用极为广泛的金属切削机床,能够车削外圆、内圆、端面、螺纹以及定型回转表面等,另外还可用钻头、铰刀等进行钻孔和铰孔等加工。

CA6140型普通车床型号的含义如下。

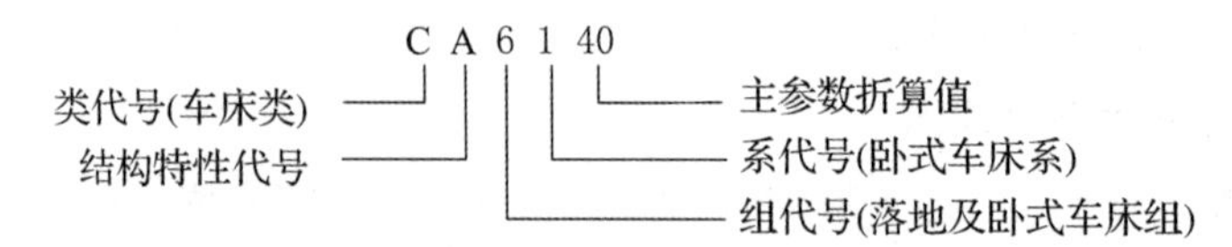

6.2.1 CA6140型普通车床的主要结构和运动形式

图6.1所示为CA6140型普通车床的结构示意图。从图中可以看出,CA6140型普通车床主要由床身、主轴箱、进给箱、溜板箱、刀架、丝杠、光杠、尾架等部分组成。

车床的切削运动包括工件旋转的主运动和刀具的直线进给运动。车削速度是指工件与刀具接触点的相对速度。根据工件的材料性质、车刀材料及几何形状、工件直径、加工方式及冷却条件的不同,要求主轴有不同的切削速度。主轴变速是由主轴电动机经V带传递到主轴变

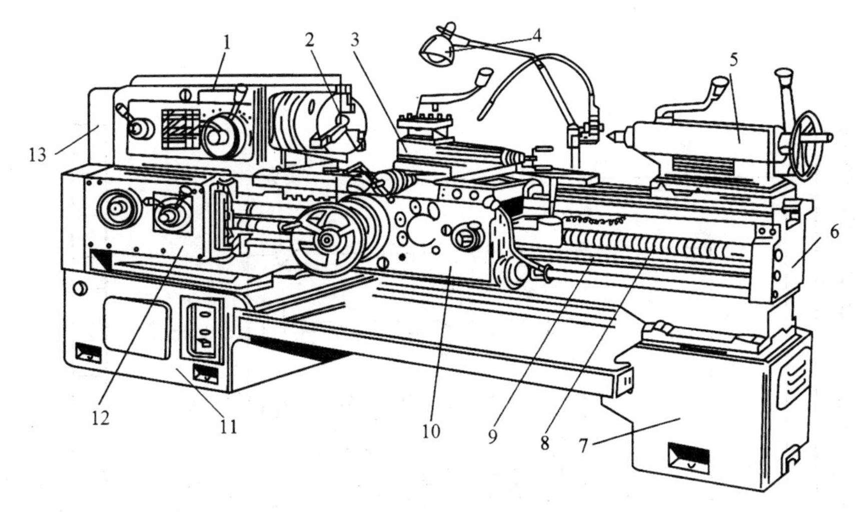

图 6.1 CA6140 型普通车床的结构示意图

1—主轴箱；2—卡盘；3—溜板和刀架；4—照明灯；5—尾架；6—床身；
7、11—床腿；8—丝杠；9—光杠；10—溜板箱；12—进给箱；13—挂轮箱

速箱来实现的。CA6140 型普通车床的主轴正转速度有 24 种(10～1 400 r/min)，反转速度有 12 种(14～1 580 r/min)。

车床的进给运动是刀架带动刀具的直线运动。溜板箱把丝杠或光杠的转动传递给刀架部分，变换溜板箱外的手柄位置，经刀架部分使车刀作纵向或横向进给。

车床的辅助运动是指车床上除切削运动以外的其他一切必需的运动，如尾架的纵向移动、工件的夹紧与放松等。

6.2.2 CA6140 型普通车床电力拖动的特点及控制要求

CA6140 型普通车床电力拖动的特点及控制要求如下。

(1)主拖动电动机一般选用三相鼠笼式异步电动机，不进行电气调速。

(2)采用齿轮箱进行机械有级调速。为减小振动，主拖动电动机通过几条 V 带将动力传递到主轴箱。

(3)在车削螺纹时，要求主轴有正、反转，由主拖动电动机正、反转或采用机械方法来实现。

(4)主拖动电动机的启动、停止采用按钮操作。

(5)刀架移动与主轴转动有固定的比例关系，以便满足对螺纹的加工需要。

(6)车削加工时，由于刀具及工件温度过高，有时需要冷却，因而应该配有冷却泵电动机，且要求在主拖动电动机启动后，方可决定冷却泵开动与否，而当主拖动电动机停止时，冷却泵应立即停止。

(7)电路必须有过载、短路、欠电压、失电压保护。

(8)电路应具有安全的局部照明装置。

6.2.3 CA6140 型普通车床的电气控制电路分析

图 6.2 所示为 CA6140 型普通车床的电气控制原理图，可分为主电路、控制电路和照明电路三部分。下面主要对主电路和控制电路进行分析。

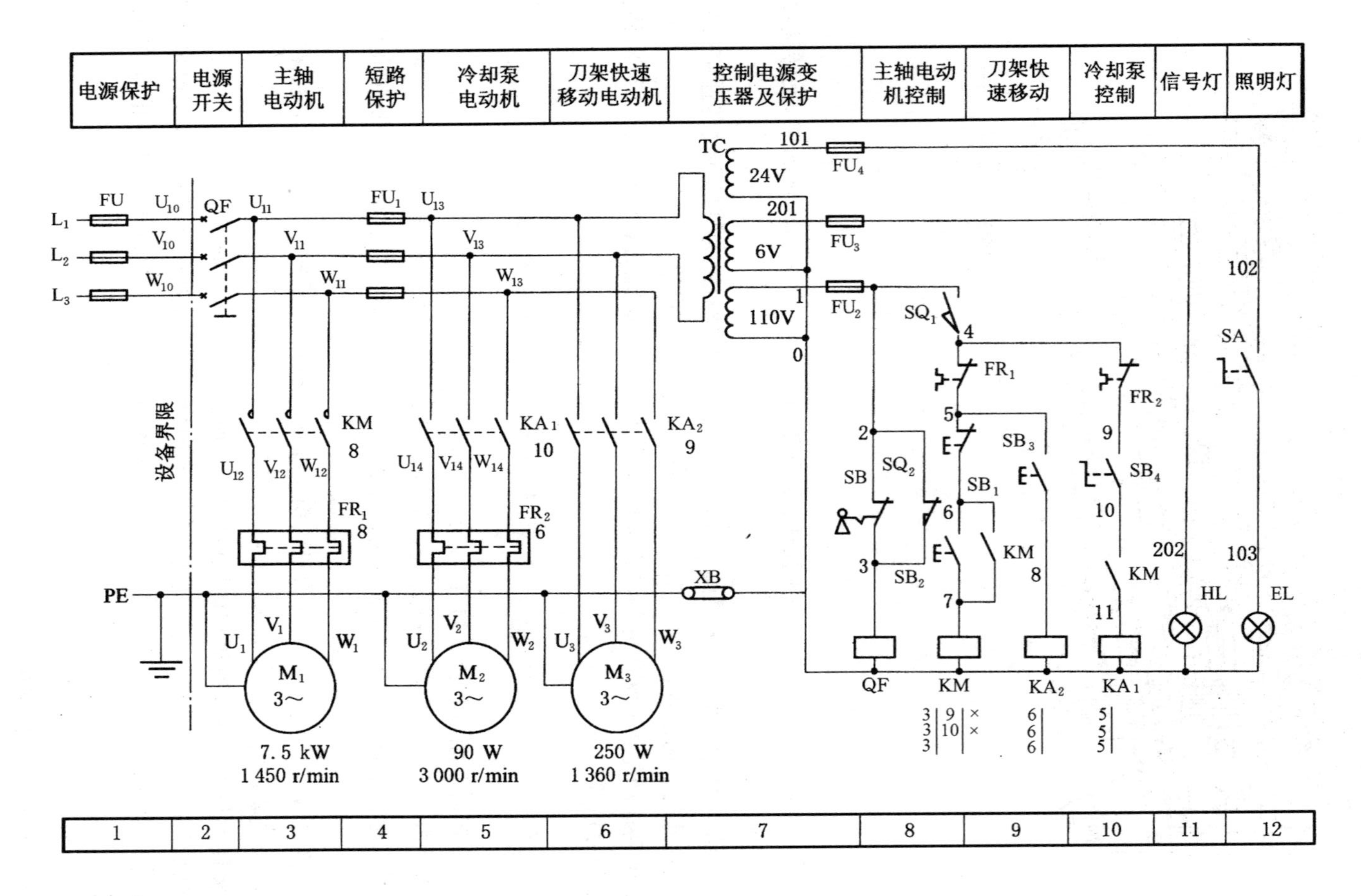

图 6.2 CA6140 型普通车床电气控制原理图

1. 主电路分析

主电路共有三台电动机：M_1 为主轴电动机，带动主轴旋转和刀架作进给运动；M_2 为冷却泵电动机，用于输送切削液；M_3 为刀架快速移动电动机。

将钥匙开关 SB 向右旋转，再扳动断路器 QF，将三相电源引入。主轴电动机 M_1 由接触器 KM 控制，热继电器 FR_1 作为过载保护，熔断器 FU 作为短路保护，接触器 KM 作为失电压和欠电压保护。冷却泵电动机 M_2 由中间继电器 KA_1 控制，热继电器 FR_2 作为过载保护。刀架快速移动电动机 M_3 由中间继电器 KA_2 控制，由于是点动控制，故未设过载保护。FU_1 作为冷却泵电动机 M_2、快速移动电动机 M_3、控制变压器 TC 的短路保护。

2. 控制电路分析

控制电路的电源由控制变压器 TC 副绕组输出 110 V 电压提供。在正常工作时，位置开关 SQ_1 的常开触头闭合。打开床头的皮带罩后，SQ_1 断开，切断控制电路电源，以确保人身安全。钥匙开关 SB 和位置开关 SQ_2 在正常工作时是断开的，QF 线圈不通电，断路器 QF 能合闸。打开配电盘的壁龛门时，SQ_2 闭合，QF 线圈得电，断路器 QF 自动断开。

1）主轴电动机的控制

按下绿色按钮 SB_2，接触器 KM 的线圈通电吸合，其主触点闭合，主轴电动机启动运行。同时，KM 动合触点 6—7 闭合，起自锁作用。另一组动合触点 10—11 闭合，为冷却泵电动机启动作准备。停车时，按下红色按钮 SB_1，KM 线圈断电释放，M_1 停车。

2）冷却泵电动机 M_2 的控制

由于主轴电动机 M_1 和冷却泵电动机 M_2 在控制电路中采用顺序控制，只有当主轴电动机 M_1 启动后，即 KM 常开触头（10 区）闭合，合上旋钮开关 SB_4，冷却泵电动机 M_2 才可能启动。当主轴电动机 M_1 停止运行时，冷却泵电动机 M_2 自行停止。

3）刀架快速移动电动机 M_3 的控制

刀架快速移动电动机 M_3 的启动是由安装在进给操作手柄顶端的按钮 SB_3 控制，它与中间继电器 KA_2 组成点动控制电路。刀架移动方向（前、后、左、右）的改变，是由进给操作手柄配合机械装置实现的，如需要快速移动，按下 SB_3 即可。

4）照明、信号电路分析

控制变压器 TC 的副边绕组分别输出 24 V 和 6 V 电压，作为车床低压照明灯和信号灯的电源。EL 作为车床的低压照明灯，由开关 SA 控制；HL 为电源信号灯，EL、HL 分别由 FU_4 和 FU_3 作为短路保护。

6.2.4 CA6140 型普通车床常见电气故障分析

1. 主轴电动机 M_1 不能启动

发生主轴电动机不能启动的故障时，首先检查故障是发生在主电路还是控制电路，若按下启动按钮，接触器 KM 不吸合，此故障则发生在控制电路，应主要检查 FU_2 是否熔断，过载保护 FR_1 是否动作，接触器 KM 的线圈接线端子是否松脱，按钮 SB_1、SB_2 的触点接触是否良好。若故障发生在主电路，应检查车间配电箱及主电路开关 QF 是否跳闸，导线连接处是否有松脱现象，KM 主触点的接触是否良好。

2. 主轴电动机启动后不能自锁

按下启动按钮时,主轴电动机能启动运转,但松开启动按钮后,主轴电动机也随之停止。造成这种故障的原因是接触器KM的自锁触点的连接导线松脱或接触不良。

3. 主轴电动机不能停止

造成主轴电动机不能停止的原因多为接触器KM的主触点发生熔焊或停止按钮损坏。

4. 电源总开关合不上

电源总开关合不上的原因有两个:一是电气箱盖没有盖好,导致SQ_2(2—3)行程开关处于闭合;二是钥匙电源开关SB没有右旋到断开的位置。

5. 指示灯亮但各电动机均不能启动

造成指示灯亮但各电动机均不能启动的主要原因是FU_2的熔体断开,或挂轮架的皮带罩没有罩好,行程开关SQ_1(2—4)断开。

6. 主轴电动机M_1断相运行

按下按钮SB_2时,主轴电动机M_1不能启动并发出"嗡嗡"声,或是在运行过程中突然发出"嗡嗡"声,这是主轴电动机发生断相故障的现象。发现主轴电动机断相,应立即切断电源,避免损坏主轴电动机。在找出故障原因并排除后,主轴电动机M_1应能正常启动并运行。

7. 行程开关SQ_1、SQ_2故障

在使用CA6140车床前,首先应调整行程开关SQ_1、SQ_2的位置,使其动作正确,才能起到安全保护的作用。由于长期使用车床,可能出现行程开关松动移位,导致打开床头挂轮架的皮带罩时SQ_1(2—4)触头断不开或打开配电盘的壁龛门时SQ_2(2—3)不闭合,因而失去人身安全保护的作用。

8. 带钥匙开关SB的断路器QF故障

带钥匙开关SB的断路器QF的主要故障是钥匙开关SB失灵,以致失去保护作用。在使用时,应检验将钥匙开关SB左旋时断路器QF能否自动跳闸,跳开后若又将QF合上,经过0.1 s后断路器能否自动跳开。

6.3 Z3040型摇臂钻床电气控制

钻床就是一种孔加工设备,可用来钻孔、扩孔、铰孔、攻丝及修刮端面等多种形式的加工。按用途和结构分类,钻床可分为立式钻床、台式钻床、多轴钻床、摇臂钻床及其他专用钻床等。

Z3040型摇臂钻床型号的含义如下。

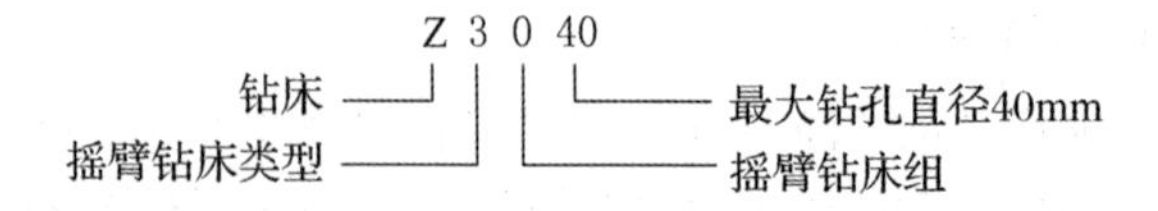

6.3.1 Z3040型摇臂钻床的主要结构和运动形式

摇臂钻床主要由底座、内立柱、外立柱、摇臂、主轴箱及工作台等部分组成,图6.3所示为

Z3040 型摇臂钻床的结构示意图。

内立柱固定在底座的一端，在内立柱的外面套有外立柱，外立柱可绕内立柱回转 360°。摇臂的一端为套筒，它套装在外立柱上，并借助丝杆的正、反转，可沿着外立柱作上、下移动。由于丝杆与外立柱连成一体，而升降螺母固定在摇臂上，因此摇臂不能绕外立柱转动，只能与外立柱一起绕内立柱回转。主轴箱是一个复合部件，由主传动电动机、主轴和主轴传动机构、进给和变速机构、机床的操作机构等部分组成。主轴箱安装在摇臂的水平导轨上，可以通过手轮操作，使其在水平导轨上沿摇臂移动。

进行加工时，由特殊的夹紧装置将主轴箱紧固在摇臂导轨上，而外立柱紧固在内立柱上，摇臂紧固在外立柱上，然后进行钻削加工。钻削加工时，钻头一边进行旋转切削，一边进行纵向进给，其运动形式为：

(1)摇臂钻床的主运动为主轴的旋转运动；

(2)进给运动为主轴的纵向进给；

(3)辅助运动有摇臂沿外立柱的垂直移动、主轴箱沿摇臂长度方向的移动、摇臂与外立柱一起绕内立柱的回转运动。

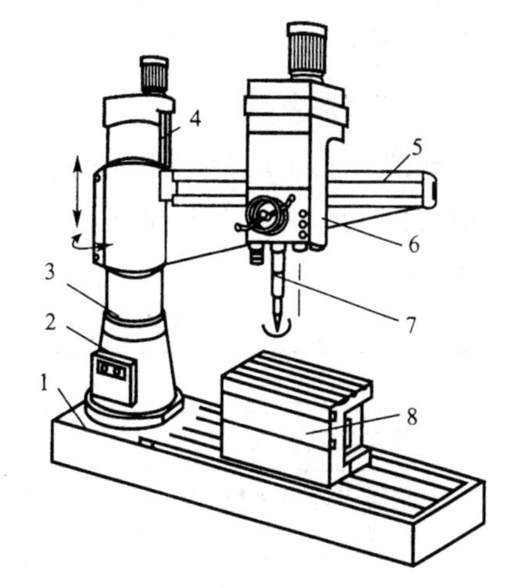

图 6.3 Z3040 型摇臂钻床的结构示意图

1—底座；2—内立柱；3—外立柱；4—摇臂升降丝杠；5—摇臂；6—主轴箱；7—主轴；8—工作台

6.3.2 Z3040 型摇臂钻床电力拖动的特点及控制要求

Z3040 型摇臂钻床电力拖动的特点及控制要求如下。

(1)摇臂钻床运动部件较多，为了简化传动装置，采用多台电动机拖动。Z3040 型摇臂钻床采用 4 台电动机拖动，分别是主轴电动机、摇臂升降电动机、液压泵电动机和冷却泵电动机，这些电动机都采用直接启动方式。

(2)为了适应多种形式的加工要求，摇臂钻床主轴的旋转及进给运动有较大的调速范围，一般情况下多由机械变速机构实现。主轴变速机构与进给变速机构均装在主轴箱内。

(3)摇臂钻床的主运动和进给运动均为主轴的运动，为此，这两项运动由一台主轴电动机拖动，分别经主轴传动机构、进给传动机构实现主轴的旋转和进给。

(4)在加工螺纹时，要求主轴能正、反转。摇臂钻床主轴正、反转一般采用机械方法实现，因此主轴电动机仅需要单向旋转。

(5)摇臂升降电动机要求能正、反转。

(6)内立柱和外立柱的夹紧与放松、主轴和摇臂的夹紧与放松可采用机械操作、电气-机械装置、电气-液压或电气-液压-机械等控制方法实现。Z3040 型摇臂钻床大多采用电气-液压-机械控制方法，因此备有液压泵电动机。液压泵电动机要求能正、反转，并根据要求采用点动控制。

(7)摇臂的移动严格按照摇臂松开→移动→摇臂夹紧的程序进行。因此，摇臂的夹紧与摇臂升降按自动控制进行。

(8)冷却泵电动机带动冷却泵提供冷却液，只要求单向旋转。

(9)具有连锁与保护环节以及安全照明、信号指示电路。

6.3.3 Z3040型摇臂钻床的电气控制电路分析

图6.4所示为Z3040型摇臂钻床的电气控制原理图,可分为主电路、控制电路和照明电路三部分,下面分别对主电路、控制电路和照明电路进行分析。

1. 主电路分析

如图6.4所示,M_1 为主轴电动机,M_2 为摇臂升降电动机,M_3 为液压泵电动机,M_4 为冷却泵电动机,QS_1 为总电源控制开关。Z3040型摇臂钻床各电动机的控制和保护电器如表6.1所示。

表6.1 Z3040型摇臂钻床各电动机的控制和保护电器

名称及代号	控制电器	过载保护电器	短路保护电器
主轴电动机 M_1	KM_1	FR_1	FU_1
摇臂升降电动机 M_2	KM_2、KM_3	无	FU_2
液压泵电动机 M_3	KM_4、KM_5	FR_2	FU_2
冷却泵电动机 M_4	QS_2	无	FU_1

M_1 为单方向旋转,由接触器 KM_1 控制,主轴的正、反转则由机床液压系统操作机构配合正、反转摩擦离合器实现,并由热继电器 FR_1 作电动机长期过载保护。

摇臂升降电动机 M_2 由接触器 KM_2、KM_3 控制并实现正、反转。控制电路保证在操作摇臂升降时,首先使液压泵电动机 M_3 启动旋转,送出压力油,经液压系统将摇臂松开,然后才使摇臂升降电动机 M_2 启动,拖动摇臂上升或下降,当移动到位后,控制电路又保证摇臂升降电动机 M_2 先停下,再自动通过液压系统将摇臂夹紧,最后液压泵电动机 M_3 才停转,摇臂升降电动机 M_2 为短时工作,不用设长期过载保护。

液压泵电动机 M_3 由接触器 KM_4、KM_5 实现正、反转控制,并有热继电器 FR_2 作为长期过载保护。

冷却泵电动机 M_4 的容量小,仅为0.125 kW,由开关 QS_2 直接控制。

2. 控制电路分析

1) 主轴电动机的控制

按下启动按钮 SB_2,接触器 KM_1 的线圈通电吸合,其主触点闭合,主轴电动机 M_1 启动运行。同时,KM_1 动合触点(2—3)闭合,起自锁作用。另一组动合触点(201—204)闭合,主轴旋转指示灯 HL_3 亮。按下停止按钮 SB_1,KM线圈断电释放,主轴电动机 M_1 停车,同时主轴旋转指示灯 HL_3 熄灭。

2) 摇臂升降的控制

Z3040型摇臂钻床摇臂的升降不仅需要摇臂升降电动机 M_2 的转动,而且还需要液压泵电动机 M_3 拖动液压泵,使液压夹紧系统协调配合才能实现。图6.5所示为Z3040型摇臂钻床液压夹紧系统原理图。

(1) 摇臂的上升。

按下摇臂上升点动按钮 SB_3,时间继电器KT线圈通电,瞬动常开触头KT(13—14)闭合,

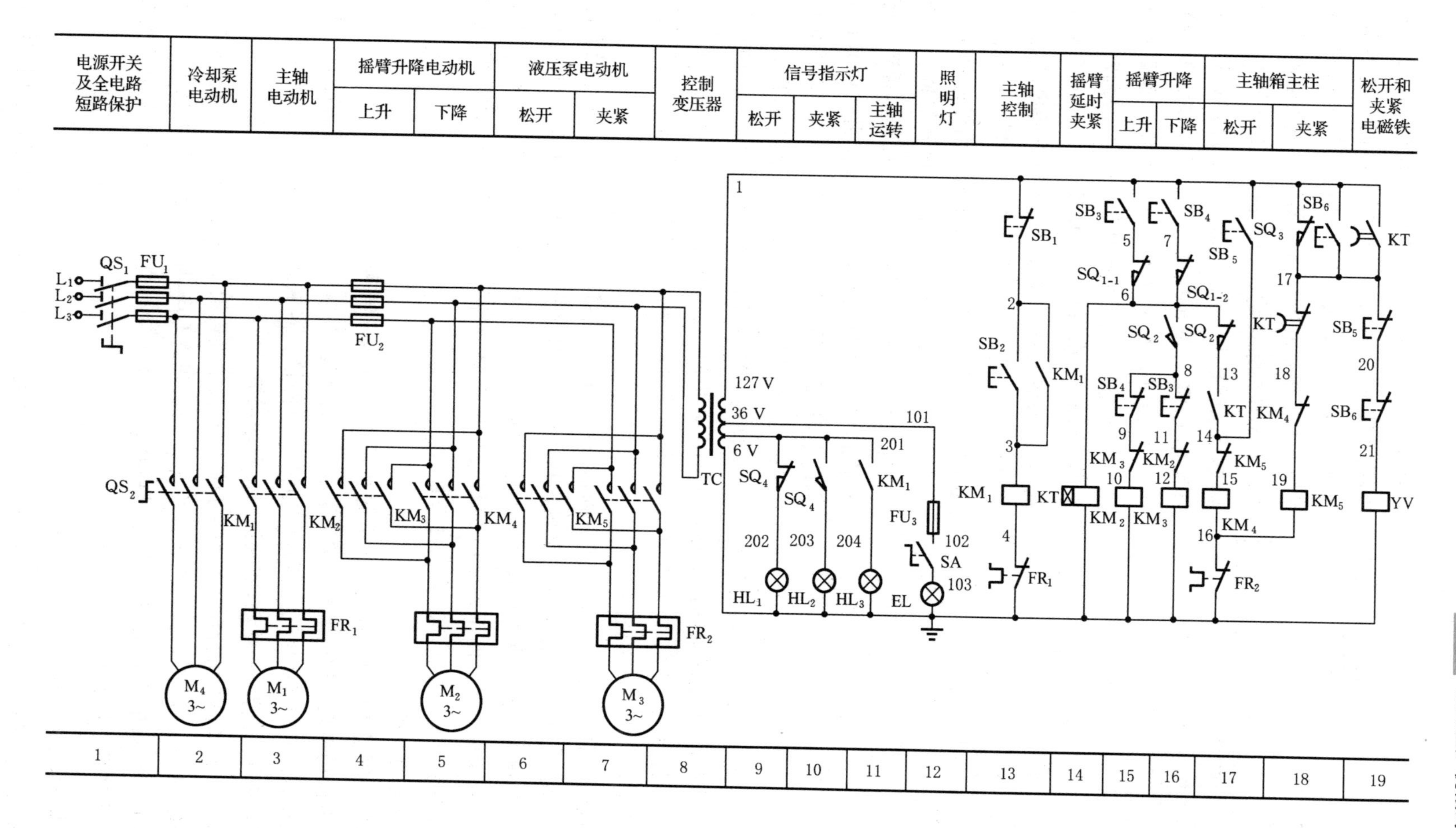

图6.4 Z3040型摇臂钻床电气控制原理图

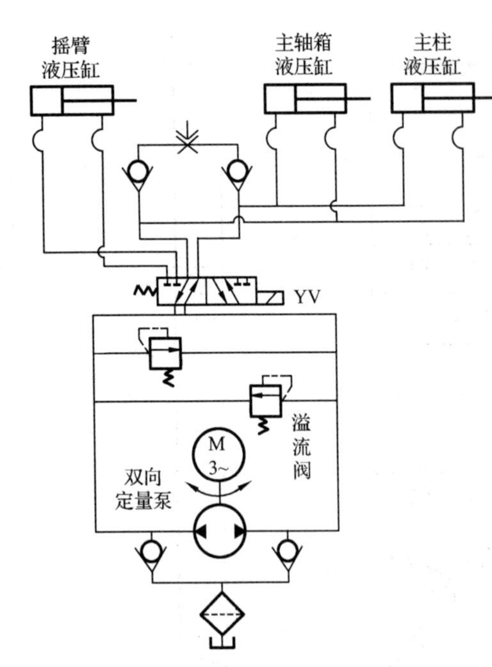

图 6.5 Z3040 型摇臂钻床液压夹紧系统原理图

接触器 KM_4 线圈通电，液压泵电动机 M_3 启动旋转，拖动液压泵送出压力油，同时时间继电器 KT 的断电延时断开触头 KT(1—17)闭合，电磁阀 YV 线圈通电。于是液压泵送出的压力油经电磁换向阀进入摇臂夹紧机构的松开油腔，推动活塞和菱形块，将摇臂松开。同时，活塞杆通过弹簧片压上行程开关 SQ_2，发出摇臂松开信号，即触头 SQ_2(6—13)断开，触头 SQ_2(6—8)闭合。前者断开 KM_4 线圈电路，液压泵电动机 M_3 停止旋转，液压泵停止供油，摇臂维持在松开状态；后者接通 KM_2 线圈电路，使 KM_2 线圈通电，摇臂升降电动机 M_2 启动旋转，拖动摇臂上升。所以行程开关 SQ_2 是用来反映摇臂是否松开且发出松开信号的元件。

当摇臂上升到所需位置时，松开摇臂上升点动按钮 SB_3，KM_2 与 KT 线圈同时断电，摇臂升降电动机 M_2 依惯性旋转，摇臂停止上升。而 KT 线圈断电，其断电延时闭合触头 KT(17—18)经延时 1～3 s 后才闭合，断电延时断开触头 KT(1—17)经延时后才断开。在 KT 断电延时的 1～3 s 时间内 KM_5 线圈仍处于断电状态，电磁阀 YV 仍处于通电状态，这段延时就确保了摇臂升降电动机 M_2 在断开电源后到完全停止运转才开始摇臂的夹紧动作。所以，时间继电器 KT 延时长短是根据摇臂升降电动机 M_2 切断电源到完全停止的惯性大小来调整的。

当时间继电器 KT 断电延时时间一到，触头 KT(17－18)闭合，KM_5 线圈通电吸合，液压泵电动机 M_3 反向启动，拖动液压泵供出压力油。同时触头断开，电磁阀 YV 线圈断电，这时压力油经电磁换向阀进入摇臂夹紧油腔，反向推动活塞和菱形块，将摇臂夹紧。同时，活塞杆通过弹簧片压下行程开关 SQ_3，使触头断开，KM_5 线圈断电，液压泵电动机 M_3 停止旋转，摇臂夹紧完成。所以 SQ_3 为摇臂夹紧信号开关。

(2) 摇臂的下降。

摇臂的下降过程的电气控制与上升过程类似，这里就不再赘述。

摇臂升降的极限保护由组合开关 SQ_1 来实现。SQ_1 有两对常闭触头，当摇臂上升或下降到极限位置时相应触头断开，切断对应上升或下降接触器 KM_2 与 KM_3，使摇臂升降电动机 M_2 停止旋转，摇臂停止移动，实现极限位置的保护。

摇臂自动夹紧程度由行程开关 SQ_3 控制。若夹紧机构液压系统出现故障不能夹紧，将使触头 SQ_3(1—17)断不开，或者由于开关 SQ_3 安装调整不当，摇臂夹紧后仍不能压下 SQ_3。这时都会使液压泵电动机 M_3 长期处于过载状态，易将电动机烧毁，为此，液压泵电动机 M_3 主电路采用热继电器 FR_2 作过载保护。

3) 主轴箱、立柱松开与夹紧的控制

主轴箱、立柱的夹紧与松开是同时进行的。当按下松开按钮 SB_5，接触器 KM_4 线圈通电，液压泵电动机 M_3 正转，拖动液压泵送出压力油，这时电磁阀 YV 线圈处于断电状态，压力油经电磁换向阀进入主轴箱与立柱松开油腔，推动活塞和菱形块，使主轴箱与立柱松开，而由于 YV 线圈断电，压力油不会进入摇臂松开油腔，摇臂仍处于夹紧状态。当主轴箱与立柱松开时，行程开关 SQ_4 不受压，触头 SQ_4（201—202）闭合，指示灯 HL_1 亮，表示主轴箱与立柱已松开。可以手动操作主轴箱在摇臂的水平导轨上移动，也可推动摇臂使外立柱绕内立柱作回转移动，当移动到位，按下夹紧按钮 SB_6，接触器 KM_5 线圈通电，液压泵电动机 M_3 反转，拖动液压泵送出压力油至夹紧油腔，使主轴箱与立柱夹紧。当确定已夹紧后，压下 SQ_4，触头 SQ_4（201—203）闭合，HL_2 灯亮，而触头 SQ_4（201—202）断开，HL_1 灯灭，表示主轴箱与立柱已夹紧，可以进行钻削加工。

4）冷却泵电动机 M_4 的控制

冷却泵电动机 M_4 的控制由开关 QS_2 进行单向旋转的控制。

5）完善连锁保护环节

行程开关 SQ_2 实现摇臂松开到位，开始摇臂升降的连锁。行程开关 SQ_3 实现摇臂完全夹紧，液压泵电动机 M_3 停止旋转的连锁。

时间继电器 KT 实现摇臂升降电动机 M_2 断开电源，待惯性旋转停止后再进行夹紧的连锁。

摇臂升降电动机 M_2 正、反转具有双重互锁。

SB_5 与 SB_6 常闭触头串接在电磁阀 YV 线圈电路上，实现进行主轴箱与立柱夹紧、松开操作时，压力油不进入摇臂夹紧油腔的连锁。

FU_1 作为总电路和电动机 M_1、M_4 的短路保护。FU_2 熔断器为电动机 M_2、M_3 及控制变压器 TC 原边绕组的短路保护。FU_3 为照明电路的短路保护。

FR_1、FR_2 热继电器为电动机 M_1、M_3 的长期过载保护。

SQ_1 组合行程开关为摇臂上升、下降的极限位置保护。

带自锁触头的启动按钮与相应接触器实现电动机的欠电压、失电压保护。

3. 照明与信号指示电路分析

HL_1 为主轴箱、立柱松开指示灯，灯亮表示已松开，可以手动操作主轴箱沿摇臂移动或摇臂回转。

HL_2 为主轴箱、立柱夹紧指示灯，灯亮表示已夹紧，可以进行钻削加工。

HL_3 为主轴旋转工作指示灯。

照明灯 EL 由控制变压器 TC 供给 36 V 安全电压，经开关 SA 操作实现钻床局部照明。

6.3.4 Z3040 型摇臂钻床常见故障分析

Z3040 型摇臂钻床摇臂的控制是机、电、液的联合控制，这也是该钻床电气控制的重要特点。下面仅以摇臂移动中的常见故障进行分析。

1. 摇臂不能上升

从摇臂上升的电气动作过程可知，摇臂移动的前提是摇臂完全松开，此时活塞杆通过弹簧片压下行程开关 SQ_2，接触器 KM_4 线圈断电，液压泵电动机 M_3 停止旋转，而接触器 KM_2 线圈通电吸合，摇臂升降电动机 M_2 启动旋转，拖动摇臂上升，下面以 SQ_2 有无动作来分析摇臂不能移动的原因。

若 SQ_2 不动作,常见故障为 SQ_2 安装位置不当或位置发生移动,这样,摇臂虽已松开,但活塞杆仍压不上 SQ_2,致使摇臂不能移动。有时也会出现因液压系统发生故障,使摇臂没有完全松开,活塞杆压不上 SQ_2。为此,应配合机械、液压系统调整好 SQ_2 位置并安装牢固。

有时液压泵电动机 M_3 电源相序接反,此时按下摇臂上升按钮 SB_3 时,液压泵电动机反转,使摇臂夹紧,更压不上 SQ_2,摇臂也不会上升。所以,机床大修或安装完毕后,必须认真检查电源相序及液压泵电动机正、反转是否正确。

2. 摇臂移动后夹不紧

摇臂移动到位后松开 SB_3 或 SB_4 按钮后,摇臂应自动夹紧,而夹紧动作的结束是由行程开关 SQ_3 来控制的。若摇臂夹不紧,说明摇臂控制电路能动作,只是夹紧力不够,这是由于 SQ_3 动作过早,使液压泵电动机 M_3 在摇臂还未充分夹紧时就停止旋转,这往往是由于 SQ_3 安装位置不当,过早地被活塞杆压上动作所致。

3. 液压系统的故障

有时电气控制系统工作正常,而电磁阀芯卡住或油路堵塞,造成液压控制系统失灵,也会造成摇臂无法移动。所以,在维修工作中应正确判断是电气控制系统还是液压系统的故障,然而这两者之间又相互联系,为此应相互配合共同排除故障。

6.4 M7130 型平面磨床电气控制

磨床是用砂轮的周边或端面进行加工的精密机床。砂轮的旋转是主运动,工件或砂轮的往复运动为进给运动,而砂轮架的快速移动及工作台的移动为辅助运动,磨床的种类很多,按其工作性质可分为外圆磨床、内圆磨床、平面磨床、工具磨床以及一些专用磨床等。其中平面磨床应用最为普遍。

M7130 型平面磨床型号的含义如下。

M 7 1 30
- M — 磨床
- 7 — 平面
- 1 — 卧轴矩台式
- 30 — 工作台的工作面度为300 mm

6.4.1 M7130 型平面磨床的主要结构和运动形式

图 6.6 所示为 M7130 型平面磨床的结构示意图。在箱形床身中装有液压传动装置,工作台通过活塞杆由液压驱动在床身导轨上作往复运动。工作台表面有 T 形槽,用于安装电磁吸盘或直接安装大型工件。工作台往返运动的行程长度可通过调节装在工作台正面槽中撞块的位置来改变。换向撞块通过碰撞工作台往复运动换向手柄来改变油路方向,从而实现工作台的往复运动。

在床身上固定有立柱,沿立柱的导轨上装有滑座,砂轮箱能沿滑座的水平导轨作横向移动。砂轮轴由装入式砂轮电动机直接驱动,并通过滑座内部的液压传动机构实现砂轮箱的横向移动。

滑座可在立柱导轨上作垂直移动,由装在床身上的垂直进刀手轮操作。砂轮箱的水平轴向移动可由装在滑座上的横向移动手轮操作,也可由活塞杆连续或间断横向移动,连续移

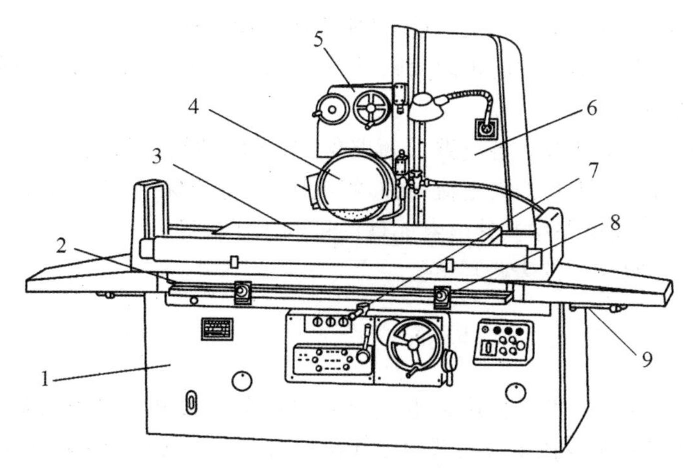

图 6.6 M7130 型平面磨床的结构示意图

1—床身；2—工作台；3—电磁吸盘；4—砂轮箱；5—滑座；
6—立柱；7—换向阀手柄；8—换向撞块；9—液压缸活塞杆

动用于调节砂轮位置或整修砂轮，间断移动用于进给。

M7130 型平面磨床的主运动是砂轮的旋转运动。进给运动有垂直进给，即滑座在立柱上的上下运动；横向进给，即砂轮箱在滑座上的水平运动；纵向进给，即工作台沿床身的往复运动。工作台每完成一次往复运动时，砂轮箱便作一次间断性的横向进给，当加工完整个平面后，砂轮箱作一次间断性的垂直进给。

6.4.2 M7130 型平面磨床电力拖动的特点及控制要求

1. M7130 型平面磨床电力拖动的特点

（1）M7130 型平面磨床采用多电动机拖动，其中砂轮电动机拖动砂轮旋转；液压电动机拖动液压泵压出压力油，经液压传动机构来实现工作台的纵向进给运动，并通过工作台的撞块操作床身上的液压换向阀，改变压力油的流向，实现工作台的换向和自动往复运动；冷却泵电动机拖动冷却泵，供给磨削加工时需要的冷却液。

（2）为保证加工精度，机床运行必须平稳，工作台往复运动换向时应惯性小、无冲击，因此，进给运动均采用液压传动。

（3）为保证磨削加工精度，要求砂轮有较高转速，通常采用两极鼠笼式异步电动机拖动。为提高砂轮主轴的刚度，采用装入式电动机直接拖动，电动机与砂轮主轴同轴。

（4）为减小工件在磨削加工中的热变形，并在磨削加工时冲走磨屑和砂粒，以保证磨削精度，需使用冷却液。

（5）平面磨床常用电磁吸盘，以便吸紧特小工件，同时便于工件在磨削加工中因发热变形得以自由伸缩，保证加工精度。

2. M7130 型平面磨床电气控制的要求

（1）砂轮电动机、液压泵电动机、冷却泵电动机都只要求单方向旋转。

（2）冷却泵电动机应在砂轮电动机启动后才可选择其是否启动。

（3）在正常磨削加工中，若电磁吸盘吸力不足或吸力消失时，砂轮电动机与液压泵电动机应立即停止工作，以防工件被砂轮打飞而发生安全事故。当不加工时，即电磁吸盘不工作时,允许主轴电动机与液压泵电动机启动,以便机床作调整运动。

(4)电磁吸盘应有吸牢工件的正向励磁、松开工件的断开励磁以及抵消剩磁便于取下工件的反向励磁控制环节。

(5)具有完善的保护环节。各电路的短路保护,各电动机的长期过载保护,零电压与欠电压保护,电磁吸盘吸力不足的欠电流保护,零电压、欠电压保护,以及电磁吸盘断开直流电源时,将产生高压,危及电路中其他电器元件的过电压保护等。

(6)机床安全照明与工件去磁环节。

6.4.3 M7130型平面磨床电气控制电路分析

图6.7所示为M7130型平面磨床电气控制原理图。其电气设备主要安装在床身后部的壁龛盒内,控制按钮安装在床身前部的电气操作盒上。电气控制电路可分为主电路、控制电路、电磁吸盘控制电路和机床照明电路等部分。

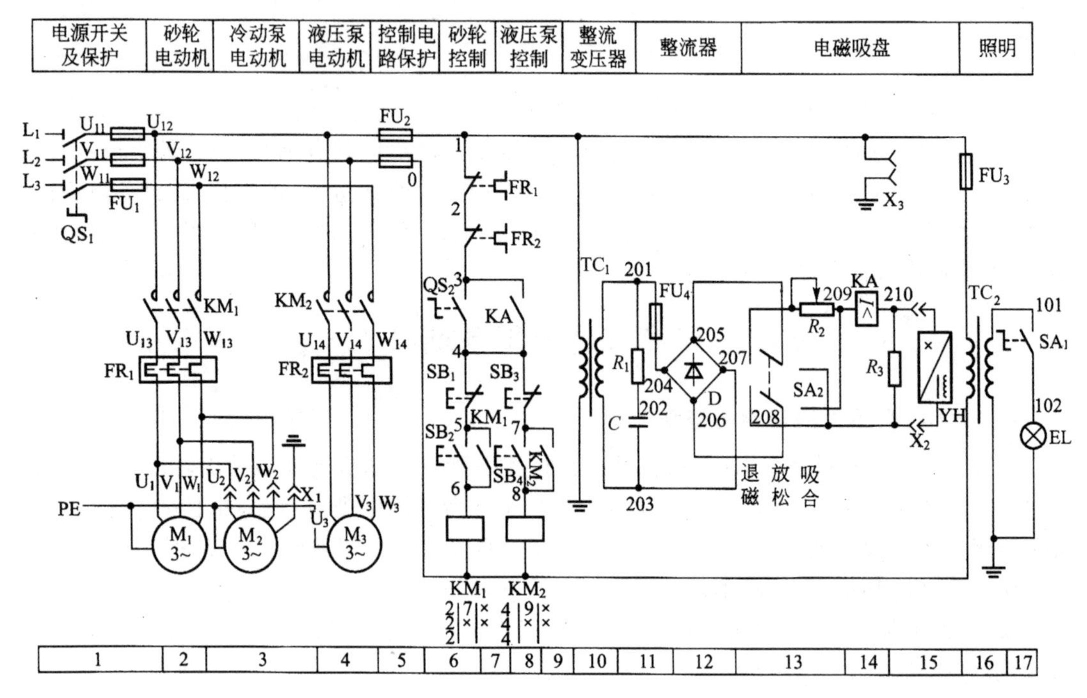

图6.7 M7130型平面磨床电气控制原理图

1. 主电路分析

如图6.7所示,在主电路中,M_1为砂轮电动机,M_2为冷却泵电动机,M_3为液压泵电动机,各电动机的控制和保护电器如表6.2所示。

砂轮电动机M_1、冷却泵电动机M_2与液压泵电动机M_3皆为单方向旋转,并且无调速要求。其中M_1、M_2由接触器KM_1控制,由于冷却泵箱和床身是分开安装的,所以冷却泵电动机M_2经接插器X_1和电源连接,当需要冷却液时,将插头插入插座,液压泵电动机M_3由接触器KM_2控制。

表 6.2 M7130 型磨床各电动机的控制和保护电器

名称及代号	控制电器	过载保护电器	短路保护电器
砂轮电动机 M_1	KM_1	FR_1	FU_1
冷却泵电动机 M_2	接插器、KM_1	无	FU_1
液压泵电动机 M_3	KM_2	FR_2	FU_1

三台电动机共用熔断器 FU_1 作短路保护，M_1、M_2 由热继电器 FR_1 过载保护，M_3 由热继电器 FR_2 作长期过载保护。

2. 控制电路分析

1）*砂轮电动机和冷却泵电动机的控制*

按下启动按钮 SB_2，接触器 KM_1 的线圈通电吸合，其主触点闭合，砂轮电动机 M_1 启动并正常运行。同时，KM_1 动合触点(5—6)闭合，起自锁作用。按下停止按钮 SB_1，KM_1 线圈断电释放，砂轮电动机 M_1 停转。

冷却泵电动机 M_2 在插上插头 X_1 后，与砂轮电动机 M_1 同时启动、停止，如果不需要冷却液，可以拔下 X_1 插头。

2）*液压泵电动机的控制*

按下启动按钮 SB_4，接触器 KM_2 的线圈通电吸合，其主触点闭合，液压泵电动机 M_2 启动并正常运行。同时，KM_2 动合触点(7—8)闭合，起自锁作用。按下停止按钮 SB_3，KM_2 线圈断电释放，M_2 停转。

3）*电磁吸盘的控制*

(1)电磁吸盘的构造与工作原理。M7130 型平面磨床采用长方形电磁吸盘，图 6.8 所示为 M7130 型平面磨床电磁吸盘的结构示意图。钢制吸盘体中部凸起的芯体上绕有线圈，钢制盖板被隔磁层隔开。在线圈中通入直流电流，产生磁场，磁力线经由盖板、工件、芯体、吸盘体、芯体闭合，将工件牢牢吸住，盖板中的隔磁层由铅、铜、黄铜及巴氏合金等非磁性材料制成，其作用是使磁力线通过工件再回到吸盘体，不致直接通过盖板闭合，增加对工件的吸力。

(2)电磁吸盘控制电路。电磁吸盘控制电路由整流装置、控制装置及保护装置等部分组成。

如图 6.7 所示，电磁吸盘整流装置由整流变压器 TC_1 与桥式全波整流器 D 组成，输出 110 V 直流电压对电磁吸盘供电。

电磁吸盘由转换开关 SA_2 控制。SA_2 有三个位置："退磁"、"放松"、"吸合"。当 SA_2 处于"吸合"位置时，触头 SA_2(205—206)与 SA_2(208—209)接通；当开关置于"退磁"位置时，触头 SA_2(205—206)与 SA_2(207—208)接通；当开关置于"放松"位置时，SA_2 所有触头都断开。

当 SA_2 处于"吸合"位置时，电磁吸盘 YH 获得 110 V 直流电压，其极性 208 号端头为正极，210 号端头为负极，同时欠电流继电器 KA 线圈与 YH 串联，当吸盘电流足够大时，KA 吸合，触头 KA(3—4)闭合，表明电磁吸盘吸力足以将工件吸牢，此时可分别操作按钮 SB_2 与 SB_4，启动电动机 M_1 与 M_3 进行磨削加工。当加工完成，按下停止按钮 SB_1 与 SB_3，

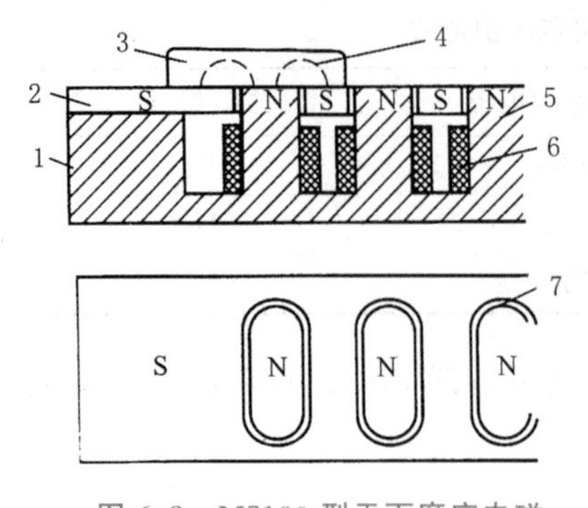

图 6.8　M7130 型平面磨床电磁吸盘的结构示意图

1—吸盘体；2—盖板；3—工件；4—磁路；5—芯体；6—线圈；7—隔离材料

M_1 与 M_3 停止旋转。为使工件易于从电磁吸盘上取下，需对工件进行退磁，其方法是将开关 SA_2 扳到"退磁"位置。当 SA_2 扳至"退磁"位置时，电磁吸盘中通入反方向电流，并在电路中串入可变电阻 R_2，用于限制并调节反向退磁电流大小，达到既退磁又不致反向磁化的目的。去磁结束，将 SA_2 扳到"放松"位置，便可取下工件。若工件对去磁要求严格，在取下工件后，还可用交流退磁器进行退磁。交流退磁器可以使工件处于交变磁场下，其磁分子排列被打乱，当工件逐渐离开交流退磁器时剩磁也逐渐消失。交流退磁器是平面磨床的一个附件，使用时，将交流退磁器插头插在床身的插座 X_3 上，现将工件放在退磁器上即可退磁。

(3)电磁吸盘保护环节。电磁吸盘具有欠电流保护、过电压保护及短路保护等。

① 电磁吸盘的弱磁保护。为了防止在磨削过程中电磁吸盘出现断电或线圈电流减小，引起电磁吸力消失或吸力不足工件飞出，造成人身与设备事故，故在电磁吸盘线圈电路中串入欠电流继电器 KA。当励磁电流正常，吸盘具有足够的电磁吸力时，KA 才吸合动作，触头 KA(3—4)闭合，为启动 M_1 与 M_3 电动机进行磨削加工作准备；否则，不能开动磨床进行加工，若在磨削过程中出现吸盘线圈电流减小或消失时，将使 KA 释放，触头 KA(3－4)断开，KM_1、KM_2 线圈断电，M_1、M_2、M_3 电动机立即停止旋转，避免事故发生。如果不使用电磁吸盘，可以将其插头从插座 X_2 上拔出，将 SA_2 扳到"退磁"位置时，此时 SA_2 的触头 SA_2(205—206)与 SA_2(207—208)接通，不影响对各台电动机的操作。

② 电磁吸盘的过电压保护。电磁吸盘线圈匝数多、电感量大，在通电工作时，线圈中储存着大量的磁场能量，当线圈断电时，由于电磁感应，在线圈两端产生很大的感应电动势，出现高电压，将使线圈绝缘及其他电器元件烧坏，为此，在吸盘线圈两端并联了电阻 R_3，作为放电电阻，吸收吸盘线圈储存的能量，实现过电压保护。

③ 电磁吸盘的短路保护。在整流变压器 TC_1 的副绕组上装有熔断器 FU_4 作为短路保护。

④ 整流装置的过电压保护。当交流电路出现过电压或直流侧电路通断时，都会在整流变压器 TC_1 的副绕组上产生浪涌电压，该浪涌电压对整流装置 VC 的元件有害，为此在整流变压器 TC_1 的副绕组并联由 R_1、C 组成的阻容吸收电路，用以吸收浪涌电压，实现整流装置的过电压保护。

4)照明电路

由照明变压器 TC_2 将交流 380 V 降为 24 V，并由开关 SA_1 控制照明灯 EL。在照明变压器 TC_2 的原边绕组上接有熔断器 FU_3 作短路保护。

6.4.4　M7130 型平面磨床电气控制常见故障分析

M7130 型平面磨床电气控制特点是采用电磁吸盘，在此仅对电磁吸盘的常见故障进行分析。

1. 电磁吸盘没有吸力

出现电磁吸盘没有吸力时，首先应检查三相交流电源是否正常，然后检查 FU_1、FU_2、FU_4 熔断器是否完好，接触是否正常，再检查接插器 X_2 接触是否良好。如上述检查均未发现故障，则进一步检查电磁吸盘电路，包括欠电流继电器 KA 线圈是否断开，吸盘线圈是否断路等。

2. 电磁吸盘吸力不足

常见的原因有交流电源电压低，导致整流直流电压相应下降，以致电磁吸盘吸力不足。若整流直流电压正常，电磁吸力仍不足，则有可能是 X_2 接插器接触不良。造成电磁吸力不足的另一原因是桥式整流电路的故障。如整流桥一臂发生开路，将使直流输出电压下降一半，吸力相应减小。若有一臂整流元件击穿形成短路，则与它相邻的另一桥臂的整流元件会因过电流而损坏，此时 TC_1 也会因电路短路而造成过电流，致使吸力很小甚至无吸力。

3. 电磁吸盘去磁效果差，工件难以取下

电磁吸盘去磁效果差，工件难以取下故障原因在于去磁电压过高或去磁回路断开，无法退磁或退磁时间掌握不好等。

6.5 X62W 型卧式万能铣床电气控制

铣床在机床设备中占有很大的比重，在数量上仅次于车床，可用来加工平面、斜面、沟槽，装上分度头可以铣切直齿齿轮和螺旋面，装上圆工作台，可铣切凸轮和弧形槽。铣床的种类很多，有卧式铣床、立式铣床、龙门铣床、仿形铣床和各种专用铣床等。

X62W 型卧式万能铣床型号的含义如下。

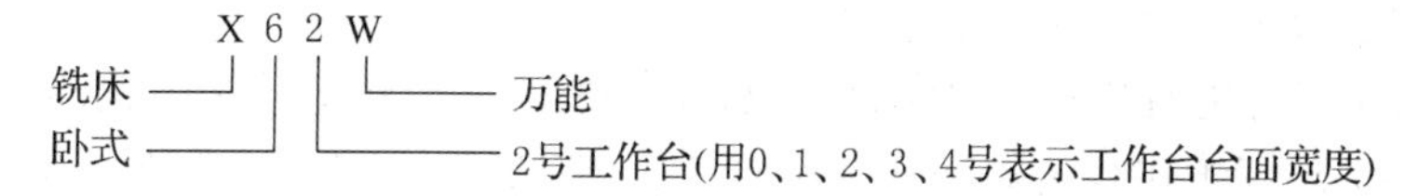

6.5.1 X62W 型卧式万能铣床的主要结构和运动形式

图 6.9 所示为 X62W 型卧式万能铣床的结构示意图，主要由底座、床身、悬梁、刀杆支架、升降台、溜板及工作台等组成。

箱型床身固定在底座上，它是机床的主体部分，用来安装和连接机床的其他部件，床身内装有主轴的传动机构和变速操作机构。

床身的顶部有水平导轨，其上装有带一个或两个刀杆支架的悬梁，刀杆支架用来支承铣刀心轴的一端，心轴的另一端固定在主轴上，并由主轴带动旋转。悬梁可沿水平导轨移动，以便调整铣刀的位置。

床身的前侧面装有垂直导轨，升降台可沿导轨上、下移动，在升降台上面的水平导轨上，装有可在平行于主轴轴线方向移动（横向移动，即前后移动）的溜板，溜板上部有可以转动的回转台。

工作台装在回转台的导轨上，可以作垂直于轴线方向的移动（纵向移动，即左右移动）。工作台上有固定工件的 T 形槽。因此，固定于工作台上的工件可作上下、左右及前后六个方

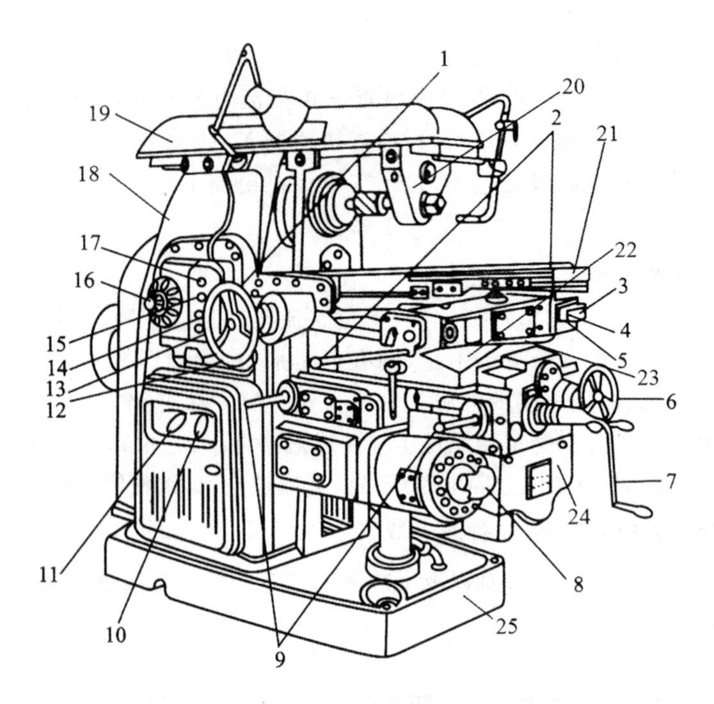

图6.9 X62W型卧式万能铣床的结构示意图

1、2—纵向工作台进给手动手轮和操作手柄;3、15—主轴停止按钮;4、17—主轴启动按钮;5、14—工作台快速移动按钮;6—工作台横向进给手动手轮;7—工作台升降进给手动摇把;8—自动进给变还手柄;9—工作台升降、横向进给手柄;10—油泵开关;11—电源开关;12—主轴瞬时冲动手柄;13—照明开关;16—主轴调速转盘;18—床身;19—悬梁;20—刀杆支架;21—工作台;22—溜板;23—回转盘;24—升降台;25——底座

向的移动,便于工作调整和加工时进给方向的选择。

溜板可绕垂直轴线左右旋转45°,因此工作台还能在倾斜方向进给,以加工螺旋槽。该铣床还可以安装圆工作台以扩大铣削能力。

X62W型卧式万能铣床有三种运动:主轴带动铣刀的旋转运动为主运动,加工中工作台带动工件的移动或圆工作台的旋转运动为进给运动,工作台带动工件在三个方向的快速移动为辅助运动。

6.5.2 X62W型卧式万能铣床电力拖动的特点及控制要求

X62W型卧式万能铣床电力拖动的特点及控制要求如下。

(1)由于铣床的主运动和进给运动之间没有严格的速度比例关系,因此铣床采用单独拖动的方式,即主轴的旋转和工作台的进给,分别由两台鼠笼式异步电动机拖动。其中进给电动机与进给箱均安装在升降台上。

(2)为了满足铣削过程中顺铣和逆铣的加工方式,要求主轴电动机能实现正、反转,但这可以根据铣刀的种类,在加工前预先设置主轴电动机的旋转方向,而在加工过程中则不需改变其旋转方向,故采用倒顺开关实现主轴电动机的正、反转。

(3)由于铣刀是一种多刃刀具,其铣削过程是断续的,因此为了减小负载波动对加工质量造成的影响,主轴上装有飞轮。由于飞轮转动惯性较大,因而要求主轴电动机能实现制动停车,以提高工作效率。

(4)工作台在六个方向上的进给运动,是由进给电动机分别拖动三根进给丝杆来实现的，每根丝杆都应该能正、反转，因此要求进给电动机能正、反转。为了保证机床、刀具的安全，在铣削加工时，只允许工件同一时刻作某一个方向的进给运动。另外，在用圆工作台进行加工时，要求工作台不能移动。因此，各方向的进给运动之间应有连锁保护。

(5)为了缩短调整运动的时间，提高生产效率，工作台应有快速移动控制，这里通过快速电磁铁的吸合而改变传动链的传动比来实现。

(6)为了适应加工的需要，主轴转速和进给转速应有较宽的调节范围，X62W 型卧式万能铣床采用机械变速的方法即改变变速箱的传动比来实现，简化了电气调速控制电路。为了保证在变速时齿轮易于啮合，减小齿轮端面的冲击，要求主轴和进给电动机变速时都应具有变速冲动控制。

(7)根据工艺要求，主轴旋转与工作台进给应有先后顺序控制的连锁关系，即进给运动要在铣刀旋转之后才能进行。铣刀停止旋转，进给运动就该同时停止或提前停止；否则，易造成工件与铣刀相碰事故。

(8)为了使操作者能在铣床的正面、侧面方便操作，对主轴电动机的启动、停止以及工作台进给运动和快速移动设置了多地点控制（两地控制）方案。

(9)冷却泵电动机用来拖动冷却泵，有时需要对工件、刀具进行冷却润滑，采用主令开关控制其单方向旋转。

(10)工作台上下、左右、前后六个方向的运动应具有限位保护。

(11)应有局部照明电路。

6.5.3 X62W 型卧式万能铣床电气控制电路分析

图 6.10 所示为 X62W 型卧式万能铣床电气控制原理图。该电路分为主电路、控制电路和照明电路三部分。

1. 主电路分析

主电路共有三台电动机，M_1 为主轴电动机，M_2 为工作台进给电动机，M_3 为冷却泵电动机，控制和保护电器如表 6.3 所示。

表 6.3 X62W 型卧式万能铣床各电动机的控制和保护电器

名称及代号	控制电器	过载保护电器	短路保护电器
主轴电动机 M_1	KM_1、KM_2、SA_5	FR_1	FU_1
进给电动机 M_2	KM_3、KM_4	FR_2	FU_2
冷却泵电动机 M_3	KM_6	FR_3	FU_2

(1)主轴电动机 M_1 由接触器 KM_1 控制启动和停止。其旋转方向由倒顺开关 SA_5 进行预先设置。接触器 KM_2、制动电阻器 R 及速度继电器的配合，能实现串电阻瞬时冲动和反接制动。

(2)进给电动机 M_2 通过接触器 KM_3、KM_4 进行正、反转控制，实现六个方向的常速进给，通过与行程开关及接触器 KM_5、牵引电磁铁 YA 配合，能实现进给变速时的瞬时冲动和快速进给。

(3)冷却泵电动机 M_3 由 KM_6 进行单向旋转启停控制。

(4)熔断器 FU_1 作机床总短路保护，也兼作主轴电动机 M_1 的短路保护；FU_2 作为电动

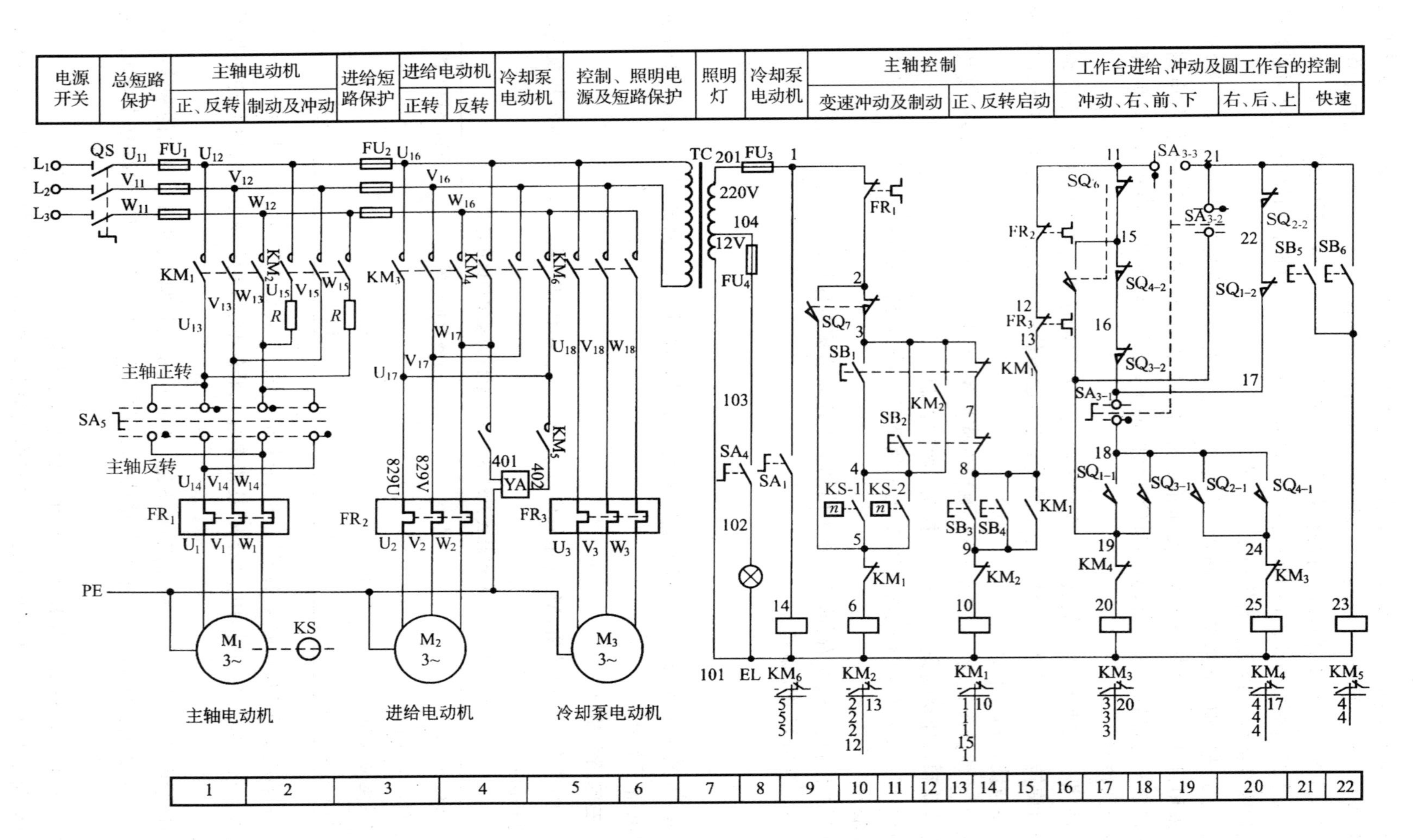

图 6.10　X62W 型卧式万能铣床电气控制原理图

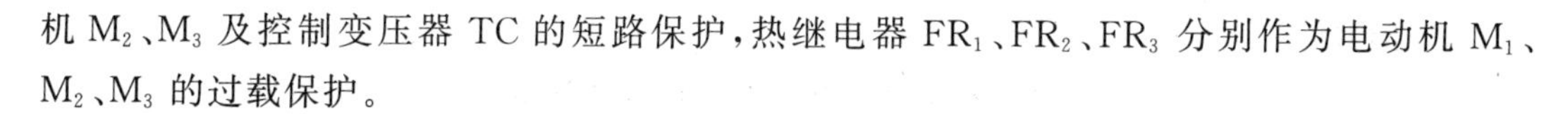

机 M_2、M_3 及控制变压器 TC 的短路保护，热继电器 FR_1、FR_2、FR_3 分别作为电动机 M_1、M_2、M_3 的过载保护。

2. 控制电路分析

控制电路的电源由控制变压器 TC 输出 220 V 电压供电。

1）主轴电动机 M_1 的控制

为方便操作，主轴电动机 M_1 采用两地控制方式：一组启动按钮 SB_3 和停止按钮 SB_1 安装在工作台上，另一组启动按钮 SB_4 和停止按钮 SB_2 安装在床身上，SQ_7 是主轴变速手柄联动的瞬时动作行程开关。主轴电动机 M_1 的控制包括启动控制、制动控制、换刀控制和变速冲动控制。

(1)主轴电动机 M_1 的启动。先将 SA_5 扳到主轴电动机 M_1 所需的旋转方向，然后再按启动按钮 SB_3 或 SB_4 来启动 M_1。M_1 启动后，速度继电器 KS 的一副常开触点闭合，为主轴电动机的停转制动作准备。

(2)主轴电动机 M_1 的制动。按停止按钮 SB_1 或 SB_2，切断 KM_1 电路，接通 KM_2 电路，改变 M_1 的电源相序，进行串电阻反接制动。当 M_1 的转速低于 120 r/min 时，速度继电器 KS 的一副常开触点恢复断开，切断 KM_2 电路，M_1 停转，制动结束。

(3)主轴电动机变速时的瞬时冲动控制。利用变速手柄与冲动行程开关 SQ_7，通过机械上联动机构进行控制。主轴变速冲动控制示意图如图 6.11 所示。

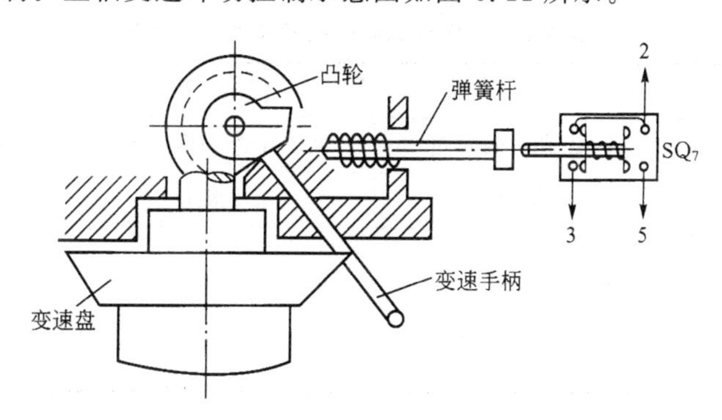

图 6.11 主轴变速冲动控制示意图

变速时，先压下变速手柄，当快要落到第二道槽时，转动变速盘，选择需要的转速。此时凸轮压下弹簧杆，使冲动行程开关 SQ_7 的常闭触点先断开，切断 KM_1 线圈的电路，M_1 断电；同时 SQ_7 的常开触点后接通，KM_2 线圈得电动作，M_1 被反接制动。当手柄接到第二道槽时，SQ_7 不受凸轮控制而复位，M_1 停转。接着把手柄从第二道槽推回原始位置，凸轮又瞬时压下冲动行程开关 SQ_7，使 M_1 反向瞬时冲动一下，以利于变速后的齿轮啮合。

2）工作台进给电动机 M_2 的控制

工作台的纵向、横向和垂直运动都由进给电动机 M_2 驱动，接触器 KM_3 和 KM_4 实现正、反转，用于改变进给运动方向。它的控制电路采用了与纵向运动机械手柄联动的行程开关 SQ_1、SQ_2 和横向及垂直运动机械操作手柄联动的行程开关 SQ_3、SQ_4 组成复合连锁控制。即在选择三种运动形式的六个方向移动时，只能进行其中一个方向的移动，以确保操作安全。当这两个机械操作手柄都在中间位置时，各行程开关都处在原始状态。表 6.4 所示为圆工作台转换开关的工作状态。

表 6.4　圆工作台转换开关的工作状态

触点	位　置	
	接通圆工作台	断开圆工作台
$SA_{3\text{-}1}$	－(断开)	＋(接通)
$SA_{3\text{-}2}$	＋	－
$SA_{3\text{-}3}$	－	＋

由图 6.10 可知,M_2 在 M_1 启动后才能进行工作。在机床接通电源后,将控制工作台的组合开关 $SA_{3\text{-}2}$(21—109)扳至断开状态,使触点 $SA_{3\text{-}1}$(17—18)和 $SA_{3\text{-}3}$(11—21)闭合,然后按下 SB_3 或 SB_4,这时接触器 KM_1 吸合,使 KM_1(8—13)闭合,就可进行工作台的进给控制。

(1)工作台纵向(左右)运动的控制。工作台的纵向运动是由 M_2 驱动,由纵向操作手柄来控制。此手柄是复式的,一个安装在工作台底座的顶面中央部位,另一个安装在工作台底座的左下方。手柄有三个位置:向左、向右和零位。当手柄扳到向左或向右运动方向时,手柄的联动机构压下行程开关 SQ_1 或 SQ_2,使接触器 KM_3 或 KM_4 动作。控制进给电动机 M_2 转向。工作台左右运动的行程,可通过调整安装在工作台两端的撞铁位置来实现。当工作台纵向运动到极限位置时,撞铁撞动纵向手操作手柄,使它回到零位,M_2 停转,工作台停止运动,从而实现纵向终端保护。表 6.5 所示为工作台纵向行程开关的工作状态。

表 6.5　工作台纵向行程开关的工作状态

触点	位　置		
	纵向操作手柄向左	纵向操作手柄向中位	纵向操作手柄向右
$SQ_{1\text{-}1}$	＋(接通)	－(断开)	－
$SQ_{1\text{-}2}$	－	＋	＋
$SQ_{2\text{-}1}$	－	－	＋
$SQ_{2\text{-}2}$	＋	＋	－

工作台向左运动:在 M_1 启动后,将纵向操作手柄扳至向左位置,机械接通纵向离合器,同时在电气上压下 SQ_1,使 $SQ_{1\text{-}2}$ 断开,而其他控制进给运动的行程开关都处于原始位置,此时 KM_3 吸合,M_2 正转,工作台向左进给运动。

工作台向右运动:将纵向操作手柄扳至向右位置,机械接通纵向离合器,同时在电气上压下 SQ_2,使 $SQ_{2\text{-}2}$ 断开,而其他控制进给运动的行程开关都处于原始位置,此时 KM_4 吸合,M_2 反转,工作台向右进给运动。

(2)工作台垂直(上下)和横向(前后)运动的控制。工作台垂直和横向运动,由垂直和横向进给手柄操作。此手柄也是复式的,有两个完全相同的手柄分别装在工作台左侧的前后方。手柄联动机构压下行程开关 SQ_3 或 SQ_4,同时能接通垂直或横向进给离合器。操作手柄有五个位置(即上、下、前、后、中间),五个位置是连锁的,工作台的上下和前后的终端保护是利用装在床身导轨旁与工作台座上的撞铁,将操作十字手柄撞到中间位置,使 M_2 断电停转。表 6.6 所示为工作台升降、横向行程开关的工作状态。

表 6.6 工作台升降、横向行程开关的工作状态

触点	位置		
	升降横向操作手柄 向前/向下	升降横向操作手柄 中间	升降横向操作手柄 向后/向上
SQ_{3-1}	−	−	+
SQ_{3-2}	+	+	−+
SQ_{4-1}	+	−	−
SQ_{4-2}	−	+	+−

工作台向后(或向上)运动的控制:将十字操作手柄扳至向后(或向上)位置时,机械上接通横向进给(或垂直进给)离合器,同时压下 SQ_3,使 SQ_{3-2} 断开,SQ_{3-1} 连通,KM_3 吸合,M_2 正转,工作台向后(或向上)运动。

工作台向前(或向下)运动的控制:将十字操作手柄扳至向前(或向下)位置时,机械上接通横向进给(或垂直进给)离合器,同时压下 SQ_4,使 SQ_{4-2} 断开,SQ_{1-1} 连通,KM_4 吸合,M_2 反转,工作台向前(或向下)运动。

(3)进给电动机变速时的瞬时冲动控制。变速时,为使齿轮易于啮合,进给变速与主轴变速一样,设有变速冲动环节。当需要进行进给变速时,应将转速盘的蘑菇形手轮向外拉出并转动转速盘,把所需进给量的标尺数字对准箭头,然后再把蘑菇形手轮用力向外拉到极限位置并随即推向原位,在操作手轮的同时,其连杆机构瞬时压下行程开关 SQ_6,使 KM_3 瞬时吸合,M_2 作正向瞬时冲动。由于进给变速瞬时冲动的通电回路要经过 SQ_1、SQ_2、SQ_3、SQ_4 四个行程开关的常闭触点,因此,只有当进给运动的操作手柄都在中间(停止)位置时,才能实现进给变速冲动控制,以保证操作时的安全。同时,与主轴变速冲动控制一样,电动机的通电时间不能太长,以防止转速过高,在变速时损坏齿轮。

(4)工作台的快速移动控制。为了提高劳动生产率,要求铣床在不作铣削加工时,工作台能够快速移动。工作台快速移动也是由进给电动机 M_2 来驱动的,在纵向、横向和垂直三种运动形式的六个方向上都可以实现快速移动控制。

主轴电动机启动后,将进给操作手柄扳至所需位置,工作台按照选定的速度和方向作常速进给移动时,再按下快速进给按钮 SB_5(或 SB_6),使接触器 KM_5 通电吸合,接通牵引电磁铁 YA,电磁铁通过杠杆快速使摩擦离合器闭合,减少中间传动装置,使工作台按运动方向作快速进给运动。当松开快速进给按钮时,电磁铁 YA 断电,摩擦离合器断开,快速进给运动停止,工作台仍按原常速进给速度继续运动。

3) 圆工作台的运动控制

铣床如需铣削螺旋槽、弧形槽等曲线时,可在工作台上安装圆形工作台及其传动机构,圆形工作台的回转运动也是由进给电动机 M_2 驱动的。圆工作台工作时,应先将进给操作手柄都扳至中间(停止)位置,然后将圆工作台组合开关 SA_3 扳至圆工作台接通位置。此时,SA_{3-1} 断开、SA_{3-3} 断开、SA_{3-2} 连通,准备就绪后,按下主轴启动按钮 SB_3 或 SB_4,则接触器 KM_1 与 KM_3 相继吸合,主轴电动机 M_1 与进给电动机 M_2 相继启动并运转,而进给电动机仅以正转方向带动圆工作台作定向回转运动。其通路为:11→15→16→17→22→21→19→20→KM_3→0。由上可知,圆工作台与工作台进给有互锁,即当圆工作台工作时,不允许工作

台在纵向、横向、垂直方向上有任何运动。

4) 冷却泵和照明控制

冷却泵电动机由转换开关 SA_1 控制。照明灯由转换开关 SA_4 控制,FU_4 提供短路保护。

6.5.4 X62W 型卧式万能铣床电气控制常见故障分析

1. 主轴停车时无制动

主轴无制动时,首先要检查按下停止按钮 SB_1 或 SB_2 后,反接制动接触器是否吸合,KM_2 不吸合,则故障原因一定在控制电路,检查时可先操作主轴变速冲动手柄,若有冲动,故障范围就缩小到速度继电器和按钮支路上。若 KM_2 吸合,则故障原因之一是主电路的 KM_2、R 制动支路中,有缺相的故障存在;故障原因之二是速度继电器的常开触点过早断开。

2. 主轴停车后产生短时反向旋转

主轴停车后产生短时反向旋转,一般是由于速度继电器触点弹性调整过松,使触点分断过迟引起。

3. 按下停止按钮后主轴电动机不停转

如按下按钮,KM_1 不释放,则故障是主触点熔焊引起。如按下按钮,KM_1 能释放,同时伴有"嗡嗡"声或转速过低,则可断定制动时主电路有缺相故障存在。

4. 工作台不能作向上进给运动

可能是触点 $SQ_{4\text{-}1}$ 不能吸合,或者是机械磨损或移位使操作失灵。

5. 工作台不能快带移动

牵引电磁铁电路不通,多数是由线头脱落、线圈损坏或机械卡死引起。

6.6 桥式起重机电气控制

起重机是用来起吊和搬移重物的一种生产机械,通常也称为行车或天车,它广泛应用于工矿企业、车站、港口、仓库、建筑工地等场所,以完成各种繁重任务,改善人们的劳动条件,提高劳动生产率,是现代化生产不可缺少的工具之一。

起重机按其结构的不同,可分为桥式起重机、门式起重机、塔式起重机、旋转起重机及缆索起重机等,其中以桥式起重机的应用最为广泛,厂房中使用的起重机几乎都是桥式起重机。

6.6.1 桥式起重机的主要结构和运动形式

桥式起重机由桥架、起重小车、大车走行机构及操作室等几部分组成,其结构如图 6.12 所示。

桥架是桥式起重机的基本构件,由主梁、端梁等几部分组成。主梁跨架在车间上空,其两端连有端梁,主梁外侧装有走台并设有安全栏杆。桥架上装有大车走行机构、电控柜、起升机构、小车运行机构以及辅助滑线架。桥架的一端有操作室,另一端有引入电源的主滑线。

大车走行机构由驱动电动机、制动器、传动轴、减速器和车轮等几部分组成。其驱动方

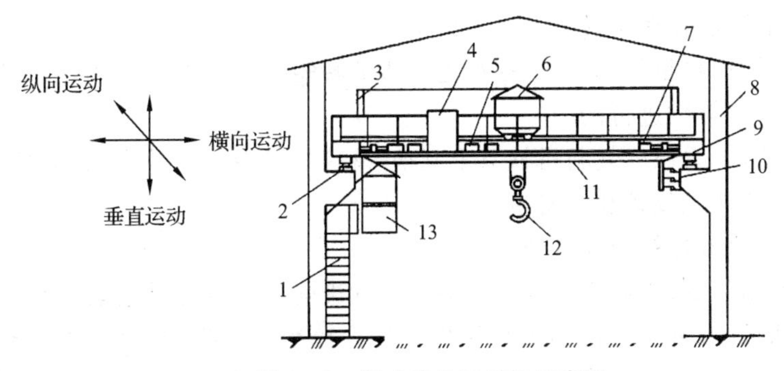

图 6.12 桥式起重机结构示意图

1—梯子；2—大车轨道；3—辅助滑线架；4—电控柜；5—电阻箱；6—起重小车；

7—大车走行机构；8—厂房立柱；9—端梁；10—主滑线；11—主梁；12—吊钩；13—操作室

式有集中驱动和分别驱动两种。目前，我国生产的桥式起重机大部分采用分别驱动方式，它具有自重轻、安装维护方便等优点。整个起重机在大车走行机构驱动下，沿车间长度方向作纵向移动。

小车运行机构由小车架、小车走行机构和起升机构组成。小车架由钢板焊成，其上装有小车走行机构、起升机构、栏杆及起升限位开关。小车可沿桥架主梁上的轨道作横向移行，在小车运动方向的两端装有缓冲器和限位开关。小车走行机构由电动机、减速器、制动器等组成。电动机经减速后带动主动轮使小车运动。

起升机构由电动机、减速器、卷筒、制动器等组成，起升电动机通过制动轮、联轴节与减速器连接，减速器输出轴与起吊卷筒相连。

通过以上分析可知，桥式起重机的运动形式有三种，即由大车拖动电动机驱动的纵向运动，由小车拖动电动机驱动的横向运动和由起升电动机驱动的重物升降(垂直)运动。

6.6.2 桥式起重机电力拖动的特点及控制要求

桥式起重机的工作条件恶劣，其电动机属于重复短时工作制。由于起重机的工作性质是间歇的(时开时停，有时轻载，有时重载)，因而要求电动机经常处于频繁启动、制动和反向工作状态，同时能承受较大的机械冲击，并有一定的调速要求。为此，专门设计了起重用电动机，它分为交流和直流两大类，交流起重用异步电动机的转子有绕线式和鼠笼式两种，一般用在中小型起重机上；直流电动机一般用在大型起重机上。

为了提高起重机的生产效率及可靠性，对其电力拖动和自动控制等方面都提出了很高要求，这些要求集中反映在提升机构的控制上，而对大车及小车运行机构的要求就相对低一些，主要是保证有一定的调速范围和适当的保护。

起重机对提升机构电力拖动与自动控制的主要要求如下。

(1)空钩能快速升降，以减少辅助工作时间，提高效率。轻载的起升速度应大于额定负载的起升速度。

(2)具有一定的调速范围，对于普通桥式起重机，调速范围一般为 3∶1，而要求高的地方则应达到 5∶1～10∶1。

(3)在提升之初或重物接近预定位置附近时，都需要低速运行。因此，升降控制应将速度分为几挡，以便灵活操作。

(4)提升第一挡，为避免过大的机械冲击，消除传动间隙，使钢丝绳张紧，电动机的启动转矩不能过大,一般限制在额定转矩的一半以下。

(5)负载下降时,根据重物的大小,拖动电动机的转矩可以是电动转矩,也可以是制动转矩,两者之间的转换是自动进行的。

(6)为确保安全,要采用电气与机械双重制动,既减小机械抱闸的磨损,又可防止突然断电而使重物自由下落造成设备和人身事故。

(7)具有完备的电气保护与连锁环节。

由于起重机使用广泛,因而它的控制设备已经标准化。根据拖动电动机容量的大小,常用的控制方式有两种:一种是采用凸轮控制器直接去控制电动机的启停、正反转、调速和制动,这种控制方式由于受到控制器触点容量的限制,因而只适用于小容量起重电动机的控制;另一种是采用主令控制器与磁力控制屏配合的控制方式,适用于容量较大、调速要求较高的起重电动机和工作十分繁重的起重机。对于15 t以上的桥式起重机,一般同时采用两种控制方式,主提升机构采用主令控制器配合控制屏控制的方式,而大、小车走行机构和副提升机构则采用凸轮控制器控制方式。

6.6.3 凸轮控制器控制绕线式转子异步电动机电路

凸轮控制器控制电路具有电路简单、维护方便、价格便宜等优点,适用于中小型起重机的走行机构电动机和小型提升机构电动机的控制。5 t桥式起重机的控制电路一般就采用凸轮控制器控制。

图6.13所示为采用凸轮控制器控制绕线式转子异步电动机实现启停、正反转、调速与制动的电气原理图。凸轮控制器控制电路的特点是以凸轮控制器圆柱表的展开图来表示。由图6.13可见,凸轮控制器SA有编号为1～12的12对触点,以竖画的细实线来表示;而凸轮控制器的操作手柄右旋(控制电动机正转)和左旋(控制电动机反转)各有5个挡位,加上中间位置(称为“零位”)共有11个挡位,用横画的细虚线表示;每对触点在各挡位是否接通,则以在横竖线交点入黑圆点表示,有黑点的表示接通,无黑点的则表示断开。

图6.13中,M为三相绕线式转子异步电动机,在转子电路中串入三相不对称电阻R,用于启动及调速控制。YB为电磁制动抱闸的电磁铁,其三相电磁线圈与电动机M的定子绕组并联。QS为电源引入开关,KM为控制电路电源的接触器。KA_0和KA_2为过电流继电器,其线圈(KA_0为单线圈,KA_2为双线圈)串联在电动机M的三相定子电路中,而其动断触点串联在KM的线圈支路中。

1. 电动机定子电路

在操作之前,应先将SA置于零位,由图6.13可知,SA的触点10、11、12在零位接通,然后合上电源开关QS,按下启动按钮SB,接触器KM线圈通过SA的触点12通电,KM的三对主触点闭合,接通电动机M的电源,然后可以用SA操作电动机M的运行。SA的触点10、11与KM的动合触点一起构成正转或反转的自锁电路。

凸轮控制器SA的触点1—4用于控制电动机M的正、反转,由图6.13可见,SA右旋5挡触点2、4均接通,M正转;而左旋5挡是触点1、3接通,改变电源的相序,M反转;在零位时,4对触点均断开。

2. 电动机转子电路

凸轮控制器SA的触点6—9用于控制电动机M的转子电阻R,以实现对M启动和转

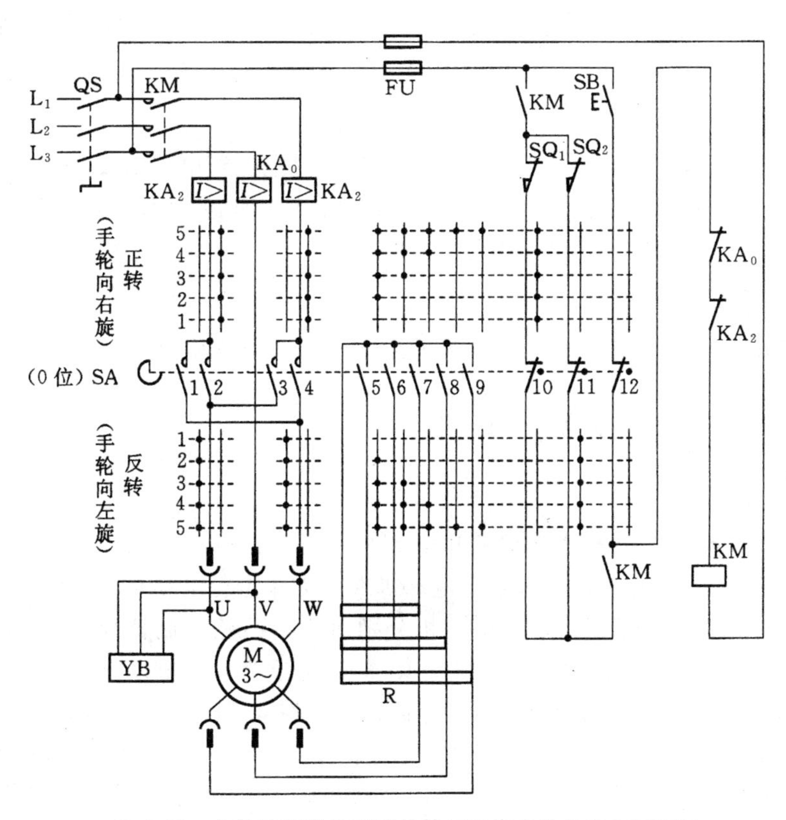

图 6.13 凸轮控制器控制绕线转子异步电动机电气原理图

速的控制。由图 6.13 可见,SA 的触点 6—9 在中间零位均断开,而在左、右旋各 5 挡的通断情况是完全对称的。在左(右)旋第 1 挡,SA 的触点 6—9 均断开,三相不对称电阻 R 全部串入电动机 M 转子电路,此时电动机 M 的转速最低;当 SA 置第 2、3、4 挡时,触点 5、6、7 依次接通,将 R 逐级不对称切除,电动机 M 的转速逐步升高;当 SA 置第 5 挡时,SA 的触点 6、9 全部接通,R 全部被切除,电动机 M 转速最高。

由以上分析可知,凸轮控制器是在启动的过程中逐级切除转子电阻,以调节电动机的启动转矩和转速,从第 1 挡到第 5 挡电阻逐渐减小至全部切除,转速逐渐升高。

3. 保护电路

图 6.13 所示的电路具有欠电压、零电压和零位、过载、行程终端限位保护等功能。

1) 欠电压保护

接触器 KM 本身具有欠电压保护功能,当电源电压不足时,KM 因电磁吸力不足而复位,其动合主触点和自锁触点都断开,从而切断电源。

2) 零电压保护和零位保护

采用按钮 SB 启动,SB 动合触点与 KM 的自锁动合触点相并联的电路,都具有零电压(失电压)保护功能,在操作中一旦断电,必须再次按下 SB 才能重新接通电源。在此基础上,采用凸轮控制器控制的电路在每次重新启动时,还必须将凸轮控制器旋回中间的零位,使触点 12 接通,才能够按下 SB 接通电源,这就防止在控制器还置于左右某一挡位,电动机转子电路串入的电阻较小的情况下启动电动机,造成较大的启动转矩和电流冲击,甚至事故。这一保护作用称为零位保护。触点12只有在零位才接通，而其他12个挡均断开，故称触点12为零位保护触点。

3）过载保护

采用过电流继电器作过流(包括短接、过载)保护，过电流继电器 KA_0、KA_2 的动断触点串联在KM线圈支路中，一旦出现过电流便切断KM线圈回路，从而切断电源。此外，KM的线圈支路采用熔断器FU作短路保护。

4）行程终端限位保护

采用行程开关 SQ_1 和 SQ_2 作为电动机正、反转的行程终端限位保护。

6.6.4 用凸轮控制器控制的5～10 t桥式起重机电气控制电路

1. 主电路

图6.14所示为5～10 t桥式起重机电气控制电路。图中共有4台绕线式转子异步电动机，它们分别是起升电动机 M_1、小车走行电动机 M_2、大车走行电动机 M_3 和 M_4，大车走行电动机采用了分别驱动的方式。4台电动机分别由3台凸轮控制器控制，其中 SA_1 控制 M_1，SA_2 控制 M_2，SA_3 同步控制 M_3 和 M_4。R_1～R_4 分别为4台电动机电路串入的调速电阻器；YB_1～YB_4 则分别为4台电动的制动电磁铁。三相电源由 QS_1 引入，并由接触器KM控制。过电流继电器 KA_0～KA_4 作过流保护，其中 KA_1～KA_4 为双线圈式，分别保护 M_1、M_2、M_3 和 M_4；KA_0 为单线圈式，单独串联在主电路的一相电源线中，作总电路的过流保护。

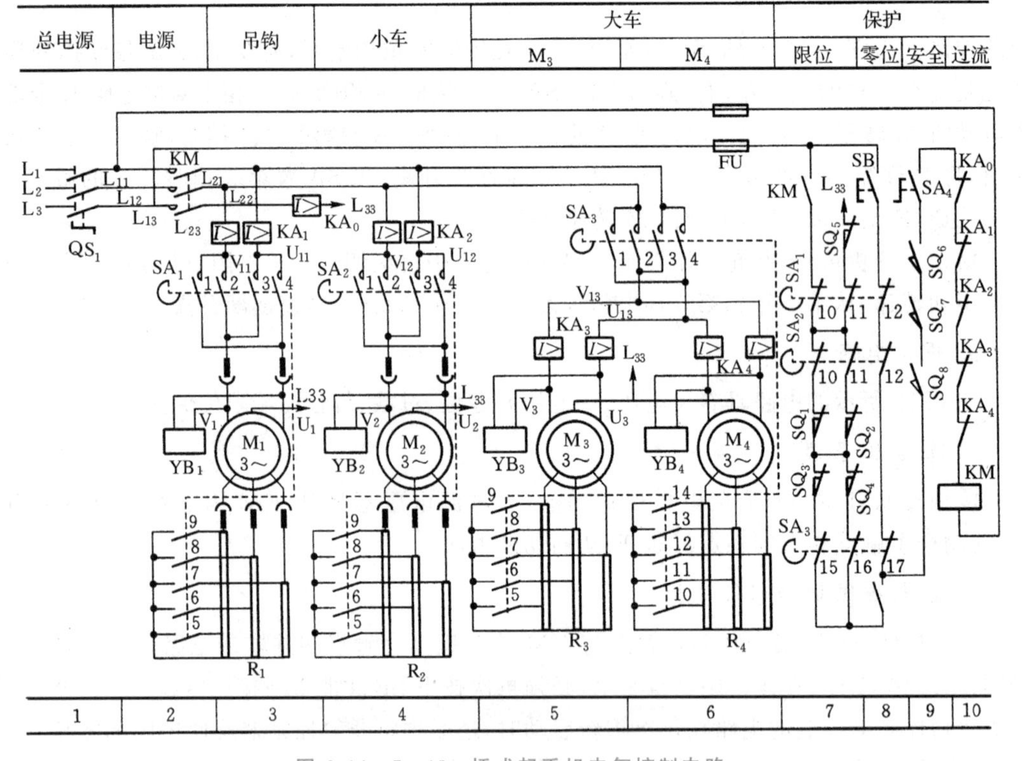

图6.14 5～10 t桥式起重机电气控制电路

图 6.14 所示为桥式起重机电气控制电路的工作原理与图 6.13 的相同，不同的是凸轮控制器 SA_3 共有 17 对触点，多出的 5 对触点用于控制另一台电动机的转子电路，因此可以同步控制两台绕线式转子异步电动机。另外，进行起升和下降的操作时要按下述方式进行。

1）提升重物

提升重物时，起升电动机为正转（凸轮控制器 SA_1 右旋），第 1 挡的启动转矩很小，是作为预备级，用于消除传动齿轮的间隙并张紧钢丝绳，在第 2～5 挡提升速度逐渐提高。

2）轻载下放重物

轻载下放重物时，起升电动机为反转（凸轮控制器 SA_1 左旋），因为下放的重物较轻，其重力矩 T_w 不足以克服摩擦转矩 T_f，则电动机工作在反转状态，电动机的电磁转矩 T 与 T_w 方向一致迫使重物下降（$T_w+T>T_f$），在不同的挡位可获得不同的下降速度。

3）重载下放重物

重载下放重物时，起升电动机仍然反转，但由于负载较重，其重力矩 T_w 与电动机电磁转矩 T 方向一致而使电动机加速，当电动机转速大于同步转速 n_0 时，电动机进入再生发电制动状态，在操作时应将凸轮控制器 SA_1 的手轮从零位迅速扳至第 5 挡，中间不允许停留，往回操作时也一样，应从第 5 挡快速扳回零位，以免引起重物高速下降而造成事故。

由此可见，在下放重物时，不论是重载还是轻载，该电路都难以控制低速下降，因此，在下降操作中如需要较准确定位时，可采用点动操作的方式，即将控制器的手轮在下降（反转）第 1 挡与零位之间来回扳动，以点动起升电动机，并配合制动器实现较准确定位。

2. 保护电路

采用凸轮控制器控制的桥式起重机广泛使用保护箱，保护箱由刀开关、接触器和过电流继电器等组成，用于控制和保护起重机，实现电动机过载保护、失电压保护、零位保护和限位保护。保护箱有定型产品。保护电路如图 6.14 所示，主要是 KM 的线圈电路，该电路具有欠电压、零电压、零位、过载、行程终端限位保护和安全保护等保护功能。

1）欠电压与零电压保护

接触器 KM 本身具有欠电压保护功能，当电源电压不足时（低于额定电压的 85%），KM 因电磁吸力不足而复位，其动全主触点和自锁触点都断开，从而切断电源。

2）零位保护

采用凸轮控制器控制的电路在每次重新启动时，都必须将凸轮控制器旋回中间的零位，使零位触点 12 与 17 接通，才能够按下 SB 接通电源，这就防止在控制器还置于左右某一挡位，电动机转子电路串入的电阻较小的情况下启动电动机，造成较大的启动转矩和电流冲击，甚至事故。

3）过载保护

采用过电流继电器作过流（包括短接、过载）保护，过电流继电器 KA_0～KA_4 的动断触点串联在 KM 线圈支路中，一旦出现过电流便切断 KM 线圈回路，从而切断电源。此外，KM 的线圈支路采用熔断器 FU 作短路保护。

4）安全保护

SA_4 为事故紧急开关，一般情况下 SA_4 处于闭合状态，一旦发生事故或出现紧急情况，

可断开 SA_4 紧急停车。SQ_6 是舱口安全开关，SQ_7 和 SQ_8 是横梁栏杆门的安全开关，平时驾驶舱门和横梁栏杆门都应关好，将 SQ_6、SQ_7、SQ_8 都压合，若有人进入桥架进行检修时，这些门开关就被打开，即使按下 SB 也不能使 KM 通电。

5）行程终端限位保护

行程开关 SQ_1、SQ_2 分别作小车右行和左行的行程终端限位保护，其动断触点分别串联在 KM 的自锁支路中。行程开关 SQ_3、SQ_4 分别作大车的前进与后退行程终端限位保护，SQ_5 作吊钩上升的限位保护。

6.6.5 用按钮开关操作的小吨位桥式起重机电气控制电路

小吨位桥式起重机可采用按钮开关在地面上进行操作控制。图 6.15 所示为用按钮开关操作的小吨位起重机控制电路。

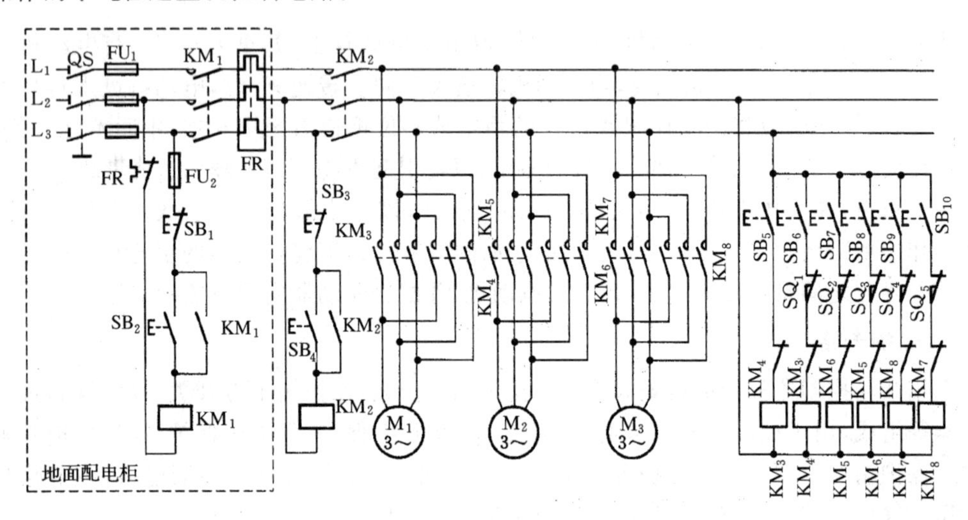

图 6.15 用按钮开关操作的小吨位起重机控制电路

图 6.15 所示的电路中有 3 台电动机均为鼠笼式异步电动机，不具有调速功能，而且 3 台电动机均采用点动控制，以确保搬运重物的安全。这种起重机地面配电柜通常是安装在厂房一侧墙壁上，是固定不动的，当需要操作起重机时，可打开配电柜盖，合上总电源开关 QS，按下总按钮 SB_2，则接触器 KM_1 通电，闭合主触点 KM_1，三相交流电源给起重机的三根滑线供电。

起重机电路的操作过程如下：当需操作起重机时，操作人员站在起重机下方地面上，手握操作按钮盒，先按下起重机按钮 SB_4，则接触器 KM_2 通电，3 组主触点闭合，随后即要操作起重机上 3 台电动机中任一台电动机的运行，在操作大车和小车运动时，操作人员必须随大小或小车的运动方向一起运动。

行程开关 SQ_1～SQ_5 分别作为吊钩上升、大车前后运动、小车左右运动的行程终端限位保护。

本章小结

(1) 分析生产机械电气控制的依据是生产机械的基本结构、运行情况、加工工艺要求、电力拖动及电气控制的要求。

(2) 电气控制分析的内容有设备说明书、电气原理图、电气设备总装接线图、电器元件布置图与和接线图等。

(3) 电气原理图阅读分析基本方法是“先机后电，先主后辅，化整为零，集零为整、统观全局，总结特点”。

(4) 车床的切削运动包括工件旋转的主运动和刀具的直线进给运动。车床有 3 台电动机：M_1 为主轴电动机，带动主轴旋转和刀架作进给运动；M_2 为冷却泵电动机，用于输送切削液；M_3 为刀架快速移动电动机。

(5) 摇臂钻床的主运动为主轴的旋转运动。进给运动为主轴的纵向进给。辅助运动有摇臂沿外立柱垂直移动、主轴箱沿摇臂长度方向的移动、摇臂与外立柱一起绕内立柱的回转运动。摇臂钻床有 4 台电动机：M_1 为主轴电动机，M_2 为摇臂升降电动机，M_3 为液压泵电动机，M_4 为冷却泵电动机。

(6) 平面磨床的主运动是砂轮的旋转运动。进给运动有垂直进给、横向进给和纵向进给。平面磨床采用 3 台电动机拖动，其中砂轮电动机拖动砂轮旋转；液压电动机拖动液压泵，冷却泵电动机拖动冷却泵。

(7) 卧式万能铣床有 3 种运动：主轴带动铣刀的旋转运动为主运动，加工中工作台带动工件的移动和圆工作台的旋转运动为进给运动，工作台带动工件在 3 个方向的快速移动为辅助运动。卧式万能铣床有 3 台电动机，M_1 为主轴电动机，M_2 为工作台进给电动机，M_3 为冷却泵电动机。

(8) 桥式起重机的运动形式有 3 种，即由大车拖动电动机驱动的纵向运动，由小车拖动电动机驱动的横向运动和由起升电动机驱动的重物升降(垂直)运动。小型桥式起重机一般有 4 台绕线转子异步电动机，它们分别是起升电动机 M_1、小车走行电动机 M_2、大车走行电动机 M_3 和 M_4，可以采用凸轮控制器控制，也可采用按钮控制。

课后练习

一、选择题

1. 分析电气控制原理时，应当(　　)。

A. 先机后电　　B. 先电后机　　C. 先辅后主　　D. 化零为整

2. 下列各种电气图中，能用来表示电气元件实际安装位置的是(　　)。

A. 电气原理图　　B. 电气布置图　　C. 电气接线图　　D. 电气系统图

3. 机床的调速方法中，一般使用的是(　　)。

A. 电气无级调速　　B. 机械调速　　C. 同时使用以上两种调速

4. 车床控制中，不正确的说法是(　　)。

A. 主运动控制可能有正反转　　B. 冷却泵控制可能有正反转

C. 快速移动采用点动控制

5. M7130 型机床是一台(　　)。

A. 摇臂钻床　　B. 平面磨床　　C. 卧式镗床　　D. 万能铣床

6. Z3040 型摇臂钻床升降电动机与夹紧电动机不设过载保护是因为(　　)。

A. 不会过载　　B. 短时工作　　C. 长期过载也没关系

7. 平面磨床的桥式整流电路中,如果因一个二极管烧坏而断开,则(　　)。

A. 整流输出电压为正常值的一半　　B. 整流输出电压为零

C. 仍能正常工作

8. 若X62W型万能铣床的主轴未启动,则工作台(　　)。

A. 不能有任何进给　　B. 可以进给　　C. 可以快速进给

9. 电气原理图中,电源引入线采用(　　)。

A. L_1、L_2、L_3 符号　　B. U、V、W符号　　C. a、b、c符号

10. 在接触器的触点索引中(　　)。

A. 左栏为主触点,中栏为辅助常开触点,右栏为辅助常闭触点

B. 左栏为辅助常开触点,中栏为主触点,右栏为辅助常闭触点

C. 左栏为辅助常开触点,中栏为辅助常闭触点,右栏为主触点

二、问答题

1. 电气控制电路分析的依据有哪些?分析的内容有哪些?

2. 电气控制电路图分哪几类?

3. 阅读电气控制原理图方法和步骤是什么?

4. CA6140型车床的主轴电动机是如何实现正、反转控制的?

5. CA6140型车床的主轴电动机因过载而自动停车后,立即按启动按钮,但电动机不能启动,是什么原因?

6. Z3040型摇臂钻床升降电动机的三相电源相序接反,会发生什么问题?

7. M7130型平面磨床的电磁吸盘吸力不足会造成什么后果?

8. M7130型平面磨床的电气控制原理图中,欠流继电器KA和电阻 R_2 的作用分别是什么?

9. X62W型万能铣床中有哪些电气互锁措施?

10. 分析X62W型万能铣床主轴变换冲动的控制过程。

11. X62W型万能铣床可以左右进给,而不能上下、前后进给,试分析原因。

12. 桥式起重机上提升重物的绕线式转子异步电动机启动和调速的方法是什么?

13. 桥式起重机上的凸轮控制器的零位开关连锁保护作用是什么?

14. 桥式起重机电气控制原理图中有六种保护功能,它们分别是什么?

第7章

安全用电及电气控制系统的保养与检修

本章主要介绍安全用电的基本常识，以及常用生产机械电气控制系统的维护保养和检修要求和方法。

7.1 安全用电

随着科学技术的发展,电能在工农业生产和人们日常生活中起着越来越重要的作用。人们必须懂得安全用电常识,树立安全用电的观念,来保障人身和设备的安全。如果使用不当,就会造成事故,如触电引发的设备损坏或危及人身安全。所以,要懂得安全用电、引起触电的原因和常用预防措施等一些常识。

7.1.1 人体的触电

触电是指当人体触及带电体承受过高的电压而导致死亡或局部受伤的现象。触电依伤害程度不同可分为电击和电伤两种。

1. 电流对人体的作用

电对人的伤害是多方面的,人体是导体,当电流通过人体会使人感觉到疼痛,严重时会停止呼吸,甚至死亡,触电会使人体受到不同程度的伤害。由于触电的种类、方式及条件不同,受伤害的后果也不一样。电流对人体的危害程度取决于通过人体电流的大小、种类、频率、路径,电流在人体中的持续时间,人体的健康状况以及人的精神状态,等等。

1) 电流的大小

触电时,流过人体的电流强度越大,对人体的损伤越严重。一般来说,当电流在0.5~5 mA,人就有明显的疼痛感觉;5~50 mA,人体的生理反应是痉挛,呼吸困难,血压升高,甚至昏迷。当电流超过数百毫安时,人就有致命的危险。

2) 电压的高低

人体接触的电压越高,流过人体的电流越大,对人体的伤害越严重。但在触电事例的分析统计中,约30%触电死亡事例是在对地250 V以上的高压发生的,这是因为人们接触少,对它警惕性较高。70%的死亡者是在对地电压为250 V的低压下触电的。生产生活用电是220 V,接触多,一旦触电,通过人体的电流约为220 mA,能迅速使人致死。

3) 频率的高低

实践证明,40~60 Hz的交流电对人最危险,约一半的死亡事故发生在这个频段。随着频率的增高,触电危险程度将下降。高频电流不仅不会伤害人体,还能用于治疗疾病。

4) 时间的长短

触电电流越大,触电时间越长,对人体的伤害越严重。

此外,电击后受伤程度还与电流通过的路径、人体的状况及人体电阻有关,电流通过心脏可造成心跳停止、血液循环中断;通过呼吸系统会造成窒息,电流通过心脏时,最容易导致死亡。人的性别、健康状况、精神状态等与触电伤害程度有着密切关系。人的精神状况,对接触电器有无思想准备,对电流反应的灵敏程度都可能增加触电事故的发生次数并加重受电流伤害的程度。人体电阻越大,受电流伤害越轻。人体电阻主要由皮肤表面的电阻值决定。如果皮肤表面角质层损伤、皮肤潮湿、流汗、带着导电粉尘等,将会大幅度降低人体电阻,增加触电伤害程度。

2. 触电的方式

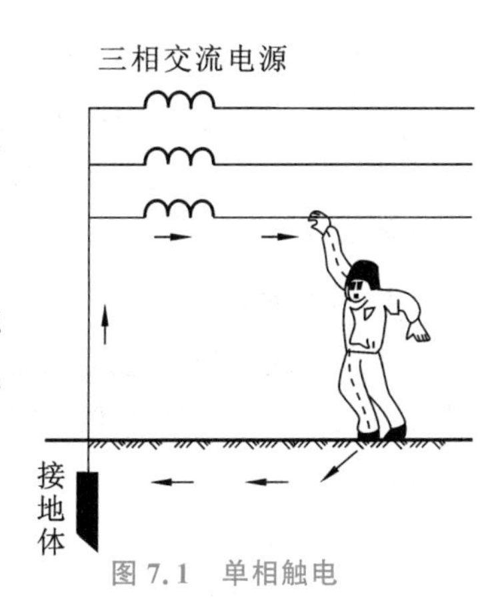

图 7.1 单相触电

按照人体触及带电体的方式和电流通过人体的路径，触电可分为单相触电、两相触电和跨步电压触电三种。

1）单相触电

单相触电是指人站在地面上或接触零线，人体某一部位触及一相带电体的触电事故。这样电流从带电体经人体到大地形成回路。单相触电事故约占触电事故的60%～70%，如图7.1所示。

2）两相触电

两相触电是指人体两处同时触及两相带电体的触电事故。对于这种情况，不管电力系统中性点接地与否，人体处在线电压之下，比单相触电时的电压高，危险性更大，如图7.2所示。

3）跨步电压触电

跨步电压只出现在高压接地点或防雷设备接地点地面，接地点的电位一般很高，会在导线接地点及周围形成强电场，以接地点为圆心向四周扩散且逐渐衰减。当带电体接地时，人站在接地点周围时，两脚之间将存在电压，该电压称为跨步电压。由跨步电压而引起的触电称为跨步电压触电。如图7.3所示，人站的位置离接地体越近，两脚之间的距离越大，跨步电压就越大，触电的危害就越大。

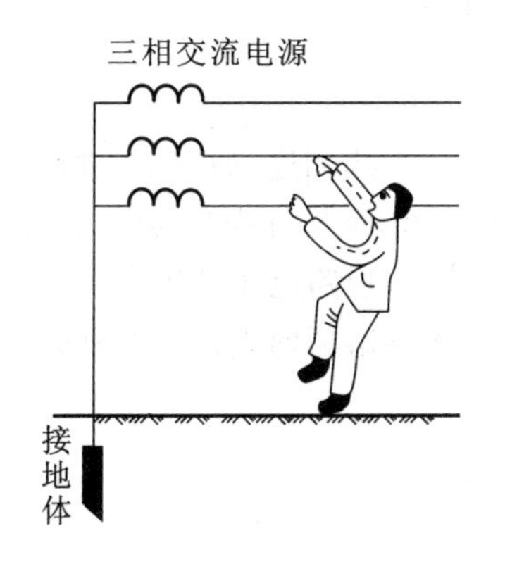

图7.2 两相触电

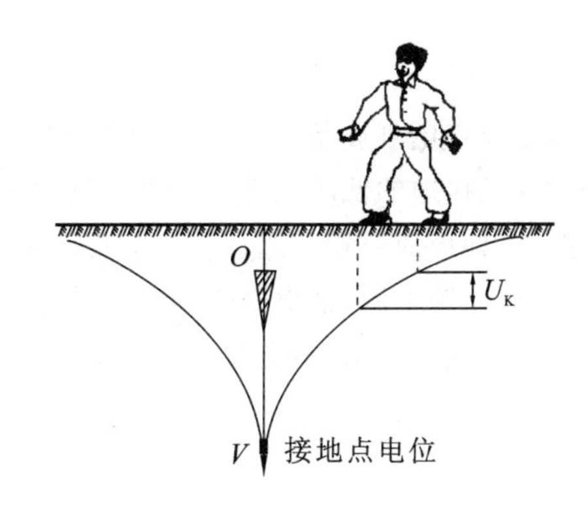

图7.3 跨步电压触电

7.1.2 电气设备安全用电措施的装接

为了保障人身安全和电力系统工作的需要，要求电气设备采取接地措施。接地是指将电气设备在正常情况下不带电的金属部分通过接地装置与大地相连。按接地目的不同，主要可分为保护接地、保护接零和工作接地三种。接地装置由接地体和接地线组成，埋入大地的金属导体称为接地体，连接电气设备的接地体的导线称为接地线。

1. 保护接地

保护接地是为了保证人身安全，将电气设备正常情况下不带电的金属外壳与接地装置连接，如图7.4所示。保护接地常用于中性点不接地的低压系统中。当电气设备绝缘损坏，电气设备就会带电,若金属外壳没有接地,所带电压等于电源的相电压,人接触后就会触电,危及生命。若金属外壳安装了保护接地,由于人的电阻和接地体电阻并联,人的电阻比接地电阻大的多,所以通过人体的电流比经接地电阻的电流小得多,绝大部分电流通过接地流向大地,对人的危害程度明显减小了。

2. 工作接地

工作接地是为了电力系统运行安全的需要,将中性点接地,如图 7.5 所示。在中性点不接地的系统中,当一相接地时,接地电流很小,不足以使保护装置动作而切断电源,接地故障不易被发现,将长时间持续下去,一相接地时将使另外两相的对地电压升高到线电压,人体触及另外两相之一时,触电电压是线电压,比相电压高出$\sqrt{3}$倍。而在中性点接地的系统中,一相接地后的接地电流较大,接近单相短路,保护装置迅速动作,断开故障电路。

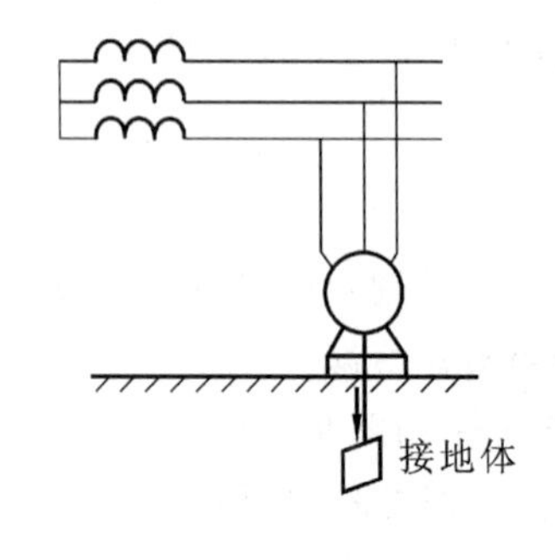

图7.4 保护接地

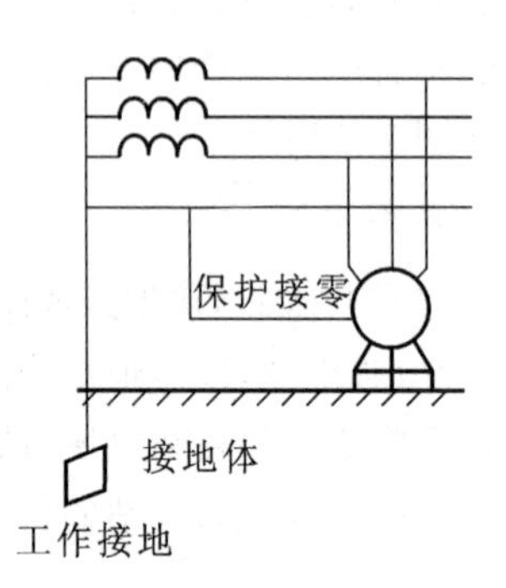

图7.5 工作接地和保护接零

3. 保护接零

保护接零是将电气设备的金属外壳用导线直接与系统零线相连,如图 7.5 所示。保护接零常用于中性点接地的低压系统中。当电气设备的绝缘损坏,金属外壳就会带电,在采用了保护接零电路中,便形成单相短路。整个短路回路的阻抗很小,短路电流就很大,迅速将这一相中的熔丝熔断,切断电源,金属外壳便不再带电。即使在熔丝熔断前人体触及外壳时,也由于人体电阻远大于线路电阻,不会危及人的安全。

7.1.3 触电急救与电气火灾

1. 触电急救

当发现有人触电时,应该如何施救才能使触电者获救而且不危及自身安全,下面介绍发现有人触电时使用的救护方法。

1) 触电现场的施救措施

发现有人触电,最首要的措施是使触电者尽快脱离电源。立即关掉电源开关,尽快切断流经触电者身体的电流。

由于触电现场的情况不同,使触电者脱离电源的方法也不一样。如果触电现场不具备关断电源的条件,只要触电者穿的是比较宽松的干燥衣服,救护者可站在干燥木板上,用一只手抓住衣服将其拉离电源。如这种条件尚不具备,还可用不传电物体如干燥木棒、竹竿等将电线从触电者身上挑开,使触电者脱离带电体,然后再设法关断电源。救护者手边如有现成的刀、斧、锄等带绝缘柄的工具时,可以从电源的来电方向将电线砍断,使触电者脱离电源。

当高压线断线落在地上,行人走近导线而发生触电事故时,若不能很快断开电源,可以站在安全距离(8～10 m)以外,先用木棒把导线挑开,使高压断线与触电者脱离,再双脚蹦近触电者,避免跨步电压触电,将触电者运到安全距离以外。

2)脱离电源后的救护

如果触电后触电者神志清醒,只是恶心、乏力、头晕,应将触电者抬到空气流通、舒适的地方静卧休息。如果触电后触电者昏迷,但仍有呼吸,应先将触电者抬到空气流通、舒适的地方,并让触电者平卧,解开其衣服,使呼吸畅通,立即去请医生来医治。如发现触电者呼吸困难或逐渐衰弱,应采用人工呼吸。如果呼吸停止,用人工呼吸法,迫使触电者维持体内外的气体交换。对心脏停止跳动者,可用胸外心脏压挤法,维持人体内的血液循环。如果呼吸、心脏均已停止,人工呼吸和胸外心脏压挤法两种方法应同时使用,并尽快向医院告急。

3)人工呼吸法

如果触电者呼吸渐弱或已经停止,采用人工呼吸法是行之有效的。人工呼吸方法中,效果最好的是口对口人工呼吸法,其操作步骤如下。先将触电者抬到空气流通的地方,解开衣服和裤带,使触电者平直仰卧,清除口腔中的黏液和食物,若有假牙者应将假牙取出。

使用口对口呼吸法的救护者应跪在触电者头部一侧,用手掰开其嘴巴,一只手捏紧触电者的鼻子,另一只手托其颈部,将颈部上抬,救护者自己深呼吸后,紧贴触电者嘴巴吹气,使触电者胸部膨胀,救护人自己换气时,将触电者的鼻子放松,使其自动进行换气,如此循环进行,约 5 s 一次,吹气 2 s,直到触电者完全恢复正常呼吸为止。口对口人工呼吸法如图 7.6 所示。

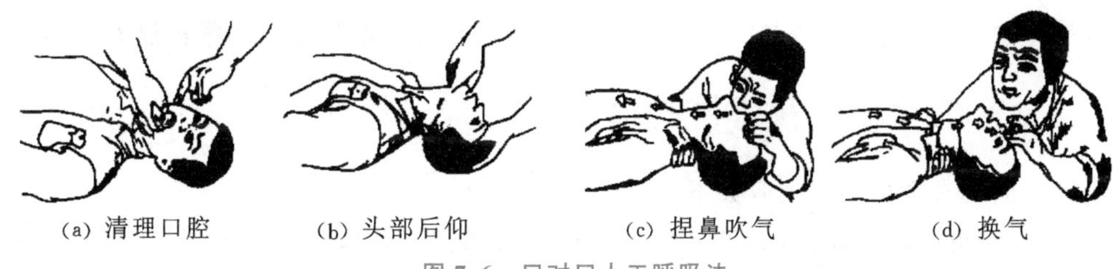

(a) 清理口腔　(b) 头部后仰　(c) 捏鼻吹气　(d) 换气

图 7.6　口对口人工呼吸法

4)胸腔挤压法

触电者心脏停止跳动时,应采用胸腔挤压法进行救治。胸腔挤压法是有节奏地在胸廓外加力,对心脏进行挤压。利用人工方法代替心脏的收缩与扩张,以维持血液循环的目的。操作步骤与要领:将触电者仰卧,解松衣裤,救护者跪跨在触电者腰部两侧,两只手相叠,救护者将手的掌根按于触电者胸骨以下横向 1/2 处,中指指尖对准颈根凹膛下边缘,向触电者脊柱方向慢慢挤压,使胸部下陷 3～4 cm。挤压后,掌根快速全部放松,让触电者胸部自动复原。这样一压一放,血液就从心脏中吸进、压出,达到维持血液循环的目的。成人每分钟 60 次左右反复进行,直到触电者能自动呼吸为止。胸腔挤压法如图 7.7 所示。

2. 电气火灾

电气火灾事故主要是指因为电气设备使用不当而引发的火灾,甚至爆炸。如开关、熔丝、插销、电气线路、照明器具等所有家用电器均可能引起火灾。当这些电气设备与可燃物

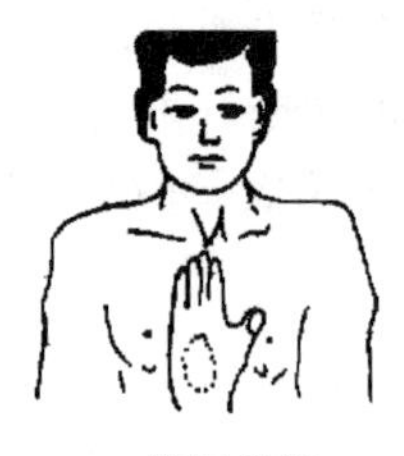
(a) 挤压位置

(b) 双手姿势

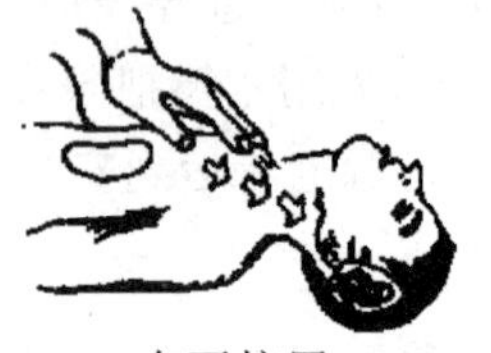
(c) 向下挤压

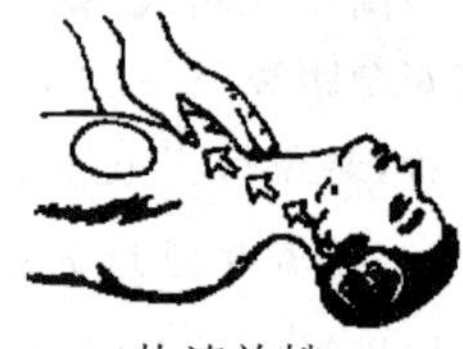
(d) 快速放松

图 7.7 胸腔挤压法

接近或接触时,或者电气线路严重超负荷,散热不良,很容易引发火灾。电力变压器、互感器和电容器等电气设备,除了可能引起火灾以外,还有可能发生爆炸。电气火灾将造成人身伤亡、设备损坏、大面积或长时间停电等重大事故。所以必须防微杜渐,重视电气设备的防火、防爆工作,确保用电安全。

引起电气设备发生火灾或爆炸的直接原因是导线中电流产生的热量,一些电气设备触点断开瞬间会产生电火花或电弧。电气设备的正常发热是允许的,但散热不良,负荷过重,短路故障造成发热量增加,温升加大,在一定的条件下就会引起火灾。因此,在选用和安装电气设备时,应选用合理的电气设备、保持必要的防火间距,保持电气设备通风良好,采用保护装置等安全技术措施。

7.2 电气控制系统的维护保养

电气控制系统的维护保养包括电动机的日常维护保养和电气设备的维护保养两种。

7.2.1 电动机的日常维护保养

电动机的日常维护保养内容如下。

(1)应保持电动机表面清洁,进、出风口必须保持畅通无阻,不允许水滴、油污或金属屑等任何异物掉入电动机的内部。

(2)经常检查运行中的电动机负载电流是否正常,用钳形电流表查看三相电流是否平衡,三相电流中的任何一相与其三相平均值相差不允许超过10%。

(3)对工作在正常环境条件下的电动机,应定期用兆欧表检查其绝缘电阻;对工作在潮湿、多尘及含有腐蚀性气体等环境条件的电动机,更应该经常检查其绝缘电阻。三相380 V的电动机及各种低压电动机,其绝缘电阻至少为0.5MΩ方可使用。高压电动机定子绕组绝缘电阻至少为1 MΩ方可使用,转子绝缘电阻至少为0.5 MΩ方可使用。若发现电动机的绝缘电阻达不到规定要求时,应采取相应措施处理后,使其符合规定要求,方可继续使用。

(4)经常检查电动机的接地装置,使之保持牢固可靠。

(5)经常检查电源电压是否与铭牌相符,三相电源电压是否对称。

(6)经常检查电动机的温升是否正常。交流三相异步电动机各部位温度的最高允许值如表7.1所示。

表7.1 交流三相异步电动机各部位温度的最高允许值(用温度计测量法,环境温度+40 ℃)

绝缘等级		A	E	B	F	H
最高允许温度/℃	定子和绕线转子绕组	95	105	110	125	145
	定子铁芯	100	115	120	140	165
	滑环	100	110	120	130	140

(7)经常检查电动机的振动、噪声是否正常,有无异常气味、冒烟、启动困难等现象。一旦发现,应立即停车检修。

(8)经常检查电动机轴承是否有过热、润滑脂不足或磨损等现象,轴承的振动和轴向位移不得超过规定值。轴承应定期清洗检查,定期补充或更换轴承润滑脂(一般1年左右),电动机的常用润滑脂特性如表7.2所示。

表7.2 电动机的常用润滑脂特性表

名称	钙基润滑脂	钠基润滑脂	钙钠基润滑脂	铝基润滑脂
最高工作温度/℃	70～85	120～140	115～125	200
最低工作温度/℃	≥−10	≥−10	≥−10	—
外观	黄色软膏	暗褐色软膏	淡黄色、深棕色软膏	黄褐色皲膏
适用电动机	封闭式、低速轻载的电动机	开启式、高速重载的电动机	开启式及封闭式高速重载的电动机	开启式及封闭式高速的电动机

(9)对绕线式转子异步电动机,应检查电刷与滑环之间的接触压力、磨损及火花情况。当发现有不正常的火花时,需进一步检查电刷或清理滑环表面,并校正电刷弹簧压力。一般电刷与滑环的接触面的面积不应小于全面积的75%;电刷压强应为15 000～25 000 Pa;刷握和滑环间应有2～4 mm的间距;电刷与刷握内壁应保持0.1～0.2 mm的游隙;对磨损严重的电刷和滑环应更换。

(10)对直流电动机应检查换向器表面是否光滑圆整,有无机械损伤或火花灼伤。若沾有碳粉、油污等杂物,要用干净柔软的白布蘸酒精擦去。换向器在负荷下长期运行后,其表面会产生一层均匀的深褐色的氧化膜,这层薄膜具有保护换向器的功效,切忌用砂布磨去。但当换向器表面出现明显的灼痕或因火花烧损出现凹凸不平的现象时,则需要对其表面用零号砂布进行细心的研磨或用车床重新车光,然后再将换向器片间的云母下刻1～1.5 mm深,并将表面的毛刺、杂物清理干净后,方能重新装配使用。

(11)检查机械传动装置是否正常,联轴器、带轮或传动齿轮是否跳动。

(12)检查电动机的引出线是否绝缘良好、连接可靠。

7.2.2 电气设备的维护保养

电气设备在运行过程中出现的故障,有些可能是由于操作使用不当、安装不合理或维修不正确等人为因素造成的,称为人为故障。而有些故障则可能是电气设备在运行时由于过载、机械振动、电弧的烧损、长期动作的自然磨损、周围环境温度和湿度的影响、金属屑和油污等有害介质的侵蚀以及电器元件的自身质量问题或使用寿命等原因而产生的,称为自然故障。显然,如果加强对电气设备的日常检查、维护和保养,及时发现一些非正常因素,并给予及时的修复或更换处理,就可以将故障消灭在萌芽状态,防患于未然,使电气设备少出甚至不出故障,以保证生产机械的正常运行。

1. 电气设备的日常维护保养

(1)电气柜的门、盖、锁及门框周边的耐油密封垫均应良好,门、盖应关闭严密,柜内应保持清洁,不得有水滴、油污和金属屑等进入电气柜内,以免损坏电器造成事故。

(2)操作台上的所有操作按钮、主令开关的手柄、信号灯及仪表护罩都应保持清洁完好。

(3)检查接触器、继电器等电器的触头系统吸合是否良好,有无噪声、卡住或迟滞现象,触头接触面有无烧蚀、毛刺或穴坑;电磁线圈是否过热;各种弹簧弹力是否适当;灭弧装置是否完好无损等。

(4)检查行程位置开关能否起位置保护作用。

(5)检查各电器的操作机构是否灵活可靠,有关整定值是否符合要求。

(6)检查各电路接头与端子板的连接是否牢靠,各部件之间的连接导线、电缆或保护导线的软管,不得被冷却液、油污等腐蚀,管接头处不得产生脱落或散头等现象。

(7)检查电气柜及导线通道的散热情况是否良好。

(8)检查各类指示信号装置和照明装置是否完好。

(9)检查电气设备和生产机械上所有裸露导体部件是否接到保护接地专用端子上,是否达到了保护电路连续性的要求。

2. 电气设备的定期维护保养

设置在电气柜内的电器元件,主要是靠定期的维护保养来实现电气设备较长时间的安全稳定运行。其维护保养的周期,应根据电气设备的结构、使用情况以及环境条件等来确定。一般可采用配合生产机械的一、二级保养同时进行其电气设备的维护保养工作。

(1)配合生产机械一级保养进行电气设备的维护保养工作。如金属切削机床的一级保养一般在一季度左右进行一次。这时可对机床电气柜内的电器元件进行如下维护保养。

①清扫电气柜内的积灰异物。

②修复或更换即将损坏的电器元件。

③整理内部接线,使之整齐美观。特别是在平时应急修理处,应尽量恢复原先正规状态。

④紧固熔断器的可动部分,使之接触良好。

⑤紧固接线端子和电器元件上的压线螺钉,使所有压接线头牢固可靠,以减小接触电阻。

⑥对电动机进行小修和中修检查。

⑦通电试车,使电器元件的动作程序正确可靠。

(2)配合生产机械二级保养进行电气设备的维护保养工作。如金属切削机床的二级保养一般在一年左右进行一次,此时可对机床电气柜内的电器元件进行如下维护保养。

①机床一级保养时,对机床电气设备所进行的各项维护保养工作,在二级保养时仍需照例进行。

②着重检查动作频繁且电流较大的接触器和继电器的触头。为了承受频繁切换电路所受的机械冲击和电流的烧损,多数接触器和继电器的触头均采用银或银合金制成,其表面会自然形成一层氧化银或硫化银,它并不影响导电性能,这是因为在电弧的作用下它还能还原

成银，因此不要随意清除掉。即使这类触头表面出现烧毛或凹凸不平的现象，仍不会影响触头的良好接触，不必修整锉平，但铜质触头表面烧毛后应及时修平。若触头严重磨损至原厚度的 1/2 及以下时应更换新触头。

③检修有明显噪声的接触器和继电器，找出原因并修复后方可继续使用，否则应更换新件。

④校验热继电器，看其是否能正常动作，校验结果应符合热继电器的动作特性。

⑤校验时间继电器，看其延时时间是否符合要求。如误差超过允许值，应调整或修理，使之重新达到要求。

7.3 电气控制系统的检修

电气控制系统的检修主要是对电气设备故障进行检修。

7.3.1 电气设备检修的一般方法

尽管对电气设备采取了日常维护保养工作，降低了电气故障的发生率，但绝不可能杜绝电气故障的发生。因此，维修人员不但要掌握电气设备的日常维护保养，同时还要学会正确的检修方法。

1. 检修前的故障调查

当生产机械发生电气故障后，切忌盲目随便动手检修。在检修前，通过问、看、听、摸来了解故障前后的操作情况和故障发生后出现的异常现象，以便根据故障现象判断出故障发生的部位，进而准确地排除故障。

(1) 问。问操作者故障前后电路和设备的运行状况及故障发生后的症状，如故障是经常发生还是偶尔发生，是否有响声、冒烟、火花、异常振动等征兆，故障发生前有无切削力过大和频繁地启动、停止、制动等情况，有无经过保养检修或改动电路等。

(2) 看。察看故障发生前是否有明显的外观征兆，如各种信号，有指示装置的熔断器的情况，保护电器脱扣动作，接线脱落，触头烧蚀或熔焊，线圈过热烧毁等。

(3) 听。在电路还能运行和不扩大故障范围、不损坏设备的前提下，可通电试车，细听电动机、接触器和继电器等电器的声音是否正常。

(4) 摸。在刚切断电源后，尽快触摸检查电动机、变压器、电磁线圈及熔断器等，通过触摸感觉是否有过热现象。

2. 用逻辑分析法确定并缩小故障范围

检修简单的电气控制电路时，对每个电器元件、每根导线逐一进行检查，一般能很快找到故障点。但对复杂的电路而言，往往有上百个元件、成千条连线，若采取逐一检查的方法，不仅需耗费大量的时间，而且也容易漏查。在这种情况下，若根据电路图，采用逻辑分析法，对故障现象作具体分析，划出可疑范围，提高维修的针对性，就可以收到准而快的效果。分析电路时，通常先从主电路入手，了解生产机械各运动部件和机构采用了几台电动机拖动，与每台电动机相关的电器元件有哪些，采用了何种控制，然后根据电动机主电路所用电器元件的文字符号、图区号及控制要求,找到相应的控制电路。在此基础上,结合故障现象和电路工作原理,进行认真分析排查,即可迅速判定故障发生的可能范围。

当故障的可疑范围较大时,不必按部就班地逐级进行检查,这时可在故障范围内的中间环节进行检查,来判断故障究竟是发生在哪一部分,从而缩小故障范围,提高检修速度。

3. 对故障范围进行外观检查

在确定了故障发生的可能范围后,可对范围内的电器元件及连接导线进行外观检查,例如,熔断器的熔体熔断;导线接头松动或脱落;接触器和继电器的触头脱落或接触不良,线圈烧坏使表层绝缘纸烧焦变色,烧化的绝缘清漆流出;弹簧脱落或断裂;电气开关的动作机构受阻失灵等,都能明显地表明故障点所在。

4. 用实验法进一步缩小故障范围

经外观检查未发现故障点时,可根据故障现象,结合电路图分析故障原因,在不扩大故障范围、不损伤电气和机械设备的前提下,进行直接通电试验,或除去负载(从控制箱接线端子板上卸下)通电试验,以分清故障可能是在电气部分还是在机械等其他部分;是在电动机上还是在控制设备上;是在主电路上还是在控制电路上。一般情况下先检查控制电路,具体做法是:操作某一只按钮或开关时,电路中有关的接触器、继电器将按规定的动作顺序进行工作。若依次动作至某一电器元件时,发现动作不符合要求,即说明该电器元件或其相关电路有问题。再在此电路中进行逐项分析和检查,一般便可发现故障。待控制电路的故障排除恢复正常后,再接通主电路,检查控制电路对主电路的控制效果,观察主电路的工作情况有无异常等。

在通电试验时,必须注意人身和设备的安全。要遵守安全操作规程,不得随意触动带电部分,要尽可能切断电动机主电路电源,只在控制电路带电的情况下进行检查;如需电动机运转,则应使电动机在空载下运行,以避免生产机械的运动部分发生误动作和碰撞;要暂时隔断有故障的主电路,以免故障扩大,并预先充分估计到局部电路动作后可能发生的不良后果。

5. 用测量法确定故障点

测量法是维修人员工作中用来准确确定故障点的一种行之有效的检查方法。常用的测试工具和仪表有校验灯、测电笔、万用表、钳形电流表、兆欧表等,主要通过对电路进行带电或断电时的有关参数如电压、电阻、电流等的测量,来判断电器元件的好坏、设备的绝缘情况以及电路的通断情况。

在用测量法检查故障点时,一定要保证各种测量工具和仪表完好,使用方法正确,还要注意防止感应电压、回路电压及其他并联支路的影响,以免产生误判断。

这里介绍几种常用的测量法。

1) 电压分段测量法

首先把万用表的转换开关置于交流电压500 V的挡位上,然后按如下方法进行测量。

先用万用表测量如图7.8所示0—1两点间的电压,若为380 V,则说明电源电压正常。然后一人按下启动按钮SB_2,若接触器KM_1不吸合,则说明电路有故障。这时另一人可用万用表的红、黑两根表棒逐段测量相邻两点1—2、2—3、3—4、4—5、5—6、6—0之间的电压,根据其测量结果即可找出故障点,如表7.3所示。

表 7.3 电压分段测量法所测得数值及故障点

故障现象	测量状态	1—2	2—3	3—4	4—5	5—6	6—0	故障点
按下 SB_2 时，KM_1 不吸合	按下 SB_2 不放	380 V	0	0	0	0	0	FR 常闭触头接触不良
		0	380 V	0	0	0	0	SB_1 常闭触头接触不良
		0	0	380 V	0	0	0	SB_2 常开触头接触不良
		0	0	0	380 V	0	0	KM_2 常闭触头接触不良
		0	0	0	0	380 V	0	SQ 常闭触头接触不良
		0	0	0	0	0	380 V	KM_1 线圈断路

2）电阻分段测量法

测量检查时，首先切断电源，然后把万用表的转换开关置于倍率适当的电阻挡，并逐段测量如图 7.9 所示相邻号点 1—2、2—3、3—4、4—5、5—6、6—0（测量时由一人按下 SB_2）之间的电阻。如果测得某两点间电阻值很大（∞），即说明该两点间接触不良或导线断路，如表 7.4 所示。

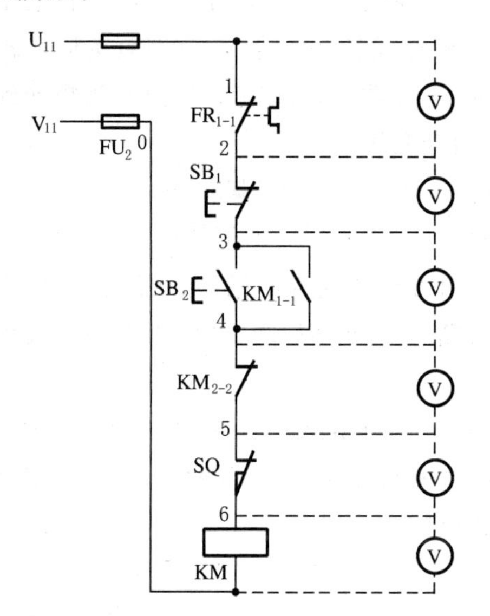

图 7.8 电压分段测量法

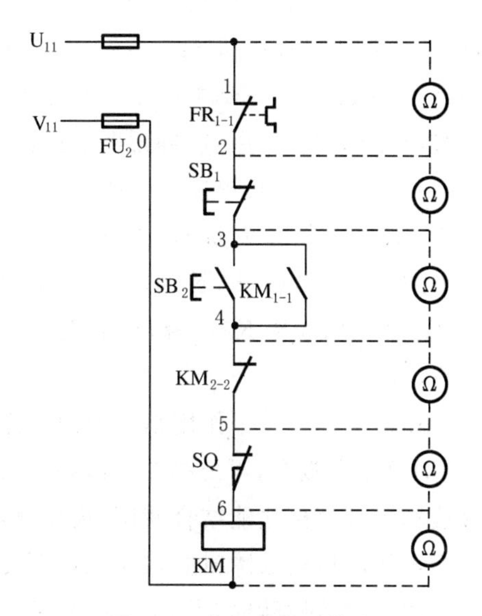

图 7.9 电阻分段测量法

表 7.4 电阻分段测量法所测得数值及故障点

故障现象	测量点	电阻值	故障点
按下 SB_2 时，KM_1 不吸合	1—2	∞	FR 常闭触头接触不良或误动作
	2—3	∞	SB_1 常闭触头接触不良
	3—4	∞	SB_2 常开触头接触不良
	4—5	∞	KM_2 常闭触头接触不良
	5—6	∞	SQ 常闭触头接触不良
	6—0	∞	KM_1 线圈断路

电阻分段测量法的优点是安全,缺点是测量电阻值不准确时,易造成判断错误,为此应注意以下几点:

①用电阻测量法检查故障时,一定要先切断电源;

②所测量电路若与其他电路并联,必须将该电路与其他电路断开,否则所测电阻值不准确;

③测量高电阻电器元件时,要将万用表的电阻挡转换到适当挡位。

3)短接法

机床电气设备的常见故障为断路故障,如导线断路、虚连、虚焊、触头接触不良、熔断器熔断等。对这类故障,除用电压法和电阻法检查外,还有一种更为简便可靠的方法,就是短接法。检查时,用一根绝缘良好的导线,将所怀疑的断路部位短接,若短接到某处电路接通,则说明该处断路。

(1)局部短接法。检查前,先用万用表测量如图7.8所示1－0两点间的电压,若电压正常,可一人按下启动按钮 SB_2 不放,然后另一人用一根绝缘良好的导线,分别短接标号相邻的两点1—2、2—3、3—4、4—5、5—6(注意:不要短接6－0两点,否则造成短路),当短接到某两点时,接触器 KM_1 吸合,即说明断路故障就在该两点之间。

(2)长短接法。长短接法是指一次短接两个或多个触头来检查故障的方法。

当FR的常闭触头和 SB_1 的常闭触头同时接触不良时,若用局部短接法短接,如图7.8所示中的1－2两点,按下 SB_2,KM_1 仍不能吸合,则可能造成判断错误;而用长短接法将1—6两点短接,如果 KM_1 吸合,则说明1—6这段电路上有断路故障,然后再用局部短接法逐段找出故障点。

长短接法的另一个作用是可把故障点缩小到一个较小的范围。例如,第一次先短接3—6两点,KM_1 不吸合,再短接1—3两点,KM_1 吸合,说明故障在1－3范围内。可见,如果长短接法和局部短接法能结合使用,很快就可找出故障点。

用短接法检查故障时必须注意以下几点。

①用短接法检测时,是用手拿绝缘导线带电操作的,所以一定要注意安全,避免触电事故。

②短接法只适用于压降极小的导线及触头之类的断路故障。对于压降较大的电器,如电阻、线圈、绕组等断路故障,不能采用短接法,否则会出现短路故障。

③对于工业机械的某些重要部位,必须保证电气设备或机械部件不会出现事故的情况下,才能使用短接法。

6. 检查是否存在机械、液压故障

在许多电气设备中,电器元件的动作是由机械、液压来推动的,或与它们有着密切的联动关系,所以在检修电气故障的同时,应检查、调整和排除机械、液压部分的故障,或与机械维修工配合完成。

以上所述检查分析电气设备故障的一般顺序和方法,应根据故障的性质和具体情况灵活选用,断电检查多采用电阻法,通电检查多采用电压法或电流法。各种方法可交叉使用,以便迅速、有效地找出故障点。

7.3.2 电气设备修复及注意事项

当找出电气设备的故障点后，就要着手进行修复、试运转、记录等，然后交付使用，但必须注意如下事项。

(1)在找出故障点和修复故障时，应注意不能把找出的故障点作为寻找故障的终点，还必须进一步分析查明产生故障的根本原因。例如，在处理某台电动机因过载烧毁的事故时，绝不能认为将烧毁的电动机重新修复或换上一台同型号的新电动机就行了，而应进一步查明电动机过载的原因，到底是因负载过重，还是电动机选择不当、功率过小所致，因为两者都将导致电动机过载。所以在处理故障时，修复故障应在找出故障原因并排除之后进行。

(2)找出故障点后，一定要针对不同故障情况和部位相应采取正确的修复方法，不要轻易采用更换电器元件和补线等方法，更不允许轻易改动电路或更换规格不同的电器元件，以防止产生人为故障。

(3)在故障点的修理工作中，一般情况下应尽量做到复原。有时为了尽快恢复工业机械的正常运行，根据实际情况也允许采取一些适当的应急措施，但绝不可凑合行事。

(4)电气故障修复完毕，需要通电试运行时，应和操作者配合，避免出现新的故障。

(5)每次排除故障后，应及时总结经验，并做好维修记录。维修记录的内容可包括：生产机械的型号、名称、编号、故障发生日期、故障现象、部位、损坏的电器、故障原因、修复措施及修复后的运行情况等。维修记录的目的：作为档案以备日后维修时参考，并通过对历次故障的分析，采取相应的有效措施，防止类似事故的再次发生或对电气设备本身的设计提出改进意见等。

实训1 CA6140型车床电气控制电路的检修

1. 实训目的

(1) 熟悉CA6140型车床电气控制原理图，电器元件布置图和接线图。

(2) 掌握CA6140型车床电气控制电路的故障分析及检修方法。

2. 实训内容

CA6140型车床电气控制原理图如图6.2所示。

3. 实训器材

(1)工具：测电笔、电工刀、剥线钳、尖嘴钳、斜口钳、螺钉旋具等。

(2)仪表：MF30型万用表、5050型兆欧表、T301-A型钳形电流表。

(3)机床：CA6140型车床。

4. CA6140型车床常见电气故障分析与检修

当需要打开配电盘壁龛门进行带电检修时，将SQ_3开关的传动杆拉出，断路器QF仍可合上。关上壁龛门后，SQ_2复原恢复保护作用。

1) 主轴电动机M_1不能启动

主轴电动机M_1不能启动，可按下列步骤检修。

(1)检查接触器KM是否吸合,如果接触器KM吸合,则故障必然发生在电源电路和主电路上,可按下列步骤检修。

①合上断路器QF,用万用表测接触器受电端U_{11}、V_{11}、W_{11}点之间的电压,如果电压是380 V,则电源电路正常。当测量U_{11}与W_{11}之间无电压时,再测U_{11}与W_{10}之间有无电压,如果无电压,则FU熔断或连线断路;否则,故障是断路器QF(L_3相)接触不良或连线断路。

修复措施:查明损坏原因,更换相同规格和型号的熔体、断路器及连接导线。

②断开断路器QF,用万用表电阻$R\times1$挡测量接触器输出端U_{12}、V_{12}、W_{12}之间的电阻值,如果阻值较小且相等,说明所测电路正常;否则,依次检查FR_1、电动机M_1以及它们之间的连线。

修复措施:查明损坏原因,修复或更换同规格、同型号的热继电器FR_1、电动机M_1及其之间的连接导线。

③检查接触器KM主触头是否良好,如果接触不良或烧毛,则更换动触头、静触头或相同规格的接触器。

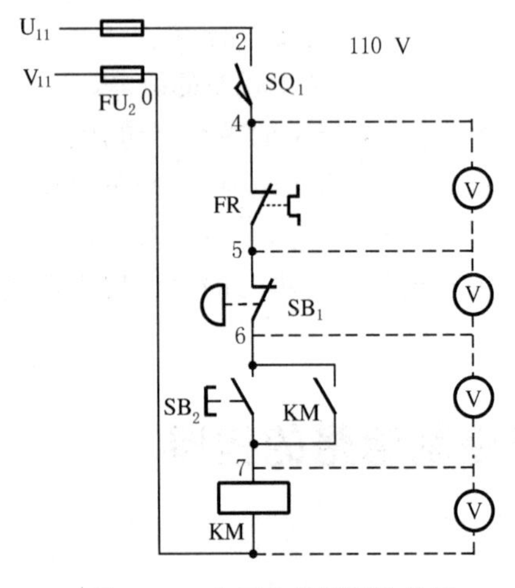

图7.10 电压分段测量法检修控制电路

④检查电动机机械部分是否良好,如果电动机内部轴承等损坏,应更换轴承;如果外部机械有问题,可配合机修钳工进行维修。

(2)若接触器KM不吸合,可按下列步骤检修:首先检查KA_2是否吸合,若吸合说明KM和KA_2的公共控制电路部分(0—1—2—4—5)正常,故障范围在KM的线圈部分支路(5—6—7—0);若KA_2也不吸合,就要检查照明灯和信号灯是否亮,若照明灯和信号灯亮,说明故障范围在控制电路上,若灯HL、EL都不亮,说明电源部分有故障,但不能排除控制电路有故障。

下面用电压分段测量法检修如图7.10所示控制电路的故障。根据各段电压值来检查故障的方法如表7.5所示。

表7.5 用电压分段测量法检测故障点工并排除

故障现象	测量状态	5—6	6—7	7—0	故障点	排除
按下SB_2时,KM不吸合,按下SB_3时,KA_2吸合	按下SB_2不放	110 V	0	0	SB_1接触不良或接线脱落	更换按钮SB_1或将脱落线接好
		0	110 V	0	SB_2接触不良或接线脱落	更换按钮SB_2或将脱落线接好
		0	0	110 V	KM线圈开路或接线脱落	更换同型号线圈或将脱落线接好

2)主轴电动机M_1启动后不能自锁

当按下启动按钮SB_2时,主轴电动机能启动运转,但松开SB_2后,M_1也随即停止。造成这种故障的原因是接触器 KM 的自锁触头接触不良或连接导线松脱。

3）主轴电动机 M_1 不能停车

造成主轴电动机 M_1 不能停车的原因多是接触器 KM 的主触头熔焊；停止按钮 SB_1 击穿或电路中 5、6 两点连接导线短路；接触器铁芯表面黏牢污垢。可采用下列方法判明是哪种原因造成电动机 M_1 不能停车：若断开 QF，接触器 KM 释放，则说明故障为 SB_1 击穿或导线短接；若接触器过一段时间释放，则故障为铁芯表面黏牢污垢；若断开 QF，接触器 KM 不释放，则故障为主触头熔焊。

4）主轴电动机在运行中突然停车

造成主轴电动机在运行中突然停车的主要原因是热继电器 FR_1 动作。发生这种故障后，一定要找出热继电器 FR_1 动作的原因，排除后才能使其复位。引起热继电器 FR_1 动作的原因可能是：三相电源电压不平衡，电源电压较长时间过低，负载过重以及 M_1 的连接导线接触不良等。

5）刀架快速移动，电动机不能启动

首先检查 FU_1 熔丝是否熔断；其次检查中间继电器 KA_2 触头的接触是否良好；若无异常或按下 SB_3 时，继电器 KA_2 不吸合，则故障必定在控制电路中。这时依次检查 FR_1 的常闭触头、点动按钮 SB_3 及继电器 KA_2 的线圈是否有断路现象即可。

5. 检修步骤及工艺要求

（1）在教师的指导下对车床进行操作，了解车床的各种工作状态及操作方法。

（2）参照电器元件布置图和机床接线图，熟悉车床电器元件的分布位置和走线情况。

（3）在 CA6140 型车床上人为设置自然故障点，故障设置时应注意以下几点。

① 人为设置的故障必须是模拟车床在使用中，由于受外界因素影响而造成的自然故障。

② 切忌设置更改电路或更换电器元件等由于人为原因而造成的非自然故障。

③ 对于设置一个以上故障点的电路，故障现象尽可能不要相互掩盖。如果故障相互掩盖，按要求应有明显检查顺序。

④ 教师设置的故障必须与学生应该具有的修复能力相适应。随着学生检修水平的逐步提高，再相应提高故障的难度等级。

⑤ 应尽量设置不容易造成人身或设备事故的故障点，如有必要时，教师必须在现场密切注意学生的检修动态，随时做好采取应急措施的准备。

（4）教师示范检修。教师进行示范检修时，可把下述检修步骤及要求贯穿其中，直至故障排除。

① 用通电试验法引导学生观察故障现象。

② 根据故障现象，依据电路图用逻辑分析法确定故障范围。

③ 采取正确的检查方法查找故障点，并排除故障。

④ 检修完毕进行通电试验，并做好维修记录。

（5）教师设置让学生事先知道的故障点，指导学生如何从故障现象着手进行分析，逐步引导学生采用正确的检修步骤和检修方法。

（6）教师设置故障点，由学生检修。

(7) 学生填写检修记录。

6. 注意事项

(1) 熟悉CA6140型车床电气控制电路的基本环节及控制要求,认真观摩教师示范检修。

(2) 检修所用工具、仪表应符合使用要求。

(3) 排除故障时,必须修复故障点,但不得采用元件代换法。

(4) 检修时,严禁扩大故障范围或产生新的故障。

(5) 带电检修时,必须有指导教师监护,以确保安全。

本章小结

(1) 触电是指当人体触及带电体承受过高的电压而导致死亡或局部受伤的现象。触电依伤害程度不同可分为电击和电伤两种。

(2) 触电的单相触电、两相触电和跨步触电三种方式。

(3) 防止触电的方式有绝缘、屏护和间距三种方式。

(4) 交流电气设备安全用措施有五线制供电、保护接地、保护接零以及采用安全电压。

(5) 生产机械电气系统的故障可分为人为故障和自然故障两种。

(6) 电气控制系统的日常维护保养包括电动机的日常维修保养和电气设备的日常维护保养两种。

(7) 电气故障一般分析和检修方法:①故障调查,②逻辑分析缩小范围,③外观检查,④通过实验进一步缩小范围,⑤用测量法克定故障点。

(8) 常用的测量法:①电压分段测量法,②电阻分段测量法,③短接法。

附录

附录A 常用电气图形与文字符号新旧标准对照

表A-1 常用电气图形与文字符号新旧标准对照

编号	名称	新国标		旧国标	
		图形符号	文字符号	图形符号	文字符号
1	直流		—		—
	交流		—		—
	交直流		—		—
2	导线的连接	或	—		—
	导线的多线连接	或	—	或	—
	导线的不连接		—		—
3	接地一般符号		E		—
4	电阻的一般符号		R		R
5	电容器一般符号		C		C
	极性电容器				
6	半导体二极管		D		D
7	熔断器		FU		RD
8	换向绕组		—		HQ
	补偿绕组				BCQ
	串励绕组				CQ
	并励或他励绕组			并励	BQ
				他励	TQ
	电枢绕组				SQ

续表

编号	名称	新国标		旧国标	
		图形符号	文字符号	图形符号	文字符号
9	发电机	G	G	F	F
	直流发电机	G	GD	F	ZF
	交流发电机	G～	GA	F～	JF
10	电动机	M	M	D	D
	直流电动机	M	MD	D	ZD
	交流电动机	M～	MA	D～	JD
	三相鼠笼式感应电动机	M 3～	M		D
开关					
11	单极开关	或	QS	或	K
	三极开关				
	刀开关				
	组合开关				
	手动三极开关一般符号			—	—
	三极隔离开关			—	
(1)限位开关					
12	动合触点		SQ		XWK
	动断触点				
	双向机械操作				

续表

编号	名　　称	新国标 图形符号	新国标 文字符号	旧国标 图形符号	旧国标 文字符号
(2)按　钮					
13	带动合触点的按钮		SB		QA
	带动断触点的按钮				TA
	带动合和动断触点的按钮				AN
(3)接　触　器					
14	线圈		KM		C
	动合(常开)触点				
	动断(常闭)触点				
(4)继　电　器					
15	动合(常开)触点		符号同操作元件		符号同操作元件
	动断(常闭)触点				
	延时闭合的动合触点	或	KT		SJ
	延时断开的动合触点	或		或	
	延时闭合的动断触点	或		或	
	延时断开的动断触点	或		或	

续表

编号	名　　称	新　国　标		旧　国　标	
		图形符号	文字符号	图形符号	文字符号
15	延时闭合和延时断开的动合触点		KT		SJ
	延时闭合和延时断开的动断触点				
	时间继电器线圈(一般符号)	或			
	中间继电器线圈		KA		ZJ
	欠电压继电器线圈	$U<$	KV	$V<$　$I>$	QYJ
	过电流继电器的线圈	$I>$	KI		QLJ
16	热继电器热元件		FR		RJ
	热继电器的常闭触点			或	
17	电磁铁		YA		DCT
	电磁吸盘		YH		DX
	接插器件		X		CZ

附录B　中级维修电工考试大纲

(一)基本要求

1. 职业道德

2. 基础知识

2.1　安全用电操作规程

(1)国家供电规则。

(2)工厂企业电工安全规程。

(3)电工安全作业规程。

(4)施工现场临时用电安全技术规范。

(5)爆炸危险场所电气安全规程。

(6)手持式电动工具的管理使用检查和维修安全技术规程。

(7)安全电压。

2.2　识图、机械、焊接等知识

(1)电气图绘制和识图知识。

(2)机械识图的基本知识。

(3)机械传动的基本知识。

(4)液压传动的基本知识。

(5)一般机械的零部件拆装。

(6)一般焊接(锡焊和电焊)知识。

2.3　电工知识

(1)电路的基本分析与计算。

(2)磁路的基本概念。

(3)电工材料的使用知识。

(4)接地与接零的种类、作用及要求。

(5)防雷保护、防静电、防爆和防火的知识。

2.4　电子技术知识

(1)二极管、三极管、晶闸管元件。

(2)整流电路。

(3)放大电路。

(4)晶体管模拟电路基础知识和应用。

(5)数字电路的基础知识和应用。

2.5　电力拖动知识

(1)电动机的安装与维护保养。

(2)自动控制的基本知识。

(3)变频调速控制原理和应用知识。

(4)可编程控制器的原理和应用知识。

2.6　工厂变配电知识

(1)变压器的安装、维护、保养。

(2)照明电路的安装知识。

(3) 继电器保护知识。

2.7　微型计算机控制原理和应用知识

2.8　电气技术发展的简史

(二)中级电工要求

附表 B.1　中级电工要求

职业功能	工作内容	技能要求	相关知识
电动机控制	(一) 交流电动机控制	(1)电动机顺控、Y/△启动、能耗制动及双速控制电路安装接线； (2)电动机顺控、Y/△启动、能耗制动及双速控制电路故障排除	(1)中小型交流电动机绕组的分类、绘制绕组展开图、接线图并判别2、4、6、8极单路、双路绕组接线图； (2)常用电器型号组成及表示方法； (3)断路器、接触器、隔离开关规格型号与选择整定； (4)中间继电器、热继电器及时间继电器型号规格与选择整定； (5)常用按钮、行程开关、转换开关等型号、文字图形表示及选择； (6)熔断器型号规格及熔丝选择计算
	(二)直流电动机控制	(1)直流电动机的正、反转、调速及能耗制动的控制； (2)直流电动机的正反转、调速及能耗制动控制电路的故障排除	(1)直流电动机的结构及工作原理； (2)直流电动机的绕组与换向； (3)直流电动机的故障与排除
仪器仪表与电气参数测量	(一)仪器、仪表使用	(1)信号发生器的使用； (2)毫伏表的使用； (3)双踪示波器的使用； (4)单臂电桥的使用	(1)电子工作台、信号发生器、毫伏表、双踪示波器，面包实验板的结构、工作原理及使用注意事项； (2)电桥的结构、工作原理及使用注意事项
	(二)电气参数测量	(1)电能与功率的测量； (2)电感量的测量； (3)功率因数的测量	(1)单相、三相有功电度表的构造工作原理与接线； (2)功率表的结构与原理； (3)功率因数表的构造、工作原理与接线； (4)无功三相电度表的构造工作原理与接线

续表

职业功能	工作内容	技能要求	相关知识
电子技术应用	(一)电子元件的判别	(1)电感的类别、数值及质量的判别; (2)桥堆、稳压管管脚质量的判别; (3)单结晶体管、晶闸管类别、型号、管脚及质量的判别; (4)常用与非门集成块型号与管脚的判别; (5)常用运算放大器集成块型号与管脚的判别	电阻、电容、晶体管、与非门、集成运放的功能及使用注意事项
	(二)电子线路焊接与组装	(1)单管放大电路焊接与调试; (2)单相整流电路焊接与调试; (3)单相可控硅调压电路组装与调试; (4)与非门功能测试电路组装与调试; (5)反相运放电路组装与调试; (6)串联型稳压电源电路	(1)晶体管基本放大电路类型、静态工作点作用及决定静态工作点的参数与调整方法; (2)整流电路类型及*RC*滤波电路的作用; (3)可控硅导通条件及单结晶体管触发电路的原理; (4)数字电路的基本知识; (5)运算放大器的基本知识; (6)电子元件安装基本知识与电路焊接技术要求及注意事项
供电	(一)三相负载接线方式与测量	三相对称负载与不对称负载接线方式与电压、电流量的测量	(1)零序电流、零序电压的概念; (2)相电流与线电流的概念与负载接线方式的关系
	(二)变压器的测试	(1)高低压绕组的判别; (2)判断同名端; (3)画出Y/Y及Y/△连接的接线图和向量图; (4)判别变压器接线组别	(1)电力变压器结构及工作原理; (2)变压器接线组别的概念; (3)变压器的向量图; (4)变压器接线组别的判别; (5)同名端判断的方法; (6)变压器油性能的测试
	(三)供电系统、设备及备用电源	(1)供电系统图的绘制; (2)低压供电设备的安装调试及二次接线; (3)备用发电机组的操作与维护; (4)绝缘预防性试验	(1)熟悉供电规则; (2)熟悉柴(汽)油机及交流发电机的结构与工作原理; (3)熟悉绝缘预防性试验的知识; (4)熟悉继电保护的基本知识; (5)熟悉消防供、配电基本知识
电气控制	可编程控制器	(1)电动机正反转控制; (2)Y/Δ控制	(1)可编程控制器结构与工作原理; (2)掌握FX型可编程控制器的逻辑指令; (3)利用逻辑指令对电气控制系统进行编程

附录C　中级维修电工鉴定要求

附表C.1　中级维修电工鉴定要求

项目	鉴定范围	鉴定内容
基本知识	1.电路基础和计算知识	(1)戴维南定理的内容及应用知识； (2)电压源和电流源的等效变换原理； (3)正弦交流电的分析表示方法，如解析法、图形法、向量法等； (4)功率及功率因数、效率、相/线电流和相/线电压的概念和计算方法
	2.电工测量技术知识	(1)电工仪器原基本工作原理、使用方法和适用范围； (2)各种仪器、仪表的正确使用方法和减少测量误差的方法； (3)电桥和通用示波器、光电检流计的使用和保养知识
专业知识	1.变压器知识	(1)中小型电力变压器的构造及各部分的作用，变压器负载运行的向量图、外特性、效率特性、主要技术指标、三相变压器连接组标号及并联运行； (2)交、直流电焊机的构造、接线、工作原理和故障排除方法(包括整流式直流弧焊机)； (3)中小型电力变压器的维护、检修项目和方法； (4)变压器耐压试验的目的、方法，应注意的问题及耐压标准的规范和试验中绝缘击穿的原因
	2.电动机知识	(1)三相旋转磁场产生的条件和三相绕组的分布原则； (2)中小型单、双速异步电动机定子绕组接线图的绘制方法和用电流箭头方向判别接线错误的方法； (3)多速电动机出线盒的接线方法； (4)同步电动机的种类、构造，一般工作原理，各绕组的作用及连接，一般故障的分析及排除方法； (5)直流电动机的种类、构造、工作原理、接线、换向及改善换向的方法，直流电动机的运行特性、机械特性及故障排除方法； (6)测速发电动机的用途、分类、构造、基本工作原理、接线和故障检查知识； (7)伺服电动机的作用、分类、构造、基本原理、接线和故障检查知识； (8)电磁调速异步电动机的构造，电磁转差离合器的工作原理，使用电磁调速异步电动机调速时，采用速度负反馈闭环控制系统的必要性及基本原理、接线，检查和排除故障的方法； (9)交磁扩大机的应用知识、构造、工作原理及接线方法； (10)交、直流电动机耐压试验的目的、方法及耐压标准规范、试验中绝缘击穿的原因

续表

项目	鉴定范围	鉴定内容
专业知识	3. 电器知识	(1) 晶体管时间继电器、功率继电器、接近开关等的工作原理及特点; (2)额定电压为10 kV以下的高压电器,如断路器、负荷开关、隔离开关、互感器等耐压试验的目的、方法及耐压标准规范,试验中绝缘击穿的原因; (3)常用低压电器交直流灭弧装置的灭弧原理、作用和构造; (4)常用电器设备装置,如接触器、继电器、熔断器、断路器、电磁铁等的检修工艺和质量标准
	4. 电力拖动自动控制知识	(1) 交、直流电动机的启动、正反转、制动、调速原理和方法(包括同步电动机的启动和制动); (2)数显、程控装置的一般应用知识(条件步进顺序控制器的应用知识,例如KSJ-1型顺序控制器); (3)机床电气连锁装置(动作的先后次序、相互连锁),准确停止(电气制动、机电定位器制动等),速度调节系统(交磁电机扩大机自动调速系统、直流发电机-电动机调速系统、晶闸管-直流电动机调速系统)的工作原理和调速方法; (4)根据实物测绘较复杂的机床电气设备电气控制电路图的方法; (5)几种典型生产机械的电气控制原理,如桥式起重机、镗床、万能铣床、摇臂钻床、平面磨床
	5. 晶体管电路知识	(1)模拟电路基础(共发射极放大电路、反馈电路、阻容耦合多级放大电路、功率放大电路、振荡电路、直接耦合放大电路)及其应用知识; (2)数字电路基础(晶体二极管、三极管的开关特性,基本逻辑门电路、集成逻辑门电路、逻辑代数的基础)及应用知识; (3)晶闸管及其应用知识(晶闸管结构、工作原理、型号及参数,单结晶体管、晶体管触发电路的工作原理,单相半波及全波整流电路的工作原理)
相关知识	1. 相关工种工艺知识	(1) 焊接的应用知识; (2)一般机械零部件测绘制图方法; (3)设备起运吊装知识
	2. 生产技术管理知识	(1) 生产管理的基本内容; (2)常用电气设备、装置的检修工艺和质量标准; (3)节约用电和提高用电设备的功率因数

续表

项目	鉴定范围	鉴定内容
操作技能	1. 安装、调试操作技能	(1) 主持拆装 55 kW 以上异步电动机(包括绕线式转子异步电动机和防爆电动机)、60 kW 以下直流电动机(包括直流电焊机)并做修理后的接线及一般调试和试验； (2)拆装中小型多速电动机和电磁调速电动机并接线、试车； (3)装接较复杂电气控制电路的配电板并选择、整定电器及导线； (4)安装、调试较复杂的电气控制电路，如铣床、磨床、钻床、桥式起重机等电路； (5)按图焊接一般的移相触发器放大电路、晶闸管调速器电路，并通过仪器、仪表进行测试和调整； (6)计算常用电动机、电器、电缆等导线横截面积并核算其安全电流； (7)10 kV、1 000 kVA 以下电力变压器吊心检查和换油； (8)完成车间低压动力、照明电路的安装和检修； (9)按工艺使用及保管无纬玻璃带、合成云母带
	2. 故障分析、修复及设备检修技能	(1) 检修、修理各种继电器装置； (2)修理 55 kW 以上异步电动机(包括绕线式转子异步电动机和防爆电动机)、60 kW 以下直流电动机(包括直流电焊机)； (3)排除晶闸管触发器放大电路的故障； (4)检修和排除直流电动机及控制电路的故障； (5)检修较复杂的机床电气控制电路，如铣床、磨床、钻床等或其他电气设备等，并排除故障； (6)修理中小型多速异步电动机、电磁调速电动机； (7)检查、排除交磁电机扩大机及其控制电路故障； (8)修理同步电动机(如阻尼环、集电环接触不良，定子接线处开焊，定子绕组损坏等)； (9)检查和处理交流电动机三相绕组电流不平衡故障； (10)修理 10 kV 以下电流互感器、电压互感器； (11)排除 1 000 kVA 以下电力变压器的一般故障，并进行维护保养； (12)检修低压电缆终端和中间接线盒
工具设备的使用与维修	1. 工具的使用与维护	合理使用常用工具和专用工具，并做好维护保养工作
	2. 仪器、仪表的使用与维护	正确选用测量仪表、操作仪表，并做好维护保养工作
安全及其他	安全文明生产	(1) 正确执行安全操作规程，如高压电气技术安全规程的有关要求、电气设备的消防规程、电气设备事故处理规程、紧急救护规程及设备起运吊装安全规程； (2) 按企业有关文明生产的规定，做到工作地整洁，工件、工具摆放整齐； (3)认真执行交接班制度

参考文献 CANKAOWENXIAN

[1] 邹建华,彭宽平,姜新桥. 电工电子技术基础[M]. 3 版. 武汉:华中科技大学出版社,2012.

[2] 赵承荻. 电机与电气控制技术 [M]. 3 版. 北京:高等教育出版社,2011.

[3] 许翏. 电机与电气控制技术[M]. 2 版. 北京:机械工业出版社,2017.

[4] 魏润仙,孙善君. 电机控制与应用 [M]. 北京:北京大学出版社,2010.

[5] 程周. 电机与电气控制技术[M]. 北京:电子工业出版社,2009.

[6] 王洪. 机床电气控制[M]. 北京:科学出版社,2009.

[7] 杜德昌. 电工基本操作技能训练 [M]. 2 版. 北京:高等教育出版社,2008.

[8] 姚永刚. 数控机床电气控制 [M]. 西安:西安电子科技大学出版社,2006.

[9] 阮友德. 电气控制与 PLC [M]. 北京:人民邮电出版社,2009.